高速数字设计

（基础篇）

龙　虎　著

机械工业出版社

本书系统阐述信号完整性理论相关话题（包括但不限于电源分布网络、信号反射、串扰、差分传输、衰减等），并深度融合丰富的ADS仿真案例，直观地揭示高速数字系统的性能瓶颈及相应的优化方案，不仅能够让读者条理清晰地学习高速数字设计，还可以借此透彻理解大量应用层面的经验与法则，真正做到学以致用。

本书通过深入挖掘"数字逻辑基础"与"高速数字设计"之间的关键枢纽，实现两个主题之间的平稳过渡，不仅能够最大限度降低读者的学习门槛，对透彻理解"与信号完整性理论相关的"一些重要概念也有着重要的意义。

本书可作为初学者学习信号完整性理论的教材，也可作为工程师进行高速数字设计的参考书。

图书在版编目（CIP）数据

高速数字设计. 基础篇 / 龙虎著. -- 北京：机械工业出版社，2025. 7. -- ISBN 978-7-111-78511-8

Ⅰ. TN79

中国国家版本馆 CIP 数据核字第 2025W0Z788 号

机械工业出版社（北京市百万庄大街 22 号　邮政编码 100037）

策划编辑：吕　潇　　　　　　责任编辑：吕　潇　卢　婷
责任校对：王　延　张　薇　　封面设计：马精明
责任印制：刘　媛

北京富资园科技发展有限公司印刷

2025 年 7 月第 1 版第 1 次印刷

184mm×260mm · 15.5 印张 · 343 千字

标准书号：ISBN 978-7-111-78511-8

定价：99.00 元

电话服务　　　　　　　　　网络服务

客服电话：010-88361066　机　工　官　网：www.cmpbook.com
　　　　　010-88379833　机　工　官　博：weibo.com/cmp1952
　　　　　010-68326294　金　书　网：www.golden-book.com
封底无防伪标均为盗版　机工教育服务网：www.cmpedu.com

作者的话

本书有少部分章节内容最初发布于个人微信公众号"电子制作站"（dzzzzcn），并得到广大电子技术爱好者及行业工程师的一致好评，甚至在网络上被大量转载。考虑到读者对信号完整性理论与高速数字设计知识的强烈需求，决定将相关文章整合成图书出版，书中每个章节都有一个鲜明的主题。本书将已发布章节收录的同时，也进行了细节更正及内容扩充。当然，更多的章节是最新撰写的，它们对读者系统深刻地学习与理解高速数字设计有着非常实用的价值。

在科技蓬勃发展的今天，借助数字信号承担数据传输的应用已经越来越广泛，而无论具体数据传输方式为并行还是串行，相应的时钟频率与传输速率都是节节攀升。高速并行传输的典型应用是双倍数据速率同步动态随机存储器（Double Data Rate Synchronous Dynamic Random Access Memory，DDR SDRAM），其从第 1 代更新到第 5 代的过程中，初始时钟频率由最初的 200MHz 提升到了 4800MHz。高速串行传输的典型（也是用户最熟悉的）应用则是通用串行总线（Universal Serial Bus，USB），其从 USB 1.0 更新到 USB4 的过程中，传输速率由最初的 1.5Mbit/s 提升到了 40Gbit/s。当然，还有其他更多高速应用，包括但不限于高清多媒体接口（High Definition Multimedia Interface，HDMI）、串行先进技术总线附属接口（Serial Advanced Technology Attachment Interface，SATA）、移动产业处理器接口（Mobile Industry Processor Interface，MIPI）、千兆以太网（Gigabit Ethernet，GbE）、外围部件互连扩展（Peripheral Component Interconnect Express，PCIe）等。

当高速数字系统相关产品越来越普及时，一方面，人们很容易感受到其为生活与工作带来的诸多方便，例如，U 盘存取数据所需时间更短了，电视机播放影像的画质更高了，计算机运行更流畅了；但是另一方面，工程师在设计相应系统时却需要面对越来越多的挑战，因为"原本在低速系统中可以忽略的问题"会在高速应用中逐渐凸显出来，新的技术概念、难点、异常及相应的解决方案也层出不穷，继而发展出了"专门探讨高速数据传输相关话题"的信号完整性理论，这虽然能够为工程师设计高速数字系统提供较大的指导意义，但从学习的角度来看，市面上大多数图书几乎都将"信号完整性"或"高速数字设计"当作一个单独的话题来探讨，忽略了其与"低速数字逻辑基础"之间的内在关联，继而为"工程师轻松掌握信号完整性理论与高速数字设计"带来很大的障碍。

本书通过深入挖掘"数字逻辑基础"与"高速数字系统"之间的关键枢纽，实现两个主题之间的平稳过渡，不仅能够最大限度降低读者的学习门槛，对透彻理解"与信号完整性理论相关的"一些重要概念也有着重要的意义，因为"高速系统"是在"低速系统"的基础上发展而来的，这也就意味着，我们总可以通过"数字逻辑基础知识"分析与理解"高速数字系统"，这同样也是一种透彻阐述"高速数字设计"的较好方式。从整体叙述思路来看，本书通过"信号从发送方传播到接收方涉及的路径"依序将所有信号完整性理论相关话题（包括但不限于电源分布网络、信号反射、网络串扰、差分传输、传输线衰减等）串联起来，使读者能够条理清晰地学习与理解高速数字设计相关内容。

值得一提的是，本书更注重阐述"理解与解决信号完整性相关问题的方法"（本书"核心"），这对于透彻理解"其他同类图书中重点关注的经验、法则或应用数据"有着很大的实用价值，因为一旦掌握了"核心"，你将有能力以俯视的姿态看待它们。当然，本书关注"核心"并不代表不注重实践，恰恰相反，本书在实践中找到大量案例来辅助叙述"核心"，以便从多个层面加强其思想纵深。例如，在讨论信号反射时，我们需要深入探讨印制电路板（Printed Circuit Board，PCB）叠层压合方案、高速多层PCB中信号层与平面层的配置、高密度互连（High Density Interconnection，HDI）PCB中涉及的背钻（Back Drilling）和微孔（Microvia）等话题，它们对于"进一步深刻理解与应用信号完整性理论及高速数字设计"也是至关重要的。

为了更直观形象地阐述信号完整性理论，本书深度融合丰富的先进设计系统（Advanced Design System，ADS）软件平台仿真案例，最大限度减少了手工计算的同时，也非常有助于读者高效理解高速数字系统的性能瓶颈及相应的优化方案。当然，从未接触过ADS软件平台的读者也完全不必担心，本书将仿真案例由简至繁地安排，并且将它们合理且系统地融入全书，阅读起来将会非常轻松。还在犹豫什么呢？让我们一起跟随数字信号领略高速数字系统的无限风采吧！

由于本人水平有限，书中难免有疏漏之处，恳请读者批评与指正。

作　者

目　录

第1章 数字信号传输基础：简约目标

在日常生活与工作中，信息（Information）的传递是很普遍的。例如，"烽火台上的狼烟"传递"敌人来了"的信息，"亮着的白炽灯"传递"有电"的信息，"交通灯的不同颜色"传递"车辆是否允许通行"的信息，"天空中密布的乌云"传递"可能将要下雨"的信息，"老板越来越频繁的喝斥"传递"年终奖可能不保"的信息，"购买本书"传递"想要系统掌握信号完整性理论与高速数字设计"的信息等。无论信息的具体内容是什么，将其从发送方有效传递到接收方，总是需要借助特定的载体（如光、色彩、声音、动作、气味等），而包含信息的载体也称为信号（Signal），如图1.1所示。

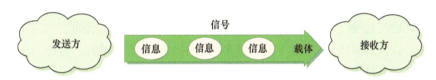

图1.1 信息的传递

电路系统中也需要传递信息，只不过使用诸如电压、电流、电磁波等载体，我们统称这些载体为电信号（Electrical Signal）。目前，应用越来越广泛的数字电信号采用有限个状态表达信息，我们简称其为数字信号（Digital Signal），而处理数字信号的电路（或系统）则简称为数字电路（或系统）。

理论上，数字信号的状态数量可以很多（只要有限即可），但是为了方便信息的传输，数字电路中实际使用的状态数量通常会被限制为很少。图1.2所示为几种数字信号，分别展示了仅由两种、三种、四种电平构成的数字信号，相应也称为二电平、三电平、四电平数字信号，而二电平数字信号则是目前应用最为广泛的数字信号（**本书如无特别说明，所述"数字信号"均特指"二电平数字信号"**）。

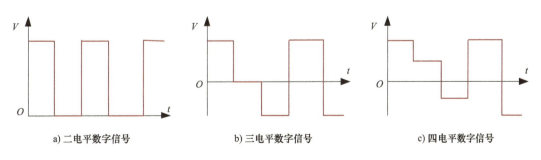

a) 二电平数字信号　　　　　b) 三电平数字信号　　　　　c) 四电平数字信号

图1.2 几种数字信号

1

"有且仅有两种状态"是（二电平）数字信号的主要特征，通常使用"0"与"1"表示。例如，"有电"与"无电"状态就可以分别使用"1"与"0"表示。但是请注意，此处涉及的"0"与"1"并非代表数值大小，仅用来表达两种相互对立的逻辑状态（其意义相当于"真"与"假"），因此，我们也完全可以使用"1"表示"无电"，而"0"表示"有电"。使用数字信号表达"有电"与"无电"状态如图 1.3 所示。

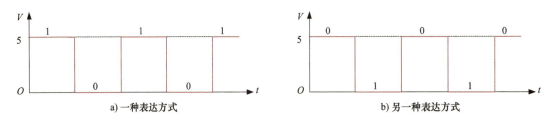

图 1.3   使用数字信号表达"有电"与"无电"状态

需要注意的是，虽然图 1.3 中使用不同的电平代表"有电"与"无电"状态，但是逻辑状态与电平之间并没有固定的对应关系（甚至电平也可以是负值），这取决于设计者的约定。换句话说，数字信号可以分别使用"低电平"与"高电平"分别表示状态"0"与"1"，也可以反过来，我们将前者称为正逻辑（本书如无特别说明，均采用正逻辑，这也符合大多数人的习惯），后者（即反过来的描述）则称为负逻辑。更进一步，为方便后续描述，本书也使用大写字母"H"与"L"分别代表"高电平"与"低电平"。

如果信息本身超过两种状态，也仍然能够使用（二电平）数字信号表示，只需要借助多条数字信号传输线缆即可。我们通常将"传输信息性质相同的多条信号线"称为总线（Bus），相应的信号线数量称为位宽（位宽越大，一次性传递的信息量就越大）。例如，存储器中"用来传输地址信息的多条信号线"称为地址总线，而"用来传输数据信息的多条信号线"则称为数据总线，从波形表达上类似如图 1.4a、b 所示（两种表达方式是等值的，只不过后者由于更简洁而被广泛应用）。

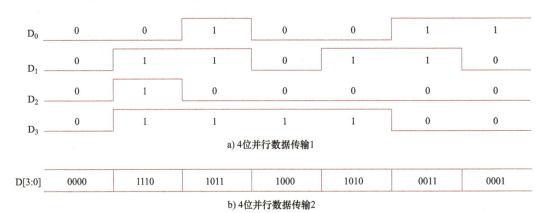

图 1.4   二进制数字信号表达的温度值

无论传输信息的信号线数量有多少，它们都是由多条基本的信号线组合而成，因此后续主要以单条信号线作为研究对象以简化分析过程。为方便后续描述，我们把数字信号在电平之间的转换过程称为边沿（Edge），从低电平转换到高电平的过程称为上升沿（Rising Edge），反之则称为下降沿（Falling Edge）。更进一步，数字信号在电平转换后又恢复原来的电平就构成了一个脉冲（Pulse）。也就是说，一个脉冲包含两个连续边沿，如果脉冲依序由上升沿与下降沿构成，则称为正脉冲，反之则称为负脉冲，而脉冲的维持时间则称为脉冲宽度（Pulse Width），简称"脉宽"。图 1.5 所示为数字信号的边沿，其波形中就包含 2 个正脉冲。当然，正脉冲是以低电平为基准，如果以高电平为基准，也可以理解其中包含 1 个负脉冲。

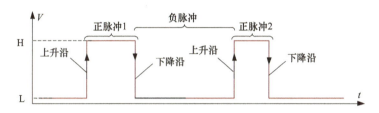

图 1.5　数字信号的边沿

用来处理数字信号的基本电路是门电路（Gate Circuit），它具有一个或多个输入，而输出却仅有一个。刚刚已经提过，数字信号仅存在两种相互对立的逻辑状态，而所谓的"处理数字信号"可以理解为"逻辑运算"，因此，"用来处理数字信号的门电路"也常称为逻辑门（Logic Gates）或逻辑电路，而用来处理数字信号的元件也统称为数字元件。

最基本的逻辑运算是与（and）、或（or）、非（not），相应的基本逻辑门也分别称为"与门""或门""非门"，基本逻辑门电路的原理图符号及逻辑运算规律如图 1.6 所示（其中的字母 A、B、Y 表示逻辑变量，其取值仅可以是"0"或"1"）。

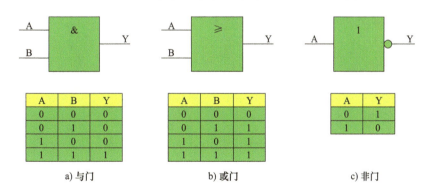

图 1.6　基本逻辑门电路的原理图符号及逻辑运算规律

以最简单的"非门"为例，当输入 A 为"0"（低电平）时，输出 Y 为"1"（高电平），而输入 A 为"1"（高电平）时，输出 Y 则为"0"（低电平），逻辑非门的原理图符号及其输入输出波形如图 1.7 所示。由于"非门"的输出与输入波形恰好相反，也常称为反相器（Inverter）。

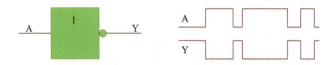

图 1.7　逻辑非门的原理图符号及其输入输出波形

数字信号传输可以简单理解为两个逻辑门之间的串联，如图 1.8 所示。其中，产生数字信号的一方称为发送方（Transmitter）或信号源（Signal Source），接收数字信号的一方则称为接收方（Receiver）或负载（Load），它们通过传输线缆完成数字信号的传输，我们也将"通过传输媒介将信息从一方传递到另一方"称为通信（Communication）。值得一提的是，发送方有时也称为驱动器（Driver），工程上也因此常将"门 A 与门 B 串联"描述为"门 A 驱动门 B"。

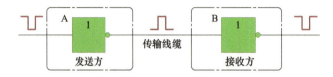

图 1.8　数字信号传输的基本框架

那么，从硬件实现的角度，如何产生数字信号呢？最简单的方法便是将两个串联的开关连接到电源（V_{CC}）与公共地（GND）之间，数字信号则从两个开关的公共节点获取即可，串联的开关产生数字信号如图 1.9 所示。当"K_1 断开，K_2 导通"时，输出被开关下拉（Pull-Down）到低电平"L"，也就产生了一个状态；而当"K_1 导通，K_2断开"时，输出被开关上拉（Pull-Up）到高电平"H"，从而产生了另一个状态。由于电源与公共地分别是高低电平值的两个边界，就像铁轨为火车提供的两个传输路径一样，所以也常被称为电源轨（Power Rail）。当输出的高电平与低电平分别等于（或接近）电源轨时，也称为轨对轨输出（Rail-to-Rail Output）。

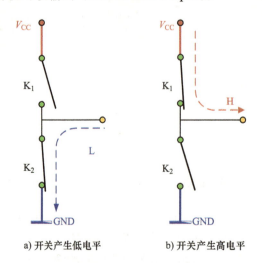

a) 开关产生低电平　　　　b) 开关产生高电平

图 1.9　串联的开关产生数字信号

实际使用的逻辑门通常以集成电路（Integrated Circuit，IC）的形式出现，其中采用集成工艺制造而成的电子开关（而非机械开关），比较常见的便是双极型晶体管（Bipolar Junction Transistor，BJT）与互补金属氧化物半导体（Complementary Metal Oxide Semiconductor，CMOS）场效应晶体管（Field Effect Transistor，FET），相应被广泛使用的逻辑门分别为晶体管 – 晶体管逻辑（Transistor-Transistor Logic，TTL）门与 CMOS 逻辑门，前者的基本单元就是晶体管（俗称三极管），其分为 NPN 与 PNP 两种，后者的基本单元是 N 沟道与 P 沟道场效应晶体管，常简称为 NMOS 管与 PMOS 管。

当逻辑门接收到数字信号时，如何判断其是高电平还是低电平呢？理论上，最简单的方法便是将其与一个参考电压进行比较，我们将该参考电压称为**阈值（Threshold）电压**，并使用符号 V_T 表示。也就是说，基本逻辑门电路可以简单理解为"输入比较器与输出串联开关电路的结合"。基本逻辑非门的结构示意图如图 1.10 所示，当输入高电平（其值大于 V_T）时，开关 K_2 闭合，输出为低电平；而输入低电平（其值小于 V_T）时，开关 K_1 闭合，输出为高电平。

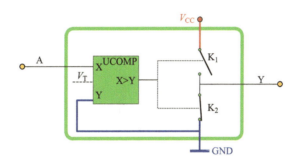

图 1.10　基本逻辑非门的结构示意图

现在的问题是：当逻辑门接收到数字信号时，电平多大才判断为"高"？电平多小才判断为"低"呢？或者说，比较器的 V_T 值应该是多少呢？实际上，"**单纯依靠 V_T 值作为电平高低的判断依据**"很难应用于实践，因为信号在传输过程中难免会遇到干扰，很容易导致逻辑判断错误。例如，假设 V_T 值为 1.50V，电平 1.51V 与 1.49V 在理论上应该分别被识别为高、低电平，但是只要电平存在一点点干扰（哪怕只有 10mV），1.49V 完全有可能被识别成高电平，1.51V 也完全可能会被识别成低电平。数字信号受到噪声干扰如图 1.11 所示。

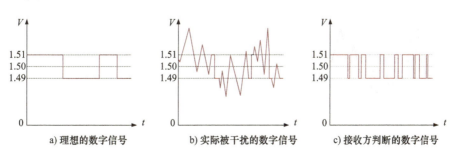

图 1.11　数字信号受到噪声干扰

为了保证数字信号的可靠传输，我们应该对"发送方产生的电平与接收方能够接收的电平"提出一定的要求：一方面，发送方产生的数字信号电平差距应该足够大（理论上，低电平越接近公共地越好，高电平越接近电源电压越好）；另一方面，即便发送方产生的数字信号在传输过程中受到一定干扰，接收方也应该能够准确判断电平逻辑（即要求具备一定的抗干扰能力）。

具体应该怎么做呢？首先对接收方的接收电平范围进行定义！我们要求接收方的输入低电平（Low-Level Input Voltage，V_{IL}）的最大值 V_{ILmax} 必须小于 V_T 值，要求接收方的输入高电平（High-Level Input Voltage，V_{IH}）的最小值 V_{IHmin} 必须大于 V_T 值。理论上，V_{ILmax} 比 V_T 值越低越好，V_{IHmin} 比 V_T 值越高越好，而 V_{ILmax} 与 V_{IHmin} 之间则是逻辑电平未定义区域（Undefined Region），接收方的输入电平不允许进入该区域，否则无法保证逻辑判断的准确性。接收方收到的数字信号如图 1.12 所示。

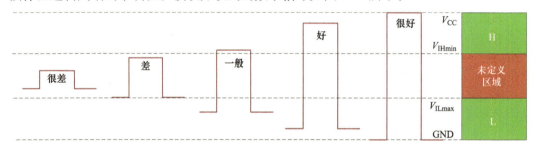

图 1.12　接收方收到的数字信号

接收方的电平要求已经确定了，再来确定发送方的电平要求。刚刚已经提过，理想条件下，高、低电平越接近电源轨越好。但是，受温度、供电电压、制造工艺等因素的影响，数字信号不可能达到理想值。因此，实际产生的数字信号适当放宽了要求，至少发送方的高电平必须不小于 V_{IHmin}、低电平必须不大于 V_{ILmax}。也就是说，要保证接收方认为发送方产生的电平为"高"，则其最小值 V_{OHmin} 必须大于接收方要求的输入高电平最小值 V_{IHmin}。V_{OHmin} 与 V_{IHmin} 如图 1.13 所示。

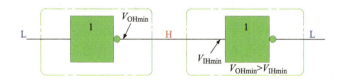

图 1.13　V_{OHmin} 与 V_{IHmin}

同样，要保证接收方认为发送方产生的电平为"低"，则其最大值 V_{OLmax} 必须小于接收方要求的输入低电平最大值 V_{ILmax}。V_{OLmax} 与 V_{ILmax} 如图 1.14 所示。

更进一步，考虑到信号在传输过程中很可能会受到干扰（即电平幅值会有所变化），因此，发送方实际输出的高电平必须大于 V_{IHmin} 一定值，而低电平同样也必须小于 V_{ILmax} 一定值。例如，当发送方产生低电平时（高电平相似），如果该电平越接近接收方的 V_{ILmax}，则抗干扰能力越差，因为只要在低电平上叠加一个较小的干扰，就有可能会进入接收方的逻辑电平未定义区域。避免发送电平进入接收方的逻辑电平未定义区域如图 1.15 所示。

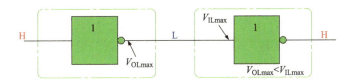

图 1.14　V_{OLmax} 与 V_{ILmax}

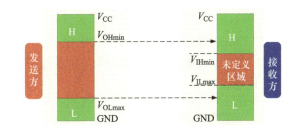

图 1.15　避免发送电平进入接收方的逻辑电平未定义区域

也就是说，V_{OLmax} 比 V_{ILmax} 越小，且 V_{OHmin} 比 V_{IHmin} 越大，则说明数字逻辑的抗干扰能力越强，因为即便被干扰后产生更大的电平偏差，也不会影响接收方的逻辑判断。为了衡量数字逻辑系统的抗干扰能力，我们定义了一个 噪声容限（Noise Margin）的概念，它是（数字系统在传输逻辑电平时）容许叠加在有用电平的噪声（电压）最大值，噪声容限如图 1.16 所示。

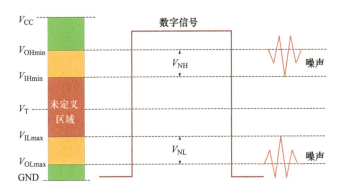

图 1.16　噪声容限

我们把 V_{OHmin} 与 V_{IHmin} 的差值称为高电平噪声容限，并使用符号 V_{NH} 表示，即

$$V_{NH} = V_{OHmin} - V_{IHmin} \qquad （1.1）$$

而把 V_{ILmax} 与 V_{OLmax} 的差值称为低电平噪声容限，并使用符号 V_{NL} 表示，即

$$V_{NL} = V_{ILmax} - V_{OLmax} \qquad （1.2）$$

很明显，逻辑电路的噪声容限越大，在传输的逻辑电平上容许叠加更大的噪声，也就代表抗干扰能力越强。

简单地说，逻辑电平的定义并不太关心"高低电平的具体值"，而更关心"在最坏条件下完成高低电平的接收"（即保证一定的抗干扰能力）。换句话说，实际数字电平不需要（也不会）是绝对的 V_{CC} 或 GND，也不需要精确的电平对应某个逻辑，而是某个可以接受的范围（只要足以被接收方识别即可）。

TTL 与 LVTTL 逻辑电平如图 1.17 所示。以 TTL 逻辑门使用的 TTL 电平标准为例，其定义的 5V TTL 电平如图 1.17a 所示。根据式（1.1）与式（1.2），5V TTL 电平的低电平噪声容限为 0.8V − 0.4V = 0.4V，高电平噪声容限为 2.4V − 2.0V = 0.4V。很明显，从 V_{OHmin} 到 V_{CC} 这段电压区域对噪声容限的提升没有什么贡献，因此后来诞生了另一种供电电压更低的低压 TTL（Low-Voltage TTL，LVTTL）电平，其仅在 5V TTL 电平的基础上将供电电源更改为 3.3V，其他都没有改变（噪声容限也是如此）。当然，还有其他应用并不广泛的 LVTTL 电平，此处不再赘述。

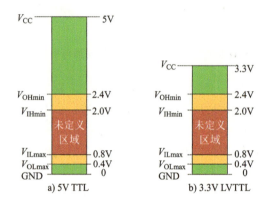

图 1.17 TTL 与 LVTTL 逻辑电平

CMOS 逻辑门使用 CMOS 电平标准，其根据供电电源的不同分为几种，CMOS 与 LVCMOS 逻辑电平如图 1.18 所示。其中，除 5V 外的其他电平也称为低压 CMOS（LVCMOS）逻辑电平。

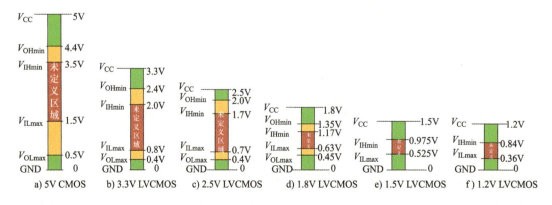

图 1.18 CMOS 与 LVCMOS 逻辑电平

在定义了逻辑电平标准之后，"使用相同电平标准的逻辑门"直接相连即可保证数字信号的准确判断。以 5V CMOS 逻辑电平为例，V_{OLmax}（0.5V）肯定会小于 V_{ILmax}（1.5V），V_{OHmin}（4.4V）肯定会大于 V_{IHmin}（3.5V）。CMOS 逻辑门串联如图 1.19 所示。

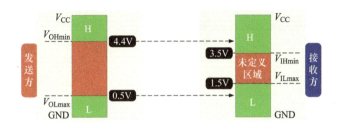

图 1.19　CMOS 逻辑门串联

如果逻辑门使用的电平标准并不相同，则需要分析接收方能否正确判断发送方产生的"低电平"与"高电平"。例如，5V CMOS 逻辑门能否直接驱动 5V TTL 逻辑门呢？首先，判断发送方的 V_{OLmax} 是否小于接收方的 V_{ILmax}，结合图 1.17a 与图 1.18a 可知，0.5V < 0.8V，低电平能够正确判断；然后，再判断发送方的 V_{OHmin} 是否大于接收方的 V_{IHmin}，很明显，4.4V > 2.0V，高电平也能够正确判断。因此，5V CMOS 逻辑门能够直接驱动 5V TTL 逻辑门，如图 1.20 所示。我们也将"不同逻辑电平标准之间能够正确判断逻辑"称为逻辑电平兼容（Compatible），此例中可以理解为"CMOS 逻辑电平兼容 TTL 逻辑电平"。

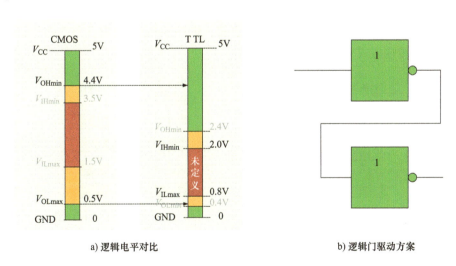

a) 逻辑电平对比　　　　　　　　　　b) 逻辑门驱动方案

图 1.20　CMOS 逻辑门驱动 TTL 逻辑门

那么反过来，5V TTL 逻辑门能否直接驱动 5V CMOS 逻辑门呢？采用同样的电平比较方法可知，虽然 V_{OLmax}（0.4V）< V_{ILmax}（1.5V），但是 V_{OHmin}（2.4V）< V_{IHmin}（3.5V），高电平无法正常判断。因此，我们需要对高电平进行特殊处理才能满足 CMOS 逻辑电平的要求，比较常见的方案便是添加上拉电阻（Pull-Up Resistor）以增强高电平的驱动能力，如图 1.21 所示。

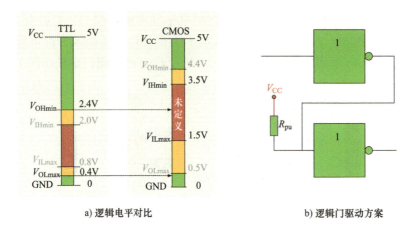

a) 逻辑电平对比　　　　　　　　　　b) 逻辑门驱动方案

图 1.21　TTL 逻辑门驱动 CMOS 逻辑门

　　电平幅值方面的要求只是数字信号传输信息的基本保障，在很多简单逻辑电路应用场合已然足够。也就是说，只要数字信号的电平幅值（逻辑状态）满足要求，逻辑电路就能够输出正确的结果（就如同图 1.7 所示的那样），并不需要其他更多的要求。然而，另外有些应用场合还存在时间方面的要求，这就要涉及数据的传输方式。

　　串行与并行数据传输如图 1.22 所示。假设现在需要将 4 位数据"1110"发送给接收方，如果传输数据的线路数量足够，接收方可以一次性接收完毕，这种数据传输方式称为并行（Parallel），如图 1.22a 所示。如果传输线路只有一条，该怎么办呢？比较常用的方法便是，**将数据逐位按序发送给接收方，接收方收到完整数据后再统一处理**。如图 1.22b 所示，将数据发送分解为 4 个步骤，依序发送"0""1""1""1"即可，我们称这种数据传输方式为串行（Serial）。

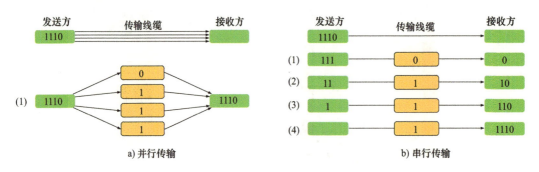

a) 并行传输　　　　　　　　　　　　b) 串行传输

图 1.22　串行与并行数据传输

　　无论是串行还是并行传输，在硬件实现层面都需要暂时"记住"数据（以供后续逻辑电路处理），而记忆数据的基本电路元件就是触发器（Flip-Flop），其输出状态并不仅仅取决于实时输入状态，还取决另一个触发信号边沿（上升沿或下降沿，非触发边沿时刻会保持输出状态不变）。换句话说，**触发器的输出状态仅在触发信号到来时才会更新**。我们将"决定触发器何时更新状态的信号"称为时钟信号（Clock Signal），而将"传输数据的信号"称为数据信号（Data Signal）。

以最简单的 D 触发器为例，其仅在时钟信号 CLK 的上升沿（也可以是下降沿）将输入数据 D 记住并传递到输出 Q，我们将此动作称为数据采集（Data Acquisition），也常简称为 "采样"，而非采样时期的数据信号（无论变化多少次）都不会被采样（自然也不会传递到输出）。D 触发器及其波形图如图 1.23 所示，Q 值仅在 CLK 信号上升沿与当时的 D 值相等，而其他非 CLK 上升沿时期的 Q 值都不会被 D 值所影响。

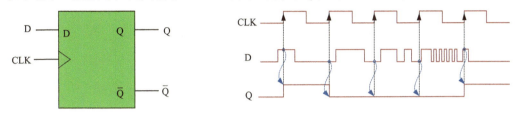

图 1.23　D 触发器及其波形图

时钟信号通常是周而复始的数字信号，就像图 1.23 所示的 CLK 信号那样（实际应用时，时钟信号并不一定存在固定周期，只要存在边沿即可），其循环重复一次的时间间隔称为周期（Period），通常使用符号 "T" 表示。周期的倒数也则称为频率（Frequency），表示单位时间内循环的次数，通常使用符号 "f" 表示，两者的关系见式（1.3）。

$$f = \frac{1}{T} \tag{1.3}$$

式中，当周期的单位分别为秒（s）、毫秒（ms）、微秒（μs）、纳秒（ns）时，相应的频率单位分别为赫兹（Hz）、千赫兹（kHz）、兆赫兹（MHz）、吉赫兹（GHz）。例如，某时钟信号的周期为 10ns，相应的频率则为 1/10ns = 100MHz = 0.1GHz。

顺便提一下，对于周期时钟信号而言，高电平的宽度与周期的比值也称为占空比（Duty Ratio），通常使用符号 "D" 表示。假设周期信号的高电平与低电平宽度分别为 t_{high} 与 t_{low}，则有

$$D = \frac{t_{high}}{T} = \frac{t_{high}}{t_{high} + t_{low}} \tag{1.4}$$

图 1.24 所示为占空比不同的周期信号。图 1.24a、b 分别展示了占空比为 25% 与 50% 的数字信号，前者的高低电平脉宽比值为 1/3，也称为矩形波信号；后者的高低电平脉宽比值为 1，也称为方波信号（矩形波信号的一种特例）。

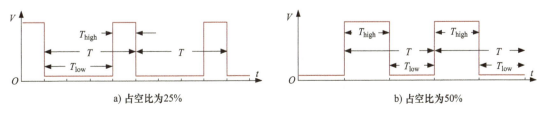

a) 占空比为25%　　　　　　　　　b) 占空比为50%

图 1.24　占空比不同的周期信号

　　触发器会随着时钟信号的到来而不断采集（暂存）数据信号，但一个触发器只能存储一位数据（逻辑状态），因此，新的数据就会随着时间的推移不断覆盖旧的数据。我们将这种新旧数据随时间更新的顺序称为时序（Timing），而相应描绘时序的波形图则称为时序图（Timing Diagram）。图 1.22 所示串行与并行数据传输过程对应的时序，即串行与并行时序如图 1.25 所示。

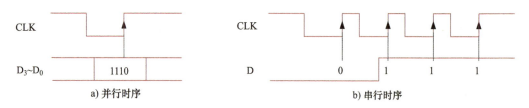

a）并行时序　　　　　　　　　　　　b）串行时序

图 1.25　串行与并行时序

　　需要特别注意的是，前面为了方便讨论时序，我们认为触发器的输出状态总是对应边沿那一时刻的输入状态。实际上，从微观角度来看，"触发器对输入数据的采集动作"对触发边沿时刻前后的数据稳定性也有一定要求。也就是说，为了保证数据能够被可靠地采集，数据必须在时钟边沿（此处为上升沿）到来时，提前一段时间准备好，该段时间也称为数据建立时间（Setup Time，t_{su}）。同样，在时钟边沿到达后，数据也必须继续在一段时间内保持稳定，该段时间也称为数据保持时间（Hold Time，t_{hd}）。更进一步，我们也将数据能够稳定采样的时间段称为数据采样窗口。

　　简单地说，我们必须保证触发边沿前后一段数据采样窗口的数据稳定，而这段采样窗口正是由 t_{su} 与 t_{hd} 决定。如果 t_{su} 或 t_{hd} 不满足要求，触发器可能进入一种介于状态"0"与"1"之间的不确定状态，这在数字逻辑电路中是不允许的。建立时间与保持时间如图 1.26 所示，如果想在 CLK 上升沿稳定采集到高电平，必须在上升沿到来时至少提前 t_{su}（可以更长，但不能更短）将高电平准备好，同样，必须在上升沿到来后至少在 t_{hd}（可以更长，但不能更短）内维持高电平。

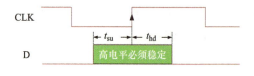

图 1.26　建立时间与保持时间

　　总的来说，无论数字系统的数据传输方式多么简单或复杂，数字信号传输最基本的目标是：在正确的时间传输足以让接收方正确判断的电平。就如同军队（数字信号）从一个地方（发送方）奔袭到另一个地方（接收方），一方面，要保证到达目的地的士兵数量足够（而不是在行军途中损兵折将），以避免有效作战能力的丧失（无法使接收方正确判断）；另一方面，军队应该在恰当时间到达目的地（保证在数据采集窗口内到达），太早或太晚都不行。

　　从广义上来讲，只要发送方产生的数字信号到达接收方后不足以准确还原（无论是由于电平幅值还是时间），都可以认为信号的完整性已经破坏，也就是所谓的信号完整性（Signal Integrity，SI）问题，这也就是本书探讨的主要内容。

第 2 章 逻辑门的直流特性与 驱动能力：厉兵秣马

前面为了简化讨论，我们一直假定数字系统中传输的数字信号是理想的，这主要体现在两个方面：其一，数字信号的高、低电平都足以使接收方准确判断（都是理想的逻辑状态"0"或"1"）；其二，高、低电平之间的转换都是瞬间完成的（电平之间过渡所需时间为 0）。然而实际上，无论是产生数字信号的发送方，还是判断数字信号的接收方，抑或是信号的传播线路，都不会是理想的，它们或多或少存在影响数字信号的电平幅值或采样时间的非理想因素，也就有可能使数字信号的完整性受到破坏。为了详尽阐述这些非理想因素，我们就从逻辑系列（Logic Family）谈起吧！

所谓"逻辑系列"，是指"具有相同（或相似）输入、输出及内部电路结构的集成电路（IC）"的集合。简单地说，同一逻辑系列包含多种功能不同的 IC，但是其输入与输出结构（及性能）通常是相同（或相似）的。前面涉及的 TTL 逻辑就是一种逻辑系列，其常见的商用逻辑 IC 就是 74 系列，相应型号通常以"74XXYY"格式命名。其中，字段"XX"为代表 TTL 逻辑子系列的字母（此字段空白表示"标准 TTL 逻辑"），字段"YY"为代表 IC 型号（功能）的数字串。以标准 TTL 逻辑 IC 为例，图 2.1 所示为标准 TTL 基本逻辑门的内部电路结构，"二输入或非门""二输入与非门""非门"对应的 IC 型号分别为"7402""7400""7404"，相应的逻辑电路结构分别如图 2.1a、b、c 所示。

可以看到，标准 TTL 逻辑电路均可分为输入级、中间级与输出级，但输入与输出结构是完全一致的（电阻的阻值也是如此），这就是同一逻辑系列的特点，而之所以不以"与门""或门"为例，是因为 TTL 逻辑电路本身就自带"非逻辑"运算。换句话说，"与门""或门"需要增加一级"非逻辑"运算电路，其比"与非门""或非门"的实现电路更复杂一些。例如，"与门"的实现电路如图 2.1d 所示，相应的 IC 型号为"7408"。

逻辑系列相关的知识不需要了解更多，对逻辑电路细节感兴趣的读者可以参考作者的另一本图书《三极管应用分析精粹：从单管放大到模拟集成电路设计》，我们引入逻辑电路内部结构的主要目标是：从输入与输出结构中分析可能会影响数字信号传输的非理想因素。

以最简单的"非门"为例，当需要输出高电平时，VT_3 进入饱和导通状态将输出上拉到 V_{CC}，当需要输出低电平时，VT_4 进入饱和导通将其下拉到 GND。很明显，逻辑电路的输出确实由电子开关（晶体管）实现（正如前所述），但是实际的电子开关都不是理想的（即导通电阻不为 0，更何况还可能会串联一些必要的电阻）。因此，实际的逻辑门输出可以等效为一个理想开关与电阻的串联，后者分别为输出上拉电阻（R_{opu}）与下拉电阻（R_{opd}），如图 2.2a 所示。同样，"用来接收数字信号的逻辑门"的输入电阻也不会是无穷大，其也总是可以使用一个输入上拉电阻（R_{ipu}）与下拉电阻（R_{ipd}）等效，如图 2.2b 所示。图 2.2 所示为逻辑门输入与输出结构的等效电路。

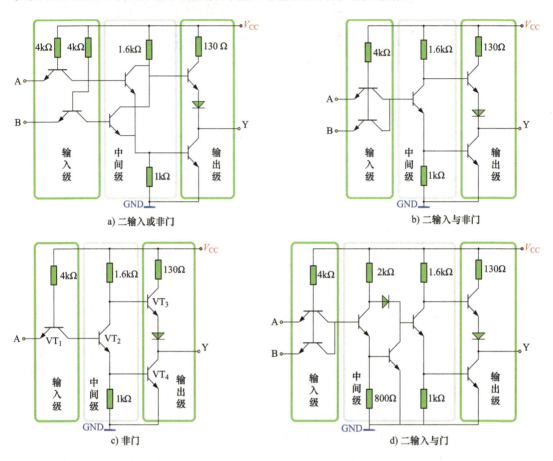

a) 二输入或非门   b) 二输入与非门

c) 非门   d) 二输入与门

图 2.1 标准 TTL 基本逻辑门的内部电路结构

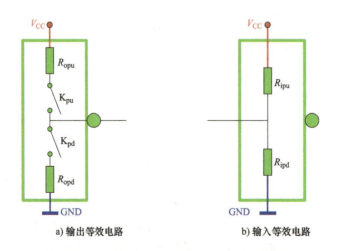

a) 输出等效电路   b) 输入等效电路

图 2.2 逻辑门输入与输出结构的等效电路

由于输入与输出电阻的存在，当两个逻辑门串联时，后级的负载可能会对前级发出的数字信号产生一定的影响，也称为负载效应（Load Effect）。虽然单个发送方驱动单个接收方通常并不足以产生明显的负载效应，但是当接收方的数量越来越多时，负载效应会越来越明显，严重情况下将影响系统的正常工作。

以两个"非门"（A 与 B）串联为例，当门 A 输出高电平时，此时电源（V_{CC}）、门 A 的输出上拉电阻（R_{opu}）、传输线路、门 B 的输入电阻（R_{ipd}）与公共地（GND）形成了一条回路，也就存在一定的电流，发送方输出高电平时的电流回路如图 2.3 所示。与定义代表逻辑门电平的符号相似，我们分别使用符号 I_{OH} 与 I_{IH} 代表逻辑门的输出电流与输入电流，前者也称为源电流（Source Current）或拉电流，表示负载能够从驱动器拉出的电流。

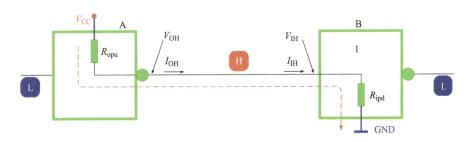

图 2.3　发送方输出高电平时的电流回路

很明显，门 B 的输入高电平 V_{IH} 就是门 A 的输出电阻（R_{opu}）与门 B 的输入电阻（R_{ipd}）对电源 V_{CC} 分压的结果。当门 A 驱动的逻辑门越来越多时，多个逻辑门并联使得负载总阻值越来越小，其两端的压降也越来越小（传输电平越来越低），最终将使得门 B 的输入电平小于逻辑电平要求的 V_{IHmin}，也就很容易导致逻辑误判。

从电流的角度来看，当负载越来越重（接收方输入电阻越来越小）时，I_{OH} 会越来越大（R_{opu} 两端的电压降亦是如此）。当 I_{OH} 超过一定值时，V_{OH} 就已经无法满足逻辑高电平的需求，我们将此时的电流值标记为 I_{OHmax}，其表示逻辑门在输出高电平（$\geq V_{OHmin}$）时可提供的最大电流。逻辑门的 I_{OHmax} 越大，也就意味着其带负载能力越强（即 R_{opu} 越小）。我们也可以看到，之所以"输出添加上拉电阻后的" TTL 逻辑门能够驱动 CMOS 逻辑门，就是因为降低了驱动器的有效 R_{opu}（或者说，添加的上拉电阻注入了更多电流），从而提升了输出高电平（即增强了高电平的驱动能力），如图 2.4 所示。

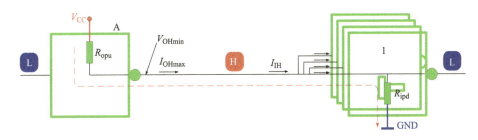

图 2.4　多负载应用输出高电平时对发送方的拉电流能力要求更高

如果供电电源、逻辑电平与输出电流最大值是已知的，我们也可以估算出逻辑门输出高电平时对应的 R_{opu}。从图 2.4 可以看到，当逻辑门输出电流上升至 I_{OHmax} 时，其输出高电平就会下降至 V_{OHmin}，此时 R_{opu} 两端的电压降即为（$V_{CC} - V_{OHmin}$），其与 I_{OHmax} 的比值即为 R_{opu}。

$$R_{opu} = \frac{V_{CC} - V_{OHmin}}{|I_{OHmax}|} \qquad (2.1)$$

当非门输出为低电平时也是相似的，此时 V_{CC}、门 B 的输入电阻（R_{ipu}）、传输线路、门 A 的输出下拉电阻（R_{opd}）、公共地形成了回路。同样，我们使用符号 I_{OL} 与 I_{IL} 分别代表逻辑门的输出电流与输入电流，前者也为灌电流（Sink Current），表示负载能够往驱动器灌入的电流。发送方输出低电平时的电流回路如图 2.5 所示。

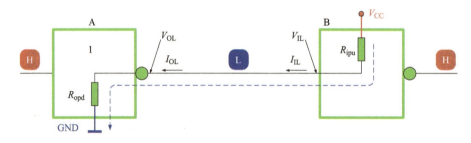

图 2.5　发送方输出低电平时的电流回路

很明显，门 B 的输入低电平 V_{IL} 就是其输入电阻（R_{ipd}）与门 A 输出电阻（R_{opd}）对 V_{CC} 分压的结果。当门 A 驱动的逻辑门越来越多时，负载总阻值就越来越小，其两端的电压降也越来越小（传输电平越来越高），最终将使得门 B 的输入电平大于逻辑电平要求的 V_{ILmax}，也就很容易引起逻辑误判。

从电流的角度来看，当门 A 驱动的负载越来越多时，灌入其中的电流 I_{OL} 越来越大，输出的低电平 V_{OL} 也会越来越大。当 I_{OL} 超过某值时，V_{OL} 就已经无法满足逻辑低电平的需求，我们将此时的电流值标记为 I_{OLmax}，其表示逻辑门输出低电平（$\leqslant V_{OLmax}$）时能够灌入的最大电流。逻辑门的 I_{OLmax} 越大，表示其等效下拉电阻越小（理想为 0）、带负载能力越强（与逻辑门输出并联上拉电阻恰好相反，如果并联下拉电阻，相当于间接进一步降低了输出电阻，也就能够增强低电平的驱动能力），如图 2.6 所示。

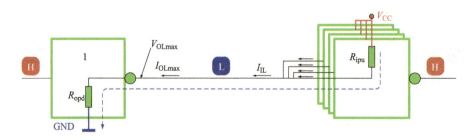

图 2.6　多负载应用输出低电平时对发送方的灌电流能力要求更高

我们同样可以根据图 2.6 估算逻辑门输出低电平时对应的下拉电阻值。当逻辑门输出电流上升至 I_{OLmax} 时，其输出低电平就会随之上升至 V_{OLmax}（即 R_{opd} 两端的电压降），其与 I_{OLmax} 的比值即为 R_{opd}：

$$R_{\text{opd}} = \frac{V_{\text{OLmax}}}{|I_{\text{OLmax}}|} \tag{2.2}$$

我们将逻辑门能够驱动同系列逻辑门（如 TTL 逻辑驱动 TTL 逻辑）的数量称为扇出（Fanout）系数。由于逻辑门的高电平与低电平的带负载能力可能不同，因此需要分别定义高电平扇出系数 N_{OH} 与低电平扇出系数 N_{OL}，前者表示输出高电平不小于 V_{OHmin} 时能够驱动同系列逻辑门的数量，后者表示输出低电平不大于 V_{OLmax} 时能够驱动同系列逻辑门的数量：

$$N_{\text{OH}} = \frac{I_{\text{OHmax}}}{I_{\text{IHmax}}} \tag{2.3}$$

$$N_{\text{OL}} = \frac{I_{\text{OLmax}}}{I_{\text{ILmax}}} \tag{2.4}$$

我们来阅读一下表 2.1 所示实际逻辑 IC 型号 7404 的数据手册（部分），其中，**直流（Direct Current，DC）与交流（Alternating Current，AC）**特性也分别称为静态与动态特性。需要特别提醒的是，数据手册中标注的 I_{OH}、I_{OL}、I_{IH} 与 I_{IL} 存在正负值，它们代表电流的方向不同。**一般以逻辑门本身为参考，正电流与负电流分别表示流入与流出逻辑门。**因此，式（2.1）与式（2.2）中的电流值都使用了绝对值符号。图 2.7 所示为逻辑门的电流正负值与方向之间的对应关系。

表 2.1　实际逻辑 IC 型号 7404 的数据手册（部分）

极限值（Limiting Values）

符号	参数	测试条件	最小	典型	最大	单位
V_{CC}	供电电源	—	—	—	+7.0	V
V_{I}	输入电压	—	—	—	+5.5	V
T_{STG}	存储温度	—	−65	—	+150	℃

推荐工作条件（Recommended Operating Conditions）　　　　　　$T_{\text{AMB}} = 25℃$

符号	参数	测试条件	最小	典型	最大	单位
V_{CC}	供电电源	—	4.75	5.0	5.25	V
V_{IH}	输入高电平	—	2	—	—	V
V_{IL}	输入低电平	—	—	—	0.8	V
I_{OH}	输出高电平电流	—	—	—	−0.4	mA
I_{OL}	输出低电平电流	—	—	—	16	mA
T_{AMB}	环境温度	—	0	—	70	℃

（续）

直流特性（DC Characteristics）				$T_{\mathrm{AMB}}=25℃$			
符号	参数	测试条件	最小	典型	最大	单位
V_{OH}	输出高电平	$V_{\mathrm{CC}}=4.75\mathrm{V}$，$V_{\mathrm{IL}}=0.8\mathrm{V}$，$I_{\mathrm{OH}}=-0.4\mathrm{mA}$	2.4	3.4	—	V
V_{OL}	输出低电平	$V_{\mathrm{CC}}=4.75\mathrm{V}$，$V_{\mathrm{IH}}=2\mathrm{V}$，$I_{\mathrm{OL}}=16\mathrm{mA}$	—	0.2	0.4	V
I_{I}	输入电流	$V_{\mathrm{CC}}=5.25\mathrm{V}$，$V_{\mathrm{I}}=5.5\mathrm{V}$	—	—	1	mA
I_{IH}	输入高电平电流	$V_{\mathrm{CC}}=5.25\mathrm{V}$，$V_{\mathrm{I}}=2.4\mathrm{V}$	—		40	μA
I_{IL}	输入低电平电流	$V_{\mathrm{CC}}=5.25\mathrm{V}$，$V_{\mathrm{I}}=0.4\mathrm{V}$	—		−1.6	mA
I_{OS}	输出短路电流	$V_{\mathrm{CC}}=5.25\mathrm{V}$	−18	—	−55	mA
I_{CCH}	供电电流	$V_{\mathrm{CC}}=5.25\mathrm{V}$，$V_{\mathrm{I}}=0\mathrm{V}$	—	6	12	mA
I_{CCL}	供电电流	$V_{\mathrm{CC}}=5.25\mathrm{V}$，$V_{\mathrm{I}}=4.5\mathrm{V}$		18	33	mA
交流特性（AC Characteristics）				$V_{\mathrm{CC}}=5\mathrm{V}$；$T_{\mathrm{AMB}}=25℃$			
符号	参数	测试条件	最小	典型	最大	单位
t_{PLH}	传播延时	$R_{\mathrm{L}}=400\Omega$，$C_{\mathrm{L}}=15\mathrm{pF}$	—	12	22	ns
t_{PHL}			—	8	15	ns

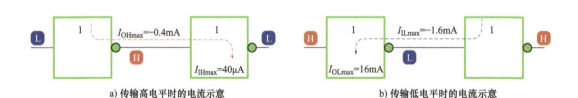

a) 传输高电平时的电流示意　　　　　　　　　　b) 传输低电平时的电流示意

图 2.7　逻辑门的电流正负值与方向之间的关系

我们可以根据表 2.1 中的信息估算出标准 TTL 逻辑的输出电阻。根据式（2.1）与式（2.2）可知（均使用测试条件值）：

$$R_{\mathrm{opu}}=\frac{V_{\mathrm{CC}}-V_{\mathrm{OHmin}}}{\left|I_{\mathrm{OHmax}}\right|}=\frac{4.75\mathrm{V}-2.4\mathrm{V}}{\left|-0.4\mathrm{mA}\right|}=5.875\mathrm{k}\Omega$$

$$R_{\mathrm{opd}}=\frac{V_{\mathrm{OLmax}}}{\left|I_{\mathrm{OLmax}}\right|}=\frac{0.4\mathrm{V}}{\left|16\mathrm{mA}\right|}=25\Omega$$

如果你对输入电阻感兴趣，也可以分别估算出高电平与低电平输入时的输入电阻（使用测试条件）。高电平输入电阻约为 $V_{\mathrm{I}}/I_{\mathrm{IL}}=2.4\mathrm{V}/40\mu\mathrm{A}=60\mathrm{k}\Omega$，低电平输入低电阻约为 $V_{\mathrm{I}}/I_{\mathrm{IL}}=0.4\mathrm{V}/1.6\mathrm{mA}=250\Omega$。

虽然表 2.1 中并未明确标注扇出系数，但我们可以根据式（2.3）与式（2.4）估算出来。根据推荐工作条件，输出低电平时的最大电流 $I_{\mathrm{OLmax}}=16\mathrm{mA}$，而输入低电平时的最大电流 $I_{\mathrm{ILmax}}=-1.6\mathrm{mA}$，因此相应的扇出系数约为 $I_{\mathrm{OLmax}}/I_{\mathrm{ILmax}}=16\mathrm{mA}/1.6\mathrm{mA}=10$。相似地，高电平扇出系数即为 $I_{\mathrm{OHmax}}/I_{\mathrm{IHmax}}=0.4\mathrm{mA}/40\mu\mathrm{A}=10$。由于高低电平扇出系数相

同，因此标准 TTL 逻辑的扇出系数为 10（如果高低电平扇出系数不相同，取较低值作为扇出系数即可，标准 TTL 逻辑的扇出系数规范值不小于 8）。

CMOS 逻辑门属于另一个逻辑系列，如今早已逐渐替代 TTL 逻辑系列，其商用逻辑 IC 中代表逻辑系列的常用字母是 "HC"（即 "High-Speed CMOS" 的简写，意指 "高速 CMOS 逻辑系列"），代表型号的数字串与 TTL 逻辑 IC 是相同的。例如，"2 输入与非门""2 输入或非门""非门" 对应的 IC 型号分别是 "74HC00""74HC02""74HC04"。相应的逻辑电路实现如图 2.8 所示（CMOS 逻辑同样自带 "非" 逻辑）。

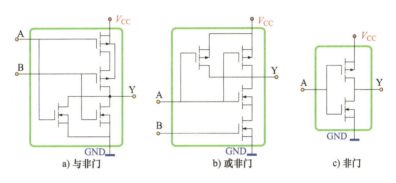

a) 与非门　　　b) 或非门　　　c) 非门

图 2.8　CMOS 逻辑门基本结构

可以看到，CMOS 逻辑门的输入与输出结构也都是相同的，每个输入均对应一个 NMOS 管与一个 PMOS 管构成的互补结构，也因此才称为 CMOS。以最简单的非门为例，当输入为高电平时，下侧 NMOS 管导通，上侧 PMOS 管截止，输出被下拉至低电平；当输入为低电平时，下侧 NMOS 管截止，而上侧 PMOS 管导通，输出被上拉至高电平。非门的工作原理如图 2.9 所示（假设场效应管为理想开关）。我们也可以看到，实际逻辑门电路中并没有单独的比较器电路，那只是为了描述方便从 "判断输入逻辑状态的行为" 抽象出来的。

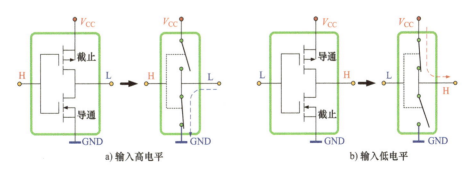

a) 输入高电平　　　　　　　　　b) 输入低电平

图 2.9　非门的工作原理

虽然 CMOS 逻辑门与 TTL 逻辑门的实现电路并不相同，但前述关于逻辑门的电气参数与计算方法同样适用。以表 2.2 的 74HC04 数据手册（部分）为例，我们可以根据其中的信息估算出 CMOS 逻辑的输出电阻。

表 2.2　74HC04 数据手册（部分）

极限值（Limiting Values）

符号	参数	测试条件	最小	典型	最大	单位
V_{CC}	供电电源	—	−0.5	—	+7.0	V
I_{IK}	输入二极管电流	$V_I < 0.5V$ 或 $V_I > V_{CC} + 0.5V$	—	—	± 20	mA
I_{OK}	输出二极管电流	$V_O > −0.5V$ 或 $V_O > V_{CC} + 0.5V$	—	—	± 20	mA
I_O	输出源或灌电流	$−0.5V < V_O < V_{CC} + 0.5V$	—	—	± 25	mA
I_{CC}, I_{GND}	V_{CC} 或 GND 电流	—	—	—	± 50	mA
T_{STG}	存储温度	—	−65	—	+150	℃

推荐工作条件（Recommended Operating Conditions）

符号	参数	测试条件	最小	典型	最大	单位
V_{CC}	供电电源	—	2.0	5.0	6.0	V
V_I	输入电压	—	0	—	V_{CC}	V
V_O	输出电压	—	0	—	V_{CC}	V
T_{amb}	环境温度	—	−40	+25	+125	℃

直流特性（DC Characteristics）　　　　　　　　　　　　　　　　　$T_{AMB} = 25℃$

符号	参数	测试条件	最小	典型	最大	单位
V_{IH}	输入高电平	$V_{CC} = 4.5V$	3.15	2.4	—	V
V_{IL}	输入低电平	$V_{CC} = 4.5V$	—	2.1	1.35	V
V_{OH}	输出高电平	$V_{CC} = 4.5V$, $V_I = V_{IH}$ 或 V_{IL}, $I_O = −4.0mA$	3.98	4.32	—	V
V_{OL}	输出低电平	$V_{CC} = 4.5V$, $V_I = V_{IH}$ 或 V_{IL}, $I_O = 4.0mA$	—	0.15	0.26	V
I_{LI}	输入漏电流	$V_{CC} = 6.0V$, $V_I = V_{IH}$ 或 V_{IL}	—	0.1	± 0.1	μA
I_{CC}	静态供电电流	$V_{CC} = 6.0V$, $V_I = V_{IH}$ 或 V_{IL}, $I_O = 0$	—	—	2	μA

交流特性（AC Characteristics）　　　　　　　　　　$GND = 0V$；$t_r = t_f \leqslant 6.0ns$；$C_L = 50pF$

符号	参数	测试条件	最小	典型	最大	单位
t_{PHL}/t_{PLH}	传播延时	$V_{CC} = 4.5V$	—	9	17	ns
t_{THL}/t_{TLH}	输出转换时间	$V_{CC} = 4.5V$	—	7	15	ns
C_I	输入电容	—	—	3.5	—	pF
C_{PD}	功耗电容/门	—	—	21	—	pF

根据式（2.1）与式（2.2）计算如下（均使用测试条件值）：

$$R_{opu} = \frac{V_{CC} - V_{OHmin}}{|I_{OHmax}|} = \frac{4.5V - 3.98V}{|-4mA|} = 130\Omega$$

$$R_{opd} = \frac{V_{OLmax}}{|I_{OLmax}|} = \frac{0.26V}{|4mA|} = 65\Omega$$

场效应管的输入电阻非常高，但毕竟不会是无穷大，因此输入高低电平时仍然会存在一定的漏电流，我们也可以分别估算输入高低电平时对应的输入电阻。由于表 2.2 中已标注了输入漏电流 I_{LI} 的典型值为 0.1μA，我们可以直接使用相应的测试值（输入电平则使用典型值），即有高电平输入电阻为 $V_{IH}/I_{LI} = 2.4V/0.1\mu A = 24M\Omega$，低电平时的输入低电阻 $V_{IL}/I_{LI} = 2.1V/0.1\mu A = 21M\Omega$。

最后，我们仍然尝试估算逻辑门的扇出系数。根据测试条件（并非极限值）假设逻辑门输出拉电流与灌电流均为 4mA、输入漏电流典型值为 0.1μA，因此 CMOS 逻辑门的理论扇出系数至少为 40000（从实用的角度来看，可以理解为不受限制）。但是，实际应用时的扇出系数真的能够达到这么高吗？答案当然是否定的！因为前面计算所得的扇出系数仅能代表静态电平驱动（即稳定的高电平或低电平）时的特性（也因此才使用表 2.2 中的直流特性数据），但是逻辑门在动态工作时，负载过重也会影响信号的完整性，且听下回分解！

第3章 逻辑门的交流特性与信号速度：初窥门径

在前文的讲述中，我们假定数字信号的电平转换是瞬间完成的，即低电平切换到高电平（或反之）所需要的时间为 0，然而实际数字信号却并非如此，因为电子开关本身或多或少会存在一些寄生电容。以 CMOS 逻辑门为例，图 3.1 所示为 CMOS 逻辑门的容性负载。（与数字信号传播路径有关的）场效应管各电极之间的寄生电容如图 3.1a 所示，其中，C_{line} 为信号传播路径的寄生电容（其值通常为数十 pF）。当然，无论寄生电容有多少，从影响数字信号的效果上来看，总可以将其等效为一个"并联在传输路径与公共地之间的"电容器，我们称之为容性负载（Capacitive Load）或交流负载，通常使用符号 C_L 表示，如图 3.1b 所示。

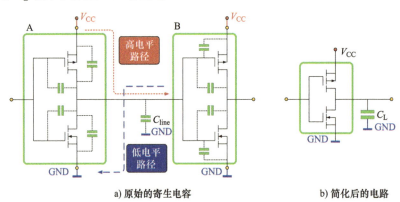

a) 原始的寄生电容　　　　　　　b) 简化后的电路

图 3.1　CMOS 逻辑门的容性负载

另外，作为电子开关的场效应管也不是理想的，其本身也会存在一定的电阻（前一章也对其进行了估算）。也就是说，当 PMOS 管导通时，V_{CC} 通过其输出上拉电阻（R_{opu}）对 C_L 充电；而当 NMOS 管导通时，C_L 通过其输出下拉电阻（R_{opd}）对公共地放电。开关切换时容性负载的充放电行为如图 3.2 所示。

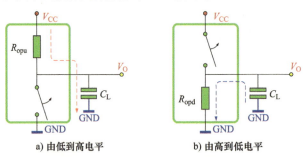

a) 由低到高电平　　　　　　　b) 由高到低电平

图 3.2　开关切换时容性负载的充放电行为

22

根据电路基础理论，当逻辑门输出从低电平切换到高电平时，C_L 两端的电压降以指数规律逐渐上升，并在一段时间后充满电，整个 C_L 充电储能过程可表达为式（3.1）。

$$V_O = V_{CC}\left(1 - e^{-\frac{t}{RC}}\right) = V_{CC}\left(1 - e^{-\frac{t}{\tau}}\right) \tag{3.1}$$

其中，τ 为 RC 电路的时间常数（Time Constant），其值为阻值 R 与容值 C 的乘积，即 $\tau = RC$。如果阻值单位为欧姆（Ω），容值为法拉（F），则时间常数的单位为秒（s）。时间常数越大，则电容器的充电速度越慢。以 74HC04 数据手册中标注的数据为例，其输出上拉电阻约为 130Ω，交流特性中的测试负载容值为 50pF，则有相应的时间常数 $\tau = 130\Omega \times 50pF = 6.5ns$。

同样，当逻辑门输出高电平转换为低电平时，C_L 两端的电压降以指数规律开始下降，整个 C_L 放电过程可表达为式（3.2）。

$$V_O = V_{CC}\left(e^{-\frac{t}{\tau}}\right) = V_{CC}\left(e^{-\frac{t}{RC}}\right) \tag{3.2}$$

其中，τ 与前述定义相同。同样以 74HC04 数据手册中标注的数据为例，其输出下拉电阻约为 65Ω，则有相应的时间常数 $\tau = 65\Omega \times 50pF = 3.25ns$。

也就是说，实际数字信号的电平转换不可能在瞬间完成，而是需要经过电容器充放电的过程。因此，实际数字信号的电平转换总会存在一定的过渡时间，也称为转换时间（Transition Time）。更进一步，我们将数字信号"从低电平转换到高电平所需时间"称为上升时间（Rising Time），通常使用符号"t_r"或"t_{TLH}"表示。反过来，将数字信号"从高电平转换到低电平所需的时间"称为下降时间（Falling Time），通常使用符号"t_f"或"t_{THL}"表示。具体来说，上升时间一般定义为从电平幅值（最大值）的 10%（或 20%）上升到 90%（或 80%）所需要的时间，下降时间则定义为从电平幅值的 90%（或 80%）下降到 10%（或 20%）所需要的时间，理想与实际数字信号的转换时间如图 3.3 所示。值得一提的是，对于标准 CMOS 制造工艺而言，相同尺寸的 NMOS 管的导通电阻比 PMOS 管的要小，因此，下降沿通常比上升沿更陡一些。

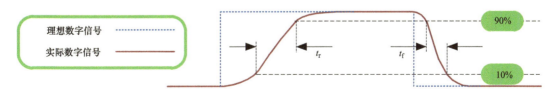

图 3.3　理想与实际数字信号的转换时间

对于数字逻辑来说，通过电平幅值百分比定义的转换时间并没有太大的意义，我们真正关心的是数字信号在高低电平之间过渡所需要的时间。因此，根据接收方的逻辑电平 V_{ILmax} 与 V_{IHmin} 定义电平转换时间更实用，如图 3.4 所示。

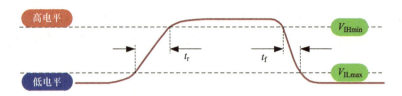

图 3.4 根据接收方的逻辑电平定义电平转换时间

以上升时间为例，对于接收方来说，最终稳定的高低电平应该分别是发送方的 V_{OHmin} 与 V_{OLmax}（而不是 V_{CC} 与 GND），而上升时间就是电平从 V_{OLmax} 分别上升到 V_{ILmax} 与 V_{IHmin} 所需时间差。逻辑电平定义的上升时间如图 3.5 所示。

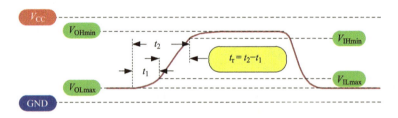

图 3.5 逻辑电平定义的上升时间

结合式（3.1），可得上升时间的计算为

$$t_{\text{r}} = t_2 - t_1 = RC\left\{\ln\left(1 - \frac{V_{\text{ILmax}}}{V_{\text{OHmin}}}\right) - \ln\left(1 - \frac{V_{\text{IHmin}}}{V_{\text{OHmin}}}\right)\right\} \tag{3.3}$$

一般来说，式（3.3）中的 t_1 相对 t_2 要小很多，因此也可以将式（3.3）简化为式（3.4）。

$$t_{\text{r}} \approx -RC\ln\left(1 - \frac{V_{\text{IHmin}}}{V_{\text{OHmin}}}\right) \tag{3.4}$$

我们可以根据表 2.2 中的测试条件计算相应的上升时间，将相关已知数据（$R = R_{\text{opu}} = 130\Omega$，$C = C_{\text{L}} = 50\text{pF}$，$V_{\text{IHmin}} = 3.15\text{V}$，$V_{\text{OHmin}} = 3.98\text{V}$）代入式（3.4），则有

$$t_{\text{r}} = -130\Omega \times 50\text{pF} \times \ln\left(1 - \frac{3.15\text{V}}{3.98\text{V}}\right) \approx 10.2\text{ns}$$

很明显，计算的结果正好处于数据手册给出的 $t_{\text{THL}}/t_{\text{TLH}}$ 的范围内。

我们使用 ADS 软件平台仿真验证一下，相应的仿真电路如图 3.6 所示。其中，SRC1 为上升时间为 1ps（非常小的值，表示理想的数字信号）、高低电平分别为 3.98V 与 0V 的阶跃信号源（VtStep）用来模拟一个数字信号的上升沿。我们需要观察电容器 C1 两端（节点 V_out）的波形，因此添加了"TRANSIENT"控件表示进行瞬态仿真，相应的仿真时长为 10ns，分析最大时间步长为 1ps，相应仿真波形如图 3.7 所示。其中，

标记点 m2 对应的时间（10.19ns）可近似认为是上升时间。

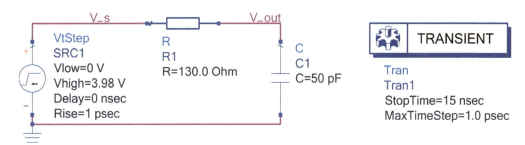

图 3.6　RC 充电仿真电路

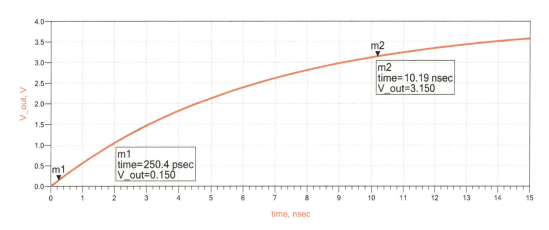

图 3.7　RC 充电仿真波形

同样，我们使用 ADS 软件平台观察一下 RC 放电的具体情况，相应的仿真电路即 RC 放电仿真电路如图 3.8 所示。其中，我们为电容器 C1 添加了一个初始条件（Initial Condition，InitCond），表示其两端的初始电压为 3.98V。需要注意的是，为了让设置的初始条件生效，一定要记得在"TRANSIENT"控件设置对话框中勾选"Use user-specified initial conditions"复选框，否则 ADS 软件平台会忽略初始条件，如图 3.9 所示。相应的仿真波形即 RC 放电仿真波形如图 3.10 所示，你可以自行计算验证，此处不再赘述。

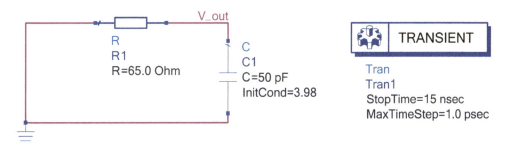

图 3.8　RC 放电仿真电路

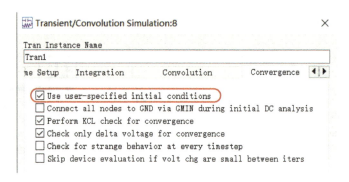

图 3.9 "TRANSIENT" 控件设置

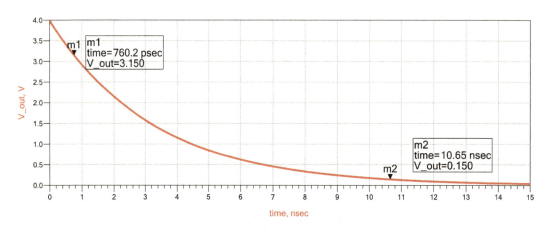

图 3.10 RC 放电仿真波形

　　为什么如此详尽地讨论数字信号转换时间呢？我们经常听到所谓的"高速信号"与"低速信号"的主要区别就是高低电平的转换时间（而并非信号频率的高低，因此，"低频"并不意味着就是"低速"），其值越小则表示信号的速度越高，高速数字设计探讨的主要问题就是如何保证高速信号稳定传输数据。如果高速信号经过传播之后的转换时间过长，触发器的有效采样窗口就会变小，也就有可能会导致采样失败。更有甚者，高电平（低电平）可能还没有上升（下降）到成为符合要求的逻辑电平，就要再次返回到低电平（高电平），信号完整性就已经被破坏，接收方也就不可能得到正确的数据。转换时间对信号完整性的影响如图 3.11 所示。

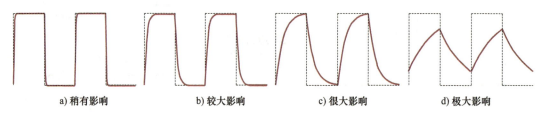

a) 稍有影响　　　　b) 较大影响　　　　c) 很大影响　　　　d) 极大影响

图 3.11 转换时间对信号完整性的影响

也就是说，动态扇出系数就是保证逻辑门输出信号的转换时间不能超过一定值。同样以 74HC04 为例，假设限制其上升时间 t_r 不能超过 500ns，C_L 约为 15pF（现在是估算实际扇出系数，因此，C_L 不再是测量交流特性时使用的 50pF，15pF 也只是最坏条件下的估算值，其中包含线路与 IC 封装引脚寄生电容及逻辑门输入电容），n 个负载并联对应的 $C_L = (15 \times n)$pF，输出上拉电阻仍然是 130Ω，代入式（3.4），则有

$$500\text{ns} \approx -130\Omega \times n \times 15\text{pF} \times \ln\left(1 - \frac{3.15\text{V}}{3.98\text{V}}\right)$$

进一步整理后可得动态扇出系数 $n \approx 164$，其值远小于之前计算的静态扇出系数，而实际应用时的扇出系数还会更小。

需要特别注意的是，虽然前文的表述似乎总是倾向于避免让信号转换时间太长，但是转换时间太短也会引发很多问题（事实上，高速数字系统中的大多数问题都是由此而来）。我们前面讨论的数字信号都是指时域（Time Domain）中的波形，它是幅值随时间变化的信号（横坐标是时间）。实际上，我们也可以从频域（Frequency Domain）角度看待数字信号，此时数字信号可以认为是大量幅值随频率变化的正弦波（横坐标是频率）。换句话说，从频域的角度，数字信号可以理解为由多个频率、幅度、相位不同的正弦波叠加而成。

我们可以使用 ADS 软件平台验证一下，相应的仿真电路即多个正弦波信号叠加的仿真电路如图 3.12 所示。其中，"VtSine" 为正弦波电压信号源，5 个频率与幅值各异的信号源串联叠加，则电阻器 R1 两端（节点 V_t）的电压就是多个正弦波叠加后的波形，如图 3.13 所示。

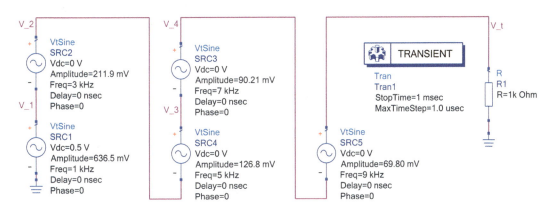

图 3.12　多个正弦波信号叠加的仿真电路

可以看到，随着叠加的正弦波越来越多，叠加后的波形（节点 V_t）越来越像方波。我们将"与方波频率相同（此处为 1kHz）的正弦波"称为基波（Fundamental Wave），其他频率更高的正弦波称为谐波（Harmonic Wave）。更进一步，我们将"频率为基波奇数倍的谐波"称为奇次谐波（Odd Harmonic），相应也有偶次谐波（Even Harmonic）的概念。例如，对于 1kHz 的方波，3kHz 正弦波为三次（奇次）谐波、5kHz 正

弦波为五次（奇次）谐波，其他更高次谐波依此类推。我们也可以从仿真电路中使用的信号源观察到一个规律：**用来叠加的谐波频率越高，相应的幅值也会越低**。换句话说，方波中包含的谐波频率越高，相应谐波能量也就越小。

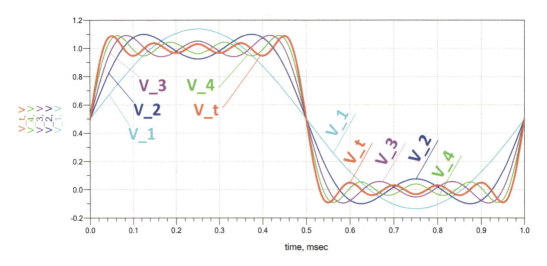

图 3.13　多个正弦波叠加后的波形

另外，数字信号的转换时间越小（信号速度越高），相同频率的谐波幅值（能量）也会更高，这一点请务必牢记。换句话说，**低次谐波对数字信号的幅值影响更大，高次谐波对数字信号的转换时间影响更大**。

我们可以反过来对不同转换时间的方波进行谐波分析，相应的仿真电路即谐波分析仿真电路如图 3.14 所示。其中，"SCR1"是一个脉冲信号成生器，其可供设置的参数与波形的关系即脉冲信号的波形与参数的对应关系如图 3.15 所示。我们决定产生幅值为 1V、周期为 1ms 的方波，当需要的信号转换时间不同时，脉冲宽度（Width）、信号周期（Period）、上升时间（Rise）、下降时间（Fall）参数需要进行简单计算。为避免后续仿真不同边沿时间的多次烦琐修改，我们使用"VAR"控件添加了分别代表"边沿时间"与"周期"的变量"T"与"P"（默认值分别为 0.1 与 1，表示信号转换时间为 0.1ms，周期为 1ms），前者作为信号源的上升时间与下降时间，后者作为信号源周期，而脉冲宽度则为（P – 2T）/2。如此一来，如果需要对信号源进行转换时间调整，只需要设置变量"T"的默认值即可。

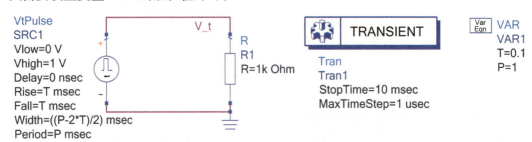

图 3.14　谐波分析仿真电路

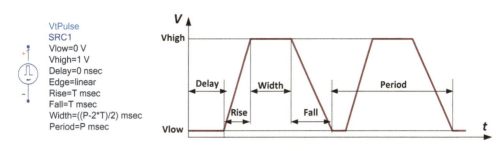

图 3.15 脉冲信号的波形与参数的对应关系

我们将变量"T"依次修改为 0.1 与 0.01（表示将方波的上升时间与下降时间分别修改为 100μs 与 10μs）进行两次独立仿真，而为得到各个谐波分量的数据，我们对节点 V_out 的电压波形使用了获取频域信息的函数"fs"，相应的仿真数据以"幅值 / 相位"表达（我们主要关注幅值），相应的仿真波形分别如图 3.16a 与 b 所示，图 3.12 所示仿真电路中信号源的参数就源于后者（图 3.16b），只不过未考虑相位值与直流分量。图 3.16 所示为对不同转换时间的方波进行谐波分析的结果。

通过对比仿真结果可以看到，如果方波的频率不变，其中包含的谐波频率也是不变的。但是如果仅减小方波的边沿时间，谐波分量会有所提升。特别需要注意的是，高次谐波的提升幅度比低次谐波更大，这也符合前面关于"低次谐波主要影响幅值，高次谐波主要影响边沿时间"的描述。例如，直流分量（m1）没有任何变化（均为 500mV），1kHz 基波的幅值仅由原来的 626.2mV 上升至 636.5mV，而 9kHz 谐波的幅值由原来的 7.731mV 急剧上升到 69.8mV。

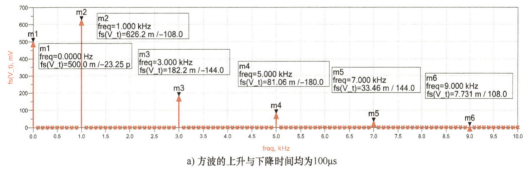

图 3.16 对不同转换时间的方波进行谐波分析的结果

与转换时间相关的概念是**传播延时**（Propagation Delay），它是指信号从一个地方传播到另一个地方所需要的时间，通常使用符号"t_{pd}"或"t_{PHL}/t_{PLH}"表示。信号的传播延时越小，表示信号从发送方到接收方的**传播速度**（Propagation Velocity）越快。以最简单的"非门"输入与输出波形为例，从"输入电平上升到幅值的 50%"到"输出电平下降到幅值的 50%"所经历的时间标记为 t_{PHL}，而从"输入电平下降到幅值的 50%"到"输出电平上升到幅值的 50%"所经历的时间标记为 t_{PLH}。传播延时的定义如图 3.17 所示。

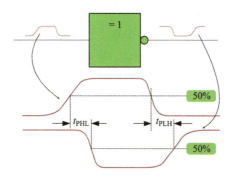

图 3.17　传播延时的定义

传播延时对数字系统的主要影响便是数据采样时间。在高速数字系统中，时间周期可能还不到 100ps，而数据与时钟信号的传播路径也不尽相同，相应的传播延时差便可能会导致采样时间偏差，继而导致数据采样的不稳定。以图 3.18 所示时钟偏移对数据采样的影响为例，其中，CLK_1 与 CLK_2 为子时钟，其由父时钟 CLK 经不同路径（对应不同的 t_{pd}）而产生，从两个触发器看来，它们的时钟就会产生时序偏移（Skew）。

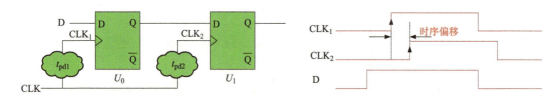

图 3.18　时钟偏移对数据采样的影响

在高速数字系统中，时钟偏移很小也可能会造成数据采样异常（因为周期本身也很小）。当然，时序偏移对数据线也会有影响。例如，数据总线中需要时钟同时采集多个数据，如果多条数据线的传播延时不一样，有效的数据采样窗口就会变小，建立与保持时间就相对更难满足，如图 3.19 所示。因此，高速数字系统中经常会出现蛇形线（Serpentine），其目的就是补偿延时偏差，让有效采样窗口尽可能大一些，现阶段只需要了解即可。

需要说明的是，TTL 与 CMOS 逻辑只是最基本的逻辑系列，从某种意义上来说似乎已经"过时"，但是其中涉及的概念对于数字系统中的高速逻辑系列也是适用的，后续在恰当场合还会详尽讨论，此处不再赘述。

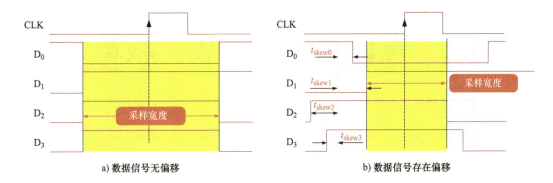

图 3.19   数据信号的时间偏移对采样的影响

最后顺便提醒一下：速度高低主要针对数字信号，而频率高低主要针对模拟信号。换句话说，一般我们说"高速信号"指的是数字信号，"高频信号"则指模拟信号（尽管数字信号也有频率高低的区别）。后续涉及的"信号速度"或"速度快慢"都是针对信号转换时间，而不是信号在线缆上的传播速度。

第 4 章   电源系统的挑战：粮草先行

从前述 TTL 与 CMOS 逻辑门产生数字信号的基本原理可知，它们都是将输出下拉到公共地（GND）或上拉到电源（V_{CC}）。也就是说，在分析逻辑门电路工作原理时，我们假定供电电源是理想的，这也就意味着，**无论逻辑门在电平转换过程中的实际状况如何，电源都能够提供足够的电荷量**。那么，供电电源又是从何而来呢？电源类型具体有哪些呢？不同类型电源存在哪些不同之处呢？实际电源真的那么理想吗？如果答案是否定的，非理想电源会对高速数字系统产生哪些消极影响呢？为了回答这些问题，我们先来简单了解一下**电压调节模块（Voltage Regulator Module，VRM）**的基础知识。

在数字系统中，将某个较高输入直流电压转换为较低输出直流电压的应用非常广泛（也可以是升压，但相对降压应用而言要少很多，为节省篇幅不涉及），我们将其统称为**直流 / 直流变换器（DC/DC Converter）**，也就属于刚刚提到的 VRM，其从实际架构的角度大体可分为线性电源（Linear Power Supply，LPS）与开关电源（Switching Power Supply，SPS）。

线性电源的基本原理可以理解为一个"阻值实时随输出电压 V_O 变化的"电位器 RP（通常由处于线性放大区的晶体管实现，也因晶体管处于线性放大区而得名）与负载 R_L 串联构成的电阻分压电路，只要实时根据 V_O 的变化方向修改 RP 的阻值即可稳定 V_O，只不过输入电流 I 有所不同而已，相应的基本结构示意如图 4.1a 所示。开关电源则**利用开关**（通常由处于开关状态的晶体管实现）**将输入直流电压转换为高频脉冲电压（可以理解为数字信号），然后再连接低通滤波器即可输出想要的直流**（前面已经提过，数字信号包含直流与交流成分，低通滤波器就是为了尽量让直流成分到达负载），相应的基本结构如图 4.1b 所示。

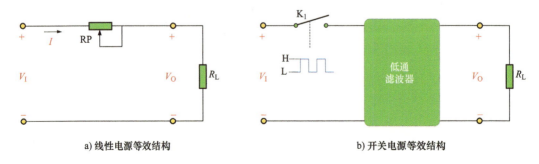

a) 线性电源等效结构

b) 开关电源等效结构

图 4.1   线性电源与开关电源的基本结构

　　线性电源的优点是应用电路简单，但是流过负载的电流越大，电位器消耗的功率也越大（即产生的热量越大），这使得其转换效率低下，一般多用于负载电流不超过 1A 的场合。详情可参考作者的另一本图书《三极管应用分析精粹：从单管放大到模拟集成电路设计》，此处不再赘述。

　　开关电源的优势之一却正是转换效率，因为在理想情况下，处于导通与断开状态的开关都不存在功率损耗，也因此常用于负载电流很大的场合。当然，开关电源也不是完美的，其主要缺点之一便是<mark>开关噪声比较大</mark>。虽然高频脉冲电压先经过低通滤波器再输出直流电压，但是试图"藉此输出完全没有波动的恒定直流"是不可能的，输出电压总是会有所波动。

　　工程上将输出电压中的交流成分称为纹波（Ripple），其值可使用峰峰值（或有效值）表示，图 4.2 所示的纹波波形中就标记了纹波峰峰值。输出电压的纹波越小，则表示其越干净（品质越高）。为了衡量输出电压的品质，工程上引入纹波系数的概念，其定义为<mark>在额定负载电流条件下，输出纹波电压有效值与输出直流电压的比值</mark>。例如，某电源的额定输出电压为 5V，在额定负载电流下测量得到的纹波有效值为 20mV，则相应的纹波系数为 0.4%（有关开关电源详情可参考作者的另一本图书《电感应用分析精粹：从磁能管理到开关电源设计》，此处不再赘述）。

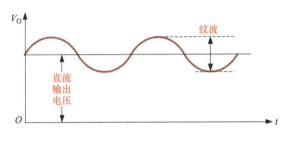

图 4.2　纹波

　　在诸如中央处理器（Central Processing Unit，CPU）、现场可编程门阵列（Field Programmable Gate Array，FPGA）等复杂数字 IC 中，为了更方便地进行电源管理，通常需要多个数值不同的电源同时供电。某些低压供电模块所消耗的电流可能会非常大（超过 10A 也很常见，属于低压大电流应用），另外一些模块消耗的电流却可能很小，因此，配套电源系统中会同时使用不同类型的 VRM。某个相对较简单的 FPGA 的电源系统架构如图 4.3 所示，其中，+3.3V 电源的供电需求比较大，因此使用了开关电源，而耗电较小的 +2.5V、+1.8V、+1.2V 则使用线性电源（如果负载电流很大，也应该选择开关电源从 +5V 直接转换）。

　　既然所需要的电源已经获得，从电路原理层面，我们只需要将 VRM 的输出电压与数字 IC 的供电电源引脚相连即可，类似如图 4.4 所示。

　　在低速数字系统中，图 4.4 所示的电源供电方案工作得很好，对于开关电源而言，只要输出电压的纹波不高于数字 IC 的要求值即可（满足此要求并不难）。换句话说，VRM 输出可以视为理想电源。然而，这种电源供电方案在高速数字系统中却并不实用，因为供电线路并不是理想的，它会影响数字 IC 的供电品质，继而使得其稳定性下降（甚至无法正常工作），为什么这么说呢？

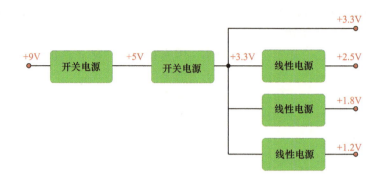

图 4.3　某 FPGA 的电源系统架构

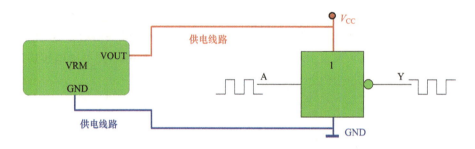

图 4.4　VRM 与数字 IC 的连接

对于一个以印制电路板（Printed Circuit Board, PCB）为基础的典型高速数字系统，实际的 VRM 通常不可能与数字 IC 靠得很近，其输出需要经 PCB 走线、过孔与内层（电源或地平面层）连接，而高速数字 IC 同样借助 PCB 走线与过孔从内层获取所需电源，相应的示意如图 4.5 所示。

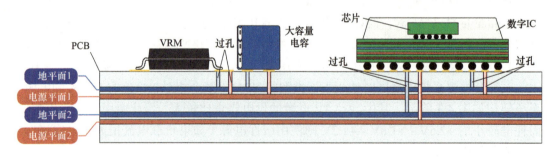

图 4.5　实际电源调节模块与数字 IC 的 PCB 连接

当然，前述 PCB 走线、过孔或内层都属于板级（Board Level）电源连接通路，只是供电线路的一部分。实际上，IC 内部真正实现电路功能的是一块芯片（Chip），也称为裸片（Die），其与 IC 封装之间也存在封装级（Package Level）供电连接通道，其主要由封装引脚与内部金线（Gold Wire）构成。以双列直插封装（Dual In-line Package,

DIP）为例，芯片被固定在引线框架（Lead Frame）上（固定芯片的地方也可以称为基板或衬底），然后通过金线将位于芯片上侧的引脚与引线框架连接，最后通过塑封材料封装起来，如图 4.6 所示。

更复杂的球栅阵列（Ball Grid Array，BGA）封装也是相似的，虽然其为表贴（Surface Mount）形式（没有较长的插针式引脚），但是芯片与基板之间同样需要金线键合，如图 4.7a 所示。虽然也存在内部无金线的倒装芯片（Flip Chip）BGA 封装工艺，但一定长度的供电线路仍然无法避免，如图 4.7b 所示。图 4.7 所示为 BGA 封装内部结构示意图。

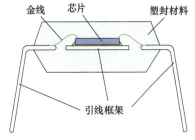

图 4.6　双列直插封装的内部结构

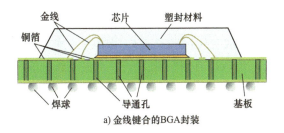 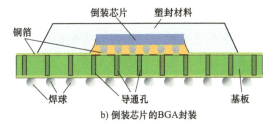

图 4.7　BGA 封装内部结构示意图

需要注意的是，工程师通常也会将"裸片封装后的元器件"称为"集成电路（IC）"或"芯片"，并没有明确的区分。本书为方便后续行文，使用"集成电路（IC）"代表"裸片封装后的元器件"，而"芯片"则代表 IC 内部的裸片。

另外，芯片内部其实也存在芯片级供电线路。也就是说，实际 VRM 与芯片供电引脚之间存在一条较长的线路，它们在低速数字系统中不至于产生明显的消极影响，但是在高速数字系统中却不然。刚刚已经提过，逻辑电路是在高电平时将供电电源传递给输出，低电平时将公共地电位传递给输出，但是由于非理想的开关及集成电路（IC）固有的负载电容，逻辑状态转换的实质就是对负载电容进行充电与放电操作。例如，当输出由低电平转换为高电平时，需要从电源 V_{CC} 转移足够的电荷到负载电容，如图 4.8 所示。

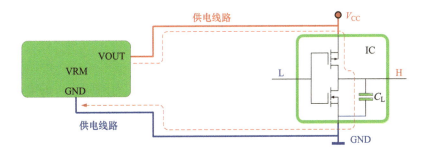

图 4.8　VRM 对负载电容进行充电

我们早已经提过，**"低速信号"**与**"高速信号"**的主要区别便是谐波分量的大小。"电平转换过程中的高速数字系统"相当于阶跃信号源，其中包含的谐波非常丰富，而实际较长的连接线路在高次谐波下会呈现更高的阻抗。也就是说，在高速数字系统中，VRM 与芯片之间的供电线路不再是低阻抗，而是存在不可忽视的寄生电感（Parasitic Inductance）与电阻成分。线路越长则阻抗越大，其横亘在 VRM 与数字芯片供电引脚之间，相应的示意如图 4.9 所示。

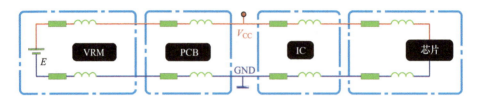

图 4.9　供电线路上的寄生电感与电阻

为简化后续讨论，我们省略供电线路上的电阻成分（因为高速应用中线路本身的电阻已经不再起主导作用），而分别将电源与公共地线路各自简化为一个寄生电感，相应的等效电路如图 4.10 所示。其中，L_1 与 L_2 分别代表线路上所有可能存在的等效寄生电感。

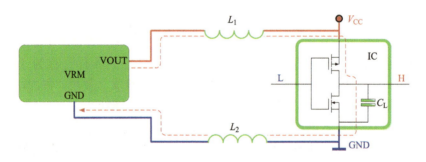

图 4.10　电源供电线路的高频等效电路

供电线路的寄生电感对高频信号相当于高阻抗，其会阻止开关切换瞬间从 VRM 及时获得足够的电荷，这也就意味着，当数字 IC 进行状态切换时，V_{CC} 供电引脚将无法及时获取到足够电荷，继而导致 V_{CC} 瞬间下降（即变差），这种电压变化就是一种开关噪声，可以由式（4.1）来表达：

$$\Delta V = \frac{\Delta Q}{C_L} \tag{4.1}$$

也就是说，数字 IC 内部对负载电容 C_L 进行充电时，对瞬间充入的电荷量 ΔQ 有一定的需求，如果 V_{CC} 供电引脚在这一瞬间不能够提供足量电荷，就会产生 ΔV 的变化（亦即会导致 V_{CC} 不稳定）。我们将由于开关瞬间切换而导致的噪声称为瞬时同步开关噪声（Simultaneous Switching Noise，SSN），它们主要出现在数字信号的电平转换期间，相应波形类似如图 4.11 所示（当然，公共地供电线路也是类似的，此处不赘述）。

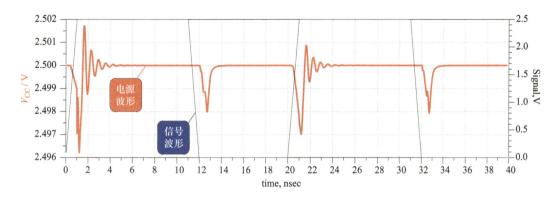

图 4.11 电源与公共地线路上的波动

当某个数字 IC 内部开关切换导致供电线路上出现同步开关噪声时，如果附近其他数字 IC 也使用同一条供电线路（这也是常态），它们也就可能会被这些噪声干扰，继而导致接收方的逻辑判断错误。如图 4.12 所示，门 A、门 B、门 C 使用相同的供电线路，在门 C 的输出切换为高电平过程中，V_{CC} 将对负载电容 C_L 充电，相应产生的高频噪声电流回路将在供电线路上产生噪声电压（使用寄生电感 L_1、L_2 等效）。如果同一时间门 A 的输出也切换为高电平，则门 C 产生的噪声电压将叠加在 V_{CC} 上，继而影响到门 A 输出电平（降低了实际的输出电平）。我们也将这种**"通过共用线路攻击其他电路的噪声"**称为共路噪声，你也可以认为门 C 的开关噪声耦合（耦合可以理解为"传输"）到了门 A 输出。

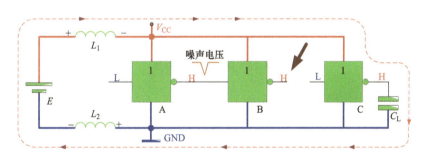

图 4.12 负载电容瞬间充电产生共路噪声

前面已经提过，逻辑电路本质上可以看作比较器，它将输入电压与阈值电压 V_T（实际就是 V_{IL} 与 V_{IH}）进行比较。对于门 B 来讲，如果共路噪声电压过大（输入电平下降量足够大），原本的高电平"H"很有可能低于 V_T（实际上，只要高电平小于 V_{IHmin}，接收方就存在被识别成低电平的可能），也就会被识别为低电平"L"，门 B 输出可能会出现高电平（原本的逻辑是输入"H"输出"L"），如图 4.13 所示。

简单地说，门 C 产生的开关噪声被传递到门 A 输出，继而可能影响门 B 的逻辑判断。同一瞬间进行状态切换的开关越多，相应产生的开关噪声就越大，一旦叠加在 V_{CC} 上的噪声电压足够大，原来定义的噪声容限将无法保证接收方正确判断逻辑，继而使得电路系统导致异常。如图 4.14 所示（仅展示电源共路噪声），由于共路噪声的存在，此时直接供给数字 IC 的电源不再是 VRM 的输出电压 E，而是叠加了一个噪声电压 V_{L1}（即 $V_{CC} = E - V_{L1}$）。

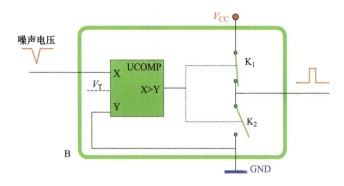

图 4.13　共路噪声对门 B 输入的影响

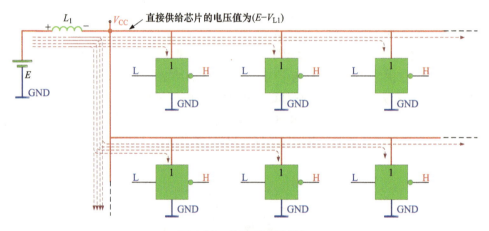

图 4.14　共路噪声的叠加

当然，地线产生的噪声电压也是相似的。如图 4.15 所示，当门 A 输出低电平 "L" 时，地线产生的噪声正电压就会叠加在公共地上，继而使输出低电平更高了。虽然看似由于同样的噪声而使门 B 的 V_T 值更高而不受影响，但问题在于，**门 A 与门 B 的参考公共地电平可能是不同的**。假设门 B 参考另一个没有噪声（或噪声很小）的公共地（图 4.15 中以符号 "DGND" 标记，其电源直接从 E 获取），此时门 B 的 V_T 值保持不变，也就有可能使叠加了噪声的低电平大于门 B 的 V_{ILmax}，继而被门 B 判断为高电平。

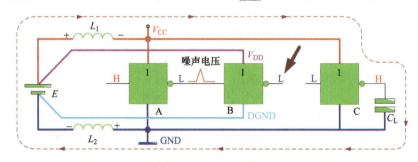

图 4.15　地线噪声对不同参考地的逻辑产生的影响

　　另外，逻辑门输出低电平（即负载电容放电）时也导致相似的噪声。如图 4.16 所示，当门 A 输出低电平时，其等效负载电容进行放电动作，也就会在地线上瞬间产生一个噪声电压，我们可以用一个电感 L_1 等效，其两端的噪声电压极性为"左正右负"。如果门 C 与门 A 参考同一个公共地，当其输入为低电平"L"时（来自另一个没有噪声的输出），由于地线上的共路噪声过大（负压）将改变原来其 V_T 值（下降了），使得门 C 误认为输入为高电平"H"，继而导致门 C 输出仍然是低电平"L"。

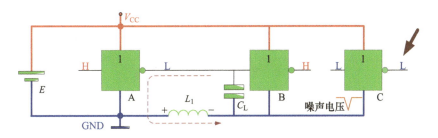

图 4.16　负载电容放电导致的噪声

　　值得一提的是，负载电容放电时对门 A 本身也有影响。如图 4.17 所示，由于 IC 供电线路相关寄生电感的存在（使用电感 L_1 等效），其会产生极性为"上正下负"的瞬间噪声，原来应该被门 A 判断为"H"的高电平，由于其参考地被提升而可能判断为"L"，继而使输出回到了"H"。我们将前述"**芯片公共地电平相对于 IC 外部公共地电平的变化现象**"称为地弹（**Ground Bounce**），相应也有电源弹（Power Bounce）的概念，此处不再赘述。

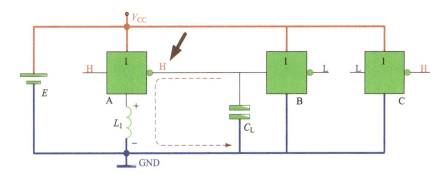

图 4.17　共路噪声对门 C 输入的影响

　　除了影响逻辑判断之外，电源系统的开关噪声也会影响时序，因为开关噪声出现在时钟信号边沿时可能使边沿产生扭曲（变形）。例如，在时钟信号的上升过程中，负电压噪声会使原来的信号上升速度变慢，同样，正电压噪声则会使信号下降速度变慢，相应的波形如图 4.18 所示。

　　前面已经提过，逻辑电路对未定义区域的电平判断是不确定的，而且会受到诸如温度、制作工艺等因素的影响，而开关噪声是随机的，这也就意味着，对于接收方而言，有效的时钟触发边沿可能在被扭曲边沿的开始、结束或中间任意时刻。也就是说，从接收方看到的有效时钟边沿一直在变化，我们称为时钟抖动（Jitter），如图 4.19 所示。

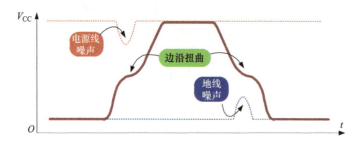

图 4.18　电源噪声导致的边沿扭曲

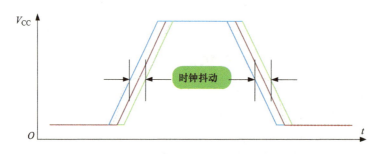

图 4.19　电源噪声导致的时钟抖动

开关噪声越大，时钟的抖动也越大。前面已经提过，为了保证触发器能够稳定采样，必须在边沿前后一定时期内保证数据电平的稳定，虽然开关噪声引起的抖动时间可能只是皮秒（ps）级别，但是在高速数字系统中，时钟周期可能还不到 100ps，已经足以影响数据的正常采样。

另外，时钟抖动还可能使数据在一个周期之内无法成功到达接收方（自然也就无法被采样），这是由于数据线路上不可避免会存在一些逻辑电路（也就会存在一定的传播延时）。换句话说，前一级触发器的数据输出需要经过一段时间才能最终到达下一级触发器的数据输入，我们可以使用两个串联 D 触发器与一个传播延时为 t_{pd} 的单元来简化分析，如图 4.20 所示。

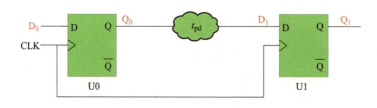

图 4.20　两个串联 D 触发器

理论上，图 4.20 所示电路正常工作时，每个时钟边沿的到来都会将各个触发器的输入数据采样并输出。换句话说，在下一个时钟边沿到来前，Q_0 必须要到达 D_1 并稳定下来。假设 t_{pd} 略小于时钟周期 T，那么在时钟完全无抖动的条件下，数据能够被正常采样，如图 4.21a 所示。然而，一旦时钟存在抖动现象，T 就会时大时小，而在小 T 对应的时钟边沿，Q_0 可能来不及到达 D_1，这就是时钟抖动影响数据传输稳定性的基本原理。如图 4.21b 所示，由于时钟抖动之后，新的时钟边沿提前到达，而数据 Q_0（高电平）此时还尚未到达 D_1，因此被错误采样了低电平。

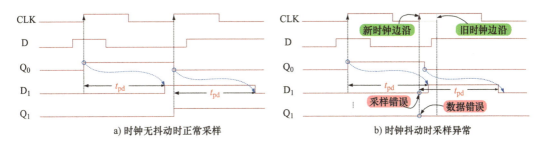

a) 时钟无抖动时正常采样　　　　　　b) 时钟抖动时采样异常

图 4.21　时钟抖动影响数据采样

总的来说，在低速数字系统中，图 4.8 所示电源供电系统可以视为集总参数电路（Lumped Parameter Circuit），这也就意味着，在分析时可以将其视为一个"点"，"数字 IC 内部负载电容所需要的电荷"在任意时刻都能够及时且足量获取，也就不存在因负载电容而产生的开关噪声。然而，在高速数字系统中，VRM 与数字 IC 之间的供电线路并不是理想的，此时电源系统不应该视为一个"点"，而应该视为分布参数电路（Distributed Parameter Circuit）来考虑，也因此常称为电源分布网络（Power Delivery/Distribution Network，PDN），而我们也常把 PDN 上供电电源的品质称为电源完整性（Power Integrity，PI）。

值得一提的是，有些资料也将"PDN"翻译为"电源分配网络"，但作者认为，电源分布网络中的"分布"二字更适于表达高速数字系统中的电源网络，因此统一为"电源分布网络"。后续还有"分布"元器件会涉及，其基本思想都是一致的，即分析过程中不能将"分布"元器件当成一个点。

从另一个角度来讲，VRM 本身可能也会产生一些开关噪声（如开关电源类型 VRM），它们虽然可能也会影响数字系统的正常工作，但是高速数字系统考虑的并非这些噪声（即假定 VRM 输出是稳定无纹波的，因为其解决方案相对比较简单），而是将重点放在"如何优化 VRM 与数字系统之间的供电线路"，从而使得逻辑切换时所需电荷能够及时获取，这样才能够从一开始产生符合要求的数字信号。就如同军队出征，至少得先让士兵们把饭吃饱才能行呀！

那么，电源分布网络中通常会采用哪些方法解决前述问题呢？去耦电容便是其中的利器，详情且听下回分解！

第 5 章　不可或缺的去耦电容：
远交近攻

从前文可知，"数字 IC 的状态切换"产生开关噪声的根本原因是"**负载电容无法在开关切换瞬间获得足够的电荷**"，而间接原因便是"**供电线路中存在的寄生电感**"。因此，理论上，优化开关噪声最直接有效的手段便是"**降低供电线路的寄生电感**"，但从实际效果来看，其投入产出比并不太可喜，因为 VRM 与数字 IC 之间总是客观上会存在一定的距离，也总会不可避免地存在过孔、走线等线路，封装级与芯片级的寄生电感更是难以消除。换句话说，在实际项目运作过程中，"**降低供电线路的寄生电感**"所能带来的开关噪声优化效果是有限的，只能作为一种辅助手段。

那么，是否存在更实用的开关噪声优化方案呢？答案当然是肯定的！由于数字 IC 产生开关噪声的根本原因是"**负载电容无法获得足够的电荷**"（而不是供电线路的寄生电感），如果我们想办法将足够的电荷量放置到 IC 供电电源附近，如此一来，数字 IC 在逻辑切换时可以就近获取电荷量，也就使得"（**在不改变供电线路寄生电感的条件下**）满足负载电容瞬间所需电荷"成为可能，相应的示意如图 5.1 所示。

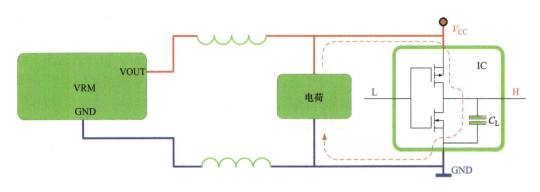

图 5.1　在数字 IC 附近放置足够电荷以降低开关噪声

"将足够的电荷放置到数字 IC 附近"确实是个不错的方案，但问题的关键在于，**是否存在暂存电荷的元件呢**？当然有！电容器不就是用来储存电荷的吗？我们将其作为储存电荷的工具放在数字 IC 附近，相应的示意如图 5.2 所示。其中，C_E 是用来储存电荷的电容器，其将供电线路与公共地线的寄生电感分隔开来，L_1、L_2 代表 C_E 与数字 IC 之间的寄生电感，L_3、L_4 代表 C_E 与 VRM 之间的寄生电感。很明显，L_1 与 L_2 越小越好（**理想为零，但实际上不可能，也没有必要**），我们只要将 C_E 尽可能靠近数字 IC 放置，L_1、L_2 会分别比 L_3、L_4 小得多，C_E 中储存的电荷也就能够更有效地为数字 IC 提供瞬间电荷。

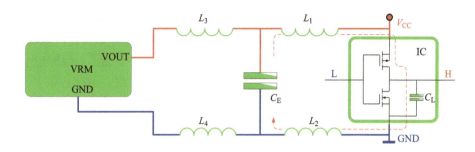

图 5.2　储能电容器为数字 IC 提供电荷

　　前面已经提过，状态切换的逻辑开关相当于一个谐波丰富的噪声源（电流源），而负载电容瞬间所需电荷量的大小取决于开关速度（开关速度越快，相应产生的高次谐波能量越大，瞬时所需电荷量也越大）。如果数字 IC 附近没有储能电容器，这些噪声就会顺着供电线路往 VRM 方向传播（在数字 IC 供电引脚表现出来的就是噪声电压）。如果一个 VRM 需要为多个 IC 供电（这也是常态），顺着供电线路传播的噪声就会对多个 IC 产生影响，也就是前述的共路噪声。相反，当如图 5.2 所示在数字 IC 附近添加电容器 C_E 后，由于其能够提供足够电荷，相当于逻辑开关产生的噪声电流从 C_E 支路经过，原本会往 VRM 方向传播的开关噪声被 C_E 旁路了，C_E 因此常称为 旁路电容（Bypass Capacitor）。

　　当然，我们也可以从阻抗的角度去理解旁路电容所起的作用。电流的基本特征就是 从低阻抗路径通过，当开关状态切换产生高次谐波时，如果附近没有旁路电容，这些开关噪声自然别无选择地奔向位置更远的 VRM。反之，如果数字 IC 附近存在旁路电容，其对于高频信号（即高次谐波）相当于低阻抗，也就能够将其直接从电源旁路到公共地（而不会跑到更远的 VRM）。也就是说，旁路电容在正常的供电线路旁边建立 "另外一个对高频噪声呈现较低阻抗的通路"，继而将高频噪声成分从正常供电线路中滤除，也因此而得名。

　　"为数字 IC 添加旁路电容" 具体会产生什么效果呢？我们回过头观察一下同样的电路在状态切换时的开关噪声路径。如图 5.3 所示，C_E 是门 C 附近放置的旁路电容，当门 C 输出的低电平切换至高电平时，瞬间所需的电荷将由旁路电容提供（而不是较远距离的 VRM），这样也就削弱了门 C 产生的 "本可能会耦合到其他门的" 共路噪声，C_E 也因此经常被称为 去耦电容（Decoupling Capacitor）。

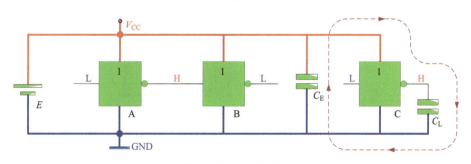

图 5.3　增加储能电容器后的噪声回路

　　值得一提的是，不少工程师对"旁路"与"去耦"的区别与联系不太清楚，其实很简单：**去耦就是旁路，旁路不一定是去耦**。例如，我们可以这么描述：**电容器通过将开关噪声旁路而达到去耦的目的**！也就是说，"去耦"与"旁路"只是分别从"目的"与"手段"的角度对储能电容器的称呼，本质上都是一样的。因此，数字 IC 附近的电容器可以称为旁路电容，也可以称为去耦电容，都没有错。但是，如果你要强调的是"去耦"功能，应该将其称为"去耦电容"。本书后续行文统一使用"去耦电容"，更多详情可参考作者的另一本图书《电容应用分析精粹：从充放电到高速 PCB 设计》，此处不再赘述。

　　数字电路规模越大的芯片，同一时间进行状态切换的逻辑就会越多，相应也需要更多电荷量进行瞬间补充，外部需要配置的去耦电容数量自然也更多，因此，我们经常会看到数字 IC 附近会放置很多电容器，类似如图 5.4 所示。

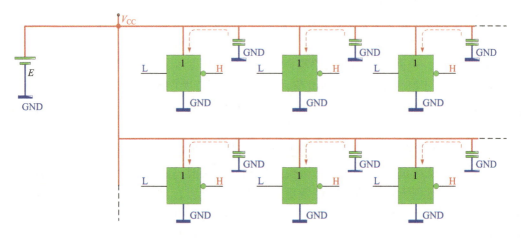

图 5.4　芯片附近添加的去耦电容

　　从 PCB 实物来看，数字 IC 附近的去耦电容通常都是容量较小的电容器（100nF 比较常见），类似图 5.5 所示的布局。

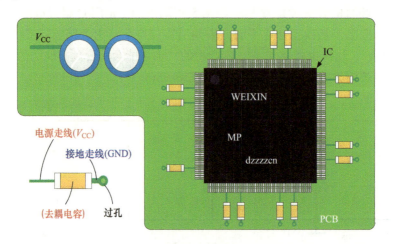

图 5.5　数字 IC 附近的去耦电容

去耦电容所起的作用与现实生活中扑灭"小火灾"的水龙头一样。假设家里出现了"小火灾"（相当于高次谐波），反应最快的行为肯定是从家里的水源处（相当于去耦电容）取水来扑灭，而不是第一时间拨打 119 电话。119 火警扑灭火灾的能力（相当于 VRM 输出）肯定是最强的，它对于"大火灾"（相当于低次谐波）最合适，但是对于频繁出现的"小火灾"几乎没有什么用处，反应时间跟不上，等赶过来时什么都烧完了（电路工作出现异常），还是家里的水龙头管用，虽然水源比较小，但对于"小火灾"却是足够用了。

有人可能就会说：搞那么麻烦做什么？为什么要在供电线路上并联那么多小电容？不就是用来储能的电容吗，在附近并联一个 10μF 或 100μF 的电容不就行了吗？以一个抵千百个，PCB 布局布线更简单。

理想很丰满，现实很骨感。从单纯的储能角度来讲，"使用单个大容量电容器代替多个小容量电容器"并没有什么问题的，但这种方案可行的前提是，电容器是理想的（即容抗总是随频率提升而下降）。然而问题在于，实际电容器并不会都是理想的，其每个引脚都存在一定的寄生电感与电阻成分，通常使用等效串联电感（Equivalent Series Inductance，ESL）与等效串联电阻（Equivalent Series Resistance，ESR）表示，相应的高频等效电路如图 5.6 所示。

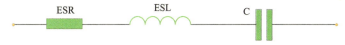

图 5.6　实际电容器的高频等效电路

很明显，实际电容器的高频等效电路是一个 RLC 串联谐振电路，也就存在一个串联谐振点，其也称为电容器的自谐振频率（Self-Resonance Frequency，SRF），通常使用符号 f_s 表示，即

$$f_s = \frac{1}{2\pi\sqrt{ESL \times C}} \tag{5.1}$$

根据电路理论可知，电容器呈现的阻抗在自谐振频率点时才是最低的，而越偏离谐振点的阻抗则越高。我们可以使用 ADS 软件平台获得实际电容器的阻抗 – 频率特性曲线，相应的仿真电路如图 5.7 所示。其中，SRC1 是一个在所有频率点（全频段）都能够输出恒定电流的电流源（此处将其设置为 1.2A），I_Probe1 是一个电流探针，SRLC1 是一个 RLC 串联元件（用来模拟实际电容器），其两端电压（V_t）与电流（I_Probe1.i）的比值即为阻抗（Z）。Meas1 是一个"可以将多个电气参数运算结果定义成一个变量的"测量公式控件（Measurement Equations Component），如果最终的波形是多个信号运算的结果，则可以将其整理为一个公式，这样在显示波形时直接观察代表结果的变量即可（此处将阻抗 Z 定义为公式，"mag"为求幅度的函数）。由于我们需要获取 SRLC1 在一定频率范围内的阻抗变化趋势，因此添加了一个"AC"控件表示进行交流仿真（频率扫描范围为 1kHz ~ 1GHz），相应的阻抗 – 频率特性曲线如图 5.8 所示。

可以看到，标记 m1 对应的频率为 15.85MHz，其相应的阻抗为最小值（即 R 值）。

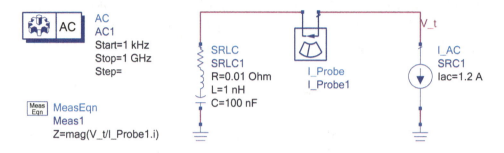

图 5.7　实际电容器的阻抗－频率特性仿真电路

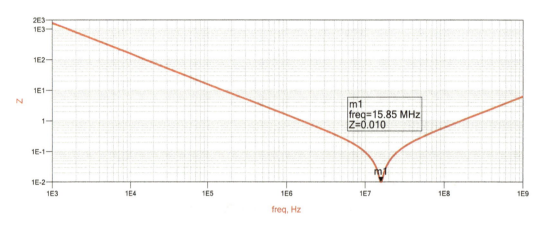

图 5.8　实际电容器的阻抗－频率特性仿真结果

实际电容器的类型多种多样，相应的寄生电感（与电阻）也不尽相同，但总体上，表面贴装（Surface Mount）元件比插装元件的寄生电感要小一些（在容量相同的条件下，SRF 也更高），其在高速数字系统中也应用更广泛，图 5.9 给出了数字系统中常见**铝电解电容**（Aluminum Electrolytic Capacitor）、**钽电解电容**（Tantalum Electrolytic Capacitor）、**陶瓷电容**（Ceramic Capacitor）相应的表面贴装与插装元件外观图，仅供参考。

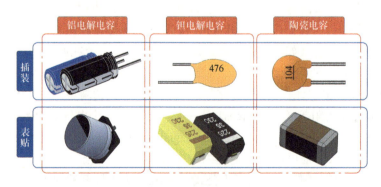

图 5.9　常见电容器的外观图

铝电解电容的主要特点是容量大（最高可超过 1F，最低约为 0.1μF），性价比高，但是 ESL 相对比较高（表面贴装元件的 ESL 典型值为 15nH），而且通常会随封装尺寸增大而有所上升（相同封装尺寸可能对应不同的容量，但容量本身对 ESL 几乎没有影响）。钽电解电容的容量范围一般在 0.1μF 到数千 μF（上限值比铝电解电容要小很多），其主要特点是 ESR 与 ESL 比铝电解电容更小（表面贴装元件的 ESL 典型值约 2nH）。陶瓷电容的容量范围为 0.5pF ~ 100μF，上限值均低于铝电解电容与钽电解电容，但其 ESL 比较低（表面贴装元件的 ESL 一般小于 2nH，本书统一采用 1nH 作为典型值）。关于电容器更多详情可参考作者的另一本图书《电容应用分析精粹：从充放电到高速 PCB 设计》，此处不再赘述。

从前面的描述可知，铝电解电容的 ESL 最大，相应的 SRF 并不高，因此作为数字 IC 的去耦电容并不合适，但是对于低频模拟电路系统（如音频放大）中的去耦电容却恰好合适。另外，其较低的 SRF 也并不影响其作为 VRM 的输出滤波电容器，尤其在开关频率本来就不太高（主流应用至多数百千赫兹）的开关电源电路中，铝电解电容作为输出滤波电容器的应用非常广泛。陶瓷电容的 SRF 最高，虽然其容量上限比较低，但作为去耦电容而言，在保证足够高的 SRF 前提下，对容量的要求也不会太大，因此被广泛作为数字 IC 的去耦电容。钽电解电容的 SRF 介于铝电解电容与陶瓷电容之间，也可以作为数字系统的去耦电容（适用频率比陶瓷电容更低一些），有时也作为 VRM 的滤波电容。当然，钽是一种稀有贵金属，因此钽电解电容的成本比较高，仅在要求较高时作为滤波或去耦之用。

值得一提的是，陶瓷电容还存在一种能够提供更高 SRF 的三端子特殊结构，其具备 3 个引脚，相应的外观与具体安装形式如图 5.10 所示。其中，1、3 引脚用于连接电源（无方向区分），两个 2 引脚则与公共地连接。

a) 外观　　　　　　　　　　　　　　b) 安装形式

图 5.10　三端子陶瓷电容

为什么三端子陶瓷电容的 ESL 更小呢？普通二端子陶瓷电容的基本结构就是两个电极夹着电介质，每个电极对应的引脚均存在一定的 ESL，当其作为去耦电容使用时，ESL 与电容器串联，自然会降低 SRF，如图 5.11a 所示。三端子陶瓷电容为了降低 ESL，直接从其中一个电极引出两条引脚（也称为贯通电极，作为电源或信号的输入输出），而另一个电极则接公共地，如此一来，"具有两个引脚的电极"相关的 ESL 不再与电容串联，而是串接在电源线路上，也就能够有效降低 ESL（可不大于 0.1nH），相应的等效电路就如同 T 形滤波器，也因此称为叠层陶瓷片式滤波器（Multi-Layer Ceramic Chip Filters，MLCF），如图 5.11b 所示。

当然，三端子陶瓷电容的成本相对普通电容更高一些，一般在要求较高的产品中使用。另外，由于三端子电容器的接地侧仍然还存在引脚寄生电感，如果该侧也同样引出两个引脚，SRF 将会更高，在无线射频领域广泛使用的穿心电容即是如此，我们只需要了解即可。

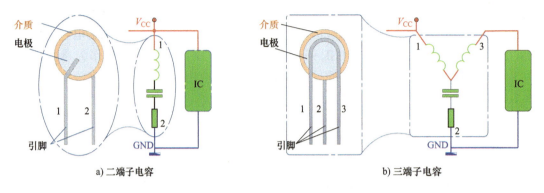

a) 二端子电容   b) 三端子电容

图 5.11　二端子与三端子陶瓷电容的结构示意与等效电路

行文至此，一个问题很自然就冒出来了：从前面的描述可知，去耦电容只有容量足够大才能够满足瞬间所需电荷，但容量越大，则 SRF 越低（这也就意味着，大容量电容不太容易满足高频条件下的低阻抗要求），这是矛盾的，该怎么办呢？我们可以采用"多个小容量电容并联"的方案，一方面可以满足更大的容量需求，另一方面可以满足 SRF 的需求，这就是高速数字 IC 附近通常会存在大量小电容的原因。例如，某数字芯片需要 10μF 的去耦电容，但单个 10μF 陶瓷电容的 SRF 无法满足要求，我们就可以把多个容量更小的电容器（如 100nF）并联起来，小电容满足 SRF 需求，多个小电容并联则满足了容量需求。

我们在图 5.7 所示仿真电路中的 SRC1 中再并联多个参数相同的 RLC 串联元件，相应的阻抗 – 频率特性曲线如图 5.12 所示。

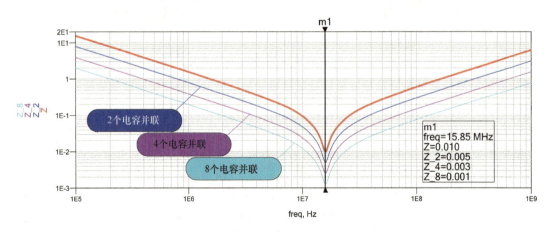

图 5.12　多个相同电容并联后的阻抗 – 频率特性曲线

有人可能会想：100nF 陶瓷电容的 SRF 只有数十 MHz，那么如果开关噪声的谐波频率高达数百 MHz，甚至超过 1GHz，该怎么办呢？此时不就没有合适的去耦电容了吗？

当然不是！不同位置的去耦电容有自己不同的使命。前面讨论的铝电解电容、钽电解电容及陶瓷电容都是在 PCB 上使用的，通常称为板载电容，也常被称为板内去耦（On-board Decoupling，OBD）电容，它们仅负责最高约百 MHz（典型值 100MHz）的高频噪声。但是前面已经提过，即便在 PCB 上添加了去耦电容，去耦电容与数字 IC 之间的寄生电感并没有消除。换句话说，OBD 电容无法解决封装级与芯片级中供电线路寄生电感带来的影响，为此，IC 厂商会根据实际需要自行添加封装内去耦（On-Package Decoupling，OPD）电容，有些 OPD 电容从 IC 外部就能够看到，如图 5.13 所示（仅展示部分尺寸被放大的去耦电容）。

图 5.13　数字 IC 封装上的去耦电容

另外，台式计算机的 CPU 通常使用插槽进行安装，常见于引脚栅格阵列（Pin Grid Array，PGA）或平台栅格阵列（Land Grid Array，LGA）封装 IC（前者的引脚是 IC 的一部分，而后者的引脚则是插槽的一部分），其背面（不是安装 IC 的 PCB 背面）会安装很多 OPD 电容，如图 5.14 所示（仅展示部分尺寸被放大的去耦电容，8 个引脚的元件内部是"4 个电容并行排列的电容阵列"，也常简称为"排容"）。

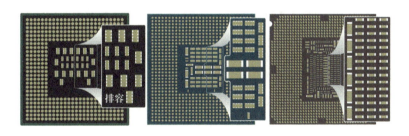

图 5.14　数字 IC 背面安装的去耦电容

当然，有些更复杂的系统级封装（System In-Package，SiP）将多个功能不同的芯片与 OPD 电容（及其他必要的元件）都封装在内部，从 IC 外面是看不到的，类似如图 5.15 所示。

芯片内部的供电线路肯定也存在一定的寄生电感，它们对更高频率呈现的阻抗起决定性作用，因此也需要相应的去耦电容，通常称为片内去耦（On-Chip Decoupling，OCD）电容，它们通常是由半导体制作而成，相应的优化对象则是频率更高的噪声。

值得一提的是，有些 OCD 电容是为了提升性能刻意添加的，它们需要占用一定的半导体芯片面积，而另外一些则随集成工艺而存在的（不需要刻意设计）。以 CMOS 工艺为例，无论逻辑状态如何，总会存在一个栅极电容并联在电源与公共地之间，大量分布在芯片各处的 MOS 管栅极电容共同构成一个容量较大的去耦电容。如图 5.16 所示，当门 A 输出高电平（低电平）时，门 B 的栅极电容 C_{gsn}（C_{gdp}）连接了 V_{CC} 与 GND。

图 5.15　系统级封装内的去耦电容

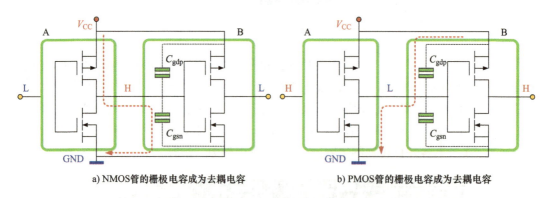

a) NMOS 管的栅极电容成为去耦电容　　　b) PMOS 管的栅极电容成为去耦电容

图 5.16　栅极电容构成片内去耦电容

总之，去耦电容是决定高速数字 IC 工作稳定性的关键因素之一，也因此才需要分别在板级、封装级、芯片级适量添加。根据去耦电容与芯片之间的距离，由远至近依次是板载（OBD）电容、封装内（OPD）电容与芯片内（OCD）电容，而在具体使用的 OBD 电容类型中，离数字 IC 最近的通常是陶瓷电容，其次是钽电解电容（如果有的话），最后才是铝电解电容。"距离芯片越远的去耦电容"的容量越大，主要应对频率更低的电荷供给，而"距离芯片越近的去耦电容"的容量越小，主要应对频率更高的电荷供给，如图 5.17 所示。

从另一个角度来看，之所以 VRM 输出无法满足瞬间开关切换所需电荷，是因为其响应负载电流变化的速度不够。换句话说，如果负载电流变化频率在直流到至多数百 KHz 之间（低速数字芯片产生的噪声范围），VRM 能够较好地保持输出电压的稳定。然而，当负载电流变化频率超出这一范围时，VRM 将无法及时响应而使电源恶化（产生了电源噪声）。因此，在多个不同层面添加去耦电容就是为了以使 PDN 在全频段（如直流到超过 1GHz）范围内都能够快速响应负载电流的变化。从整个高速数字系统来看，相关去耦电容可以简化如图 5.18 所示（本质上，大容量电容也可以认为是去耦电容，只不过应对的噪声频率比较低而已）。

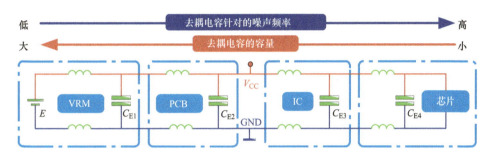

图 5.17　电源分布网络的整体架构

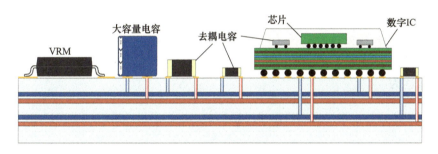

图 5.18　高速数字系统相关的去耦电容

第6章 去耦电容的容量需求分析：知己知彼

前面详细阐述了高速数字系统中去耦电容存在的意义，我们已经明白去耦电容承担的两个基本且重要的功能，即储能与为高频噪声电流提供低阻抗路径。事实上，这两个功能从某种意义上来讲是完全统一的：你可以认为去耦电容的储能为高速开关切换（负载电容充放电）提供瞬间电荷量，从而避免开关切换产生的高频噪声（因为负载电容需要的电荷量已从去耦电容获取，而电源供电不足就是噪声的来源之一）。当然，你也可以认为去耦电容提供了低阻抗（旁路）通道，从而阻止了高频噪声电流向更远的VRM传播。

那么，为什么开关速度越快（电平转换时间越小），则相应产生的噪声电流越大呢？因为电流噪声本质上是由于"电荷转移不充分"形成，而电流I与电荷量Q之间的关系可表达为

$$I = \frac{Q}{t} \tag{6.1}$$

式中，Q的国际单位是库仑（C），而电流可以理解为"单位时间内通过的电荷量"。很明显，单位时间内通过的电荷量越大，相应的电流也会越大。换句话说，对于切换速度越快的逻辑开关而言，负载电容充放电瞬间导致的电流也越大，因为负载电容本身需求的电荷量是不变的，但是却要求在更短的时间内完成电荷转移。

行文至此，自然就会有人在想：对于一个给定的数字系统，去耦电容的容量应该至少多大呢？为什么数字系统中"100nF 去耦电容"的使用量最多呢？

去耦电容储存的电荷量是用来"在开关切换瞬间补充给负载电容"，而电荷的转移必然会伴随电压的变化（电流是"因"，电压是"果"）。例如，在逻辑输出电平从低切换到高的过程中，去耦电容C_E两端的电压因电荷转移出去而呈下降趋势，而负载电容C_L两端的电压因电荷转入而呈上升趋势（在电平稳定状态下，负载电容与去耦电容两端的电压可以认为是相等的），如图6.1所示。

很明显，去耦电容两端的压降变化量就是数字IC电源引脚的电压噪声，因此，电压噪声的大小不仅与需要转移的电荷量有关，还与去耦电容的容量有关，见式（4.1）。也就是说，在负载电容及开关速度不变的前提下，如果要求电压噪声越小，去耦电容的容量需求就越大，因为在单位时间内转移电荷量不变的前提下，大容量去耦电容两端的电压变化量更小（相对于小容量去耦电容）。从另一个角度来看，去耦电容的容量越大，其对开关噪声的优化能力也就会越好（在不考虑自谐振频率的情况下）。

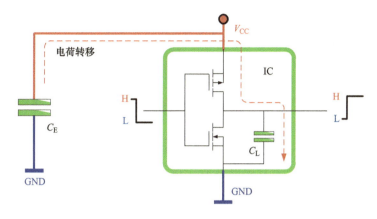

图 6.1　去耦电容与负载电容的电平变化趋势

我们可以用"水杯取水"来阐述"电压噪声大小与去耦电容容量之间的关系"：假设负载电容 C_L 相当于一个取水的杯子，去耦电容 C_E 相当于储藏水源的地方，其水位相当于电源电压 V_{CC}。如果储水之地是一只盛满水的小瓶子（相当于小容量去耦电容），那么杯子从小瓶中取一杯水（即 C_L 充满电的总电荷量）后，小瓶中的水位就会明显下降（相当于电源 V_{CC} 波动导致的电压噪声比较大），因为两者的储水空间相差并不大。如果储水之地是一大缸水（相当于大容量去耦电容），从中取同样一杯水对这缸水的水位影响会更小（相当于电压噪声更小），如图 6.2 所示。

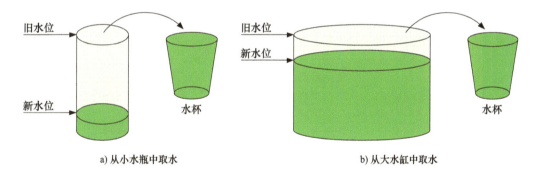

a) 从小水瓶中取水　　　　　　　　　　b) 从大水缸中取水

图 6.2　去耦电容容量与负载电容容量的关系

简单地说，如果想要储水之地的水位（V_{CC}）变化量越小（这也是我们的目标），则储水之地的储水量（相当于去耦电容的容量）就必须比水杯的取水量（相当于负载电容的容量）越大。因此，估算去耦电容容量最简单且直观的方法便是：在负载电容容量的基础上增加即可。具体来说，既然负载电容需要获取足够的电荷能量，且必须保证电压噪声足够小，那么数字 IC 附近去耦电容的容量必定不能比负载电容更小。通常去耦电容所需容量是负载电容容量的 25～100 倍，我们称其为去耦电容倍乘系数（Decoupling Capacitor Multiplier），并使用符号 K_m 表示，那么去耦电容的容量 C_E 可表达为

$$C_E = K_m C_L \tag{6.2}$$

假设 CMOS 逻辑非门的 C_L = 21pF，K_m = 50（**如无特别说明，后续均使用此值**），则相应 C_E 值至少应为 50×21pF = 1050pF。如果 10 个相同配置的逻辑门同时工作，则相应去耦电容的容量至少应为 1050pF × 10 = 10.5nF。

"从负载电容的角度获得去耦电容所需容量"的确很直观，但实际应用过程中却面临一个难题：**对于给定的数字 IC，获取其内部负载电容的容值并不容易**。因为实际数字系统可不像图 6.1 那么简单，其中"同时进行状态切换的开关"的数量很多，每个开关都有相应的负载电容（有些处于充电状态，另外一些则处于放电状态），那么，它们的负载电容是多大呢？哪些负载电容会对转移电荷产生影响呢？式（6.2）中的 C_L 又怎么获取呢？C_L 是所有负载电容的并联总值吗？很不容易确定！更何况，即便是相同的数字 IC，在不同应用场景下的 C_L 也不尽相同（因为开关的数量与状态不同）。以 FPGA 为例，不同规模与功能的逻辑对应的**有效**负载电容都是不一样的，而我们很难直接获得具体的 C_L 值，所以通过"C_L 与 K_m 获得去耦电容值"只能作为一种"直观理解简单逻辑电路所需去耦电容容量"的计算工具，对于复杂数字系统而言并不能提供太大的实用价值。

也就是说，我们最好使用另一种"能够更方便代表负载电容充放电特性的参数"来代替式（6.2）中的 C_L，这样才能在工程应用中更有实用价值，而"**通过逻辑电路的功耗指标反过来获得负载电容值**"就是一种常用手段（因为功耗是实际可测量的）。以 CMOS 逻辑为例，在负载电容的充放电过程中，由于开关管本身存在一定的导通电阻，其在充放电过程中就会消耗一定的功率。负载电容的容量越大，其维持在瞬间大电流的状态就会越长，开关自身电阻消耗的功率也就会越大，如图 6.3 所示。

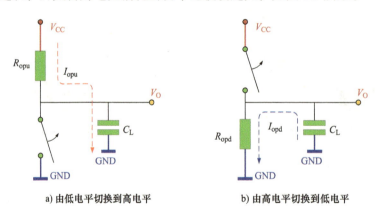

a) 由低电平切换到高电平　　　　b) 由高电平切换到低电平

图 6.3　MOS 管导通电阻产生的能量消耗

那么，由负载电容充放电产生的功耗 P_L 与负载电容 C_L 的容量之间是否存在一定的关系呢？答案是肯定的！实践证明，P_L 与 C_L 之间的关系可由式（6.3）表示：

$$P_L = C_L V_{CC}^2 f \tag{6.3}$$

式中，f 表示开关切换的频率。如果 C_L、V_{CC}、f 均分别使用国际单位法拉（F）、伏特（V）与赫兹（Hz），则 P_L 的单位为瓦特（W）。

需要注意的是，数字逻辑电路中包含静态与动态两种功耗。静态功耗（Quiescent/Static Power Dissipation）是在"逻辑状态保持不变时"消耗的功率，本书使用符号 P_Q 表示，其值为供电电压 V_{CC} 与供电电流 I_{CC} 的乘积，即

$$P_Q = V_{CC}I_{CC} \tag{6.4}$$

式中，I_{CC} 通常可以从相关数据手册上查到。例如，在表 2.1 所示 7404 数据手册中，$I_{CCH} = 6\text{mA}$ 是输出高电平时对应的静态电流典型值，结合测试条件中的供电电源 $V_{CC} = 5.25\text{V}$，即可求得相应的静态功耗典型值为 31.5mW。同样，输出低电平时对应的静态功耗典型值约为 94.5mW。再例如，在表 2.2 所示 74HC04 数据手册中，I_{CC} 也是静态电流，但其最大值仅为微安级别，因此，CMOS 逻辑的静态功率都很小，这也是其应用越来越广泛的原因。

与静态功耗相对的是动态功耗（Dynamic/Active Power Dissipation），它是在"逻辑状态切换过程中"产生的功率消耗，通常使用符号 P_D 表示。对于 CMOS 逻辑来说，动态功耗比静态功耗要大得多。值得一提的是，CMOS 逻辑的动态功耗主要可分为开关功耗与短路功耗，前者就是刚刚提到过的"负载电容充放电时产生的功率消耗"，而后者是在逻辑状态切换过程中出现"NMOS 管和 PMOS 管同时导通现象"（也就存在"从电源到公共地的"低阻抗路径）而产生的功率损耗，如图 6.4 所示。

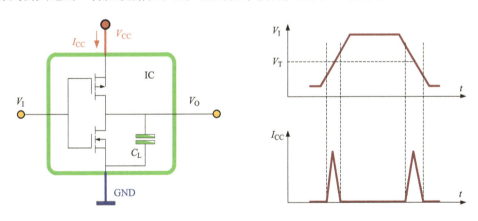

图 6.4　CMOS 逻辑的短路功耗

CMOS 逻辑电路为什么会存在短路功耗呢？根据以往的描述，NMOS 管与 PMOS 管不应该有且仅有一个处于导通状态吗？实际上，数字信号并不是理想的阶跃信号（存在一定的上升时间和下降时间），在 MOS 管阈值（V_T）附近的某个电压范围内可能会出现两个 MOS 管都导通的现象。举个简单的例子，假设某逻辑非门的负载电容很小，使得输入电平转换时间大于输出电平转换时间。那么在 CMOS 逻辑输入电平由低转换到高的过程中，负载电容在输入电平刚上升到 V_T 附近很快就会放完电（NMOS 管很快导通），而输入电压还在缓慢上升（也就是说，上侧 PMOS 管还没有完全截止，下侧 NMOS 管已经导通了），也就引起了短路电流，如图 6.5 所示（当然，如果反过来负载电容更大，使得输入电平转换时间小于输出电平，则不会引起短路电流）。

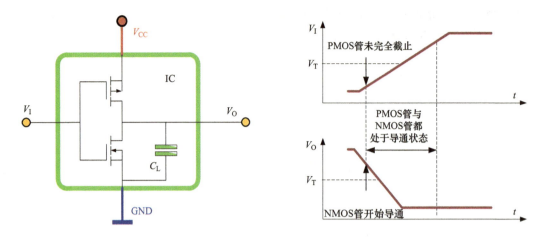

图 6.5　负载电容对短路电流的影响

也就是说，虽然理论上，式（6.3）指的是动态功耗中的开关功耗，但实际测量时肯定会包含一定的静态功耗与短路功耗，为了使式（6.3）足够准确，实际测量时会对输入与输出信号转换时间有一定的要求。例如，在表 2.2 中就要求测试信号的上升时间不大于 6ns（同时还规定了需要连接一定的负载电容，主要目的就是让输入信号转换时间小于输出信号转换时间，详情可见数据手册），以便最大限度降低短路功耗，而信号频率通常也不会太小（典型值为 1MHz），以降低静态功耗。

为什么要特别提出静态与动态功耗呢？因为从后者可以获得整个数字 IC 的内部等效负载电容 C_L。数字 IC 在正常工作时，无论其内部存在多少个负载电容在进行动态切换，只要能够测量到动态功耗 P_D，相应的等效负载电容就能够通过式（6.3）求出来，工程上称之为功耗电容（Power Dissipation Capacitance）。但是请特别注意：功耗电容其实并不是一个实际电容，只是从功耗的角度获得衡量"数字 IC 在正常工作过程中体现充放电动态特性"的参数，通常使用符号 C_{PD} 表示。如果我们能够得到数字 IC 的 C_{PD} 值，再根据式（6.2）即可获得去耦电容的容值。假设 C_{PD} 为 21pF（见表 2.2），同样根据式（6.2）即可得单个逻辑门的去耦电容的容值至少为 1050pF。

也就是说，从效果上来讲，C_{PD} 与前述 C_L 存在的意义是完全一样的，因此式（6.3）可表达为

$$P_D = C_{PD}V_{CC}^2 f \tag{6.5}$$

请特别注意，C_{PD} 与 C_L 只是从充放电的效果来看是等价的，并不意味着 C_{PD} 就是逻辑门输出引脚的 C_L。同样以 74HC04 为例，实际制造的逻辑门由于考虑到其他性能（如速度），其内部结构很可能并不是仅由一个反相器构成。例如，典型的逻辑非门是由 3 个反相器串联而成，此时输出（最后一级）反相器的 C_L 肯定会小于整个逻辑非门的 C_{PD}，因为其并未考虑前两级 C_L 的影响（换句话说，C_{PD} 能够更全面地衡量数字 IC 的动态特性），如图 6.6 所示。

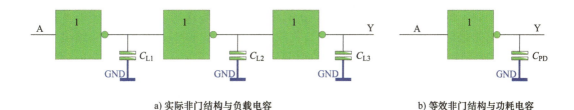

a) 实际非门结构与负载电容　　　　　　b) 等效非门结构与功耗电容

图 6.6　实际与等效逻辑门

式（6.5）在简单的逻辑 IC 中可以查得到（当然，并不是所有厂商的数据手册都会这么详细）。例如，某 74HC04 数据手册中就可以查到式（6.6）：

$$P_D = C_{PD}V_{CC}^2 f_I N + \sum(C_L V_{CC}^2 f_O) \tag{6.6}$$

式（6.6）将动态功耗计算分成了两个部分（结构一模一样），前半部分就是式（6.5），表示**数字 IC 内部 C_{PD} 产生的功耗**，有多少个（N）输入信号就将相应产生的功耗全部加起来，而后半部分表示数字 IC 输出连接的负载电容 C_L 产生的功耗，输出引脚连接多少个负载，就将相应产生的功耗全部计算起来，总体可表达如图 6.7 所示（C_I 表示数字 IC 引脚的**输入电容**，表 2.2 中也有此参数）。

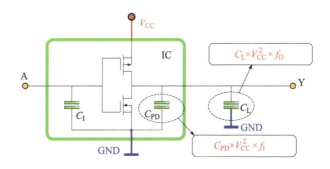

图 6.7　数字 IC 内部与外部负载电容

有人可能想：输入电容 C_I 就不计算进去吗？

如图 6.8 所示，对于数字 IC 输出引脚连接的负载而言，负载的输入电容 C_I 就是其等效负载电容 C_L，因为其消耗的是驱动器（IC1）的电流（而不是 IC2）。很明显，输出连接（并联）的负载越多，则等效负载电容 C_L 就越大，消耗的功率自然也就越大。

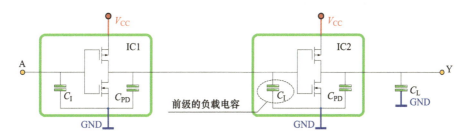

图 6.8　外接的负载输入引脚电容

一般而言，数字 IC 外部连接的 $C_L(C_I)$ 值总是相对容易找到，数据手册中通常都会有（因为电路是你设计的，输出连接什么负载肯定知道），但 C_{PD} 却不一定会给出（尤其当 IC 的规模比较大时），因此，我们在计算动态功耗时需要分为 IC 内部与外部两类。

假设 74HC04 的电源供电电压 $V_{CC} = 5V$，输入信号切换频率 $f = 10MHz$，单个逻辑门（**Per Gate**）的功耗电容 $C_{PD} = 21pF$，在逻辑非门输出没有连接负载的情况下（即 $C_L = 0$），每个逻辑非门（包含三个反相器）所消耗的功率为

$$P_D = C_{PD}V_{CC}^2 f = 21pF \times 5V^2 \times 10MHz = 5250\mu W$$

以上计算的是 74HC04 中单个逻辑门的功耗，74HC04 包含 6 个逻辑门，如果它们的工作条件也一样，相应的动态功耗应乘以 6，即 $5250\mu W \times 6 = 31.5mW$。

我们也可以顺便计算一下：**在单位时间（1s）内，74HC04 消耗的总电荷量与瞬间电流**。同样使用前述电路，则 C_{PD} 约为 $21pF$，根据式（4.1）可以计算出 C_{PD} 充满电时需要转移的电荷约为

$$Q = 21pF \times 5V = 105pC$$

根据式（6.1）可知，瞬间动态电流与时间有关。从表 2.2 可知其传播延时典型值为 9ns，6 个逻辑门同时工作时对应的瞬间动态电流为

$$I = Q/t = 105pC \times 6/9ns = 70mA$$

很明显，瞬间动态电流远比静态电流（$2\mu A$）大得多。

我们还可以计算 1s 内 C_{PD} 消耗的总电荷。由于时钟频率为 10MHz（C_{PD} 在 1s 时间内要进行 1000 万次充放电操作），因此，每秒钟消耗的电荷量约为

$$Q = 105pC \times 10MHz = 1.05mC$$

如果电路中共有 6 个相同连接的逻辑，则总电荷量为

$$Q = 1.05mC \times 6 = 6.3mC$$

有人可能会想：为什么不使用输出转换时间（7ns）来计算瞬间动态电流呢？当然不行！前面已经提过，C_{PD} 是衡量"**整个数字 IC 在逻辑转换时的动态特性**"的参数，而典型的 74HC04 在状态切换时会存在多个反相器同时进行充放电动作，如图 6.9 所示。换句话说，如果选择输出转换时间（尽管其值与输出转换时间相差不大），其仅考虑了最后一级反相器的负载电容（即 C_{L3}）。

以上仅讨论 IC 并未连接负载的情况，假设驱动门后面并接了 10 个逻辑非门，每个逻辑非门的负载电容为 15pF（同样是最坏条件下的估算值，其中包含了逻辑门的输入电容 3.5pF，见表 2.2）。根据式（6.2），每个驱动门所需去耦电容的容量至少应为 $(21pF + 15pF \times 10) \times 50 = 8.55nF$。如果其他 5 个逻辑非门也是同样的负载连接，则需要的去耦电容容量至少应为 $8.55nF \times 6 = 51.3nF$，在考虑到电路设计裕量（如容值允许偏差、温度系数）情况下，我们可以直接选择 100nF 的去耦电容。

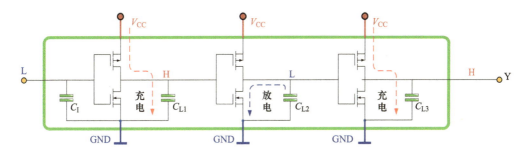

图 6.9　74HC04 内部充放电状态

那么，计算动态功耗 P_D 的意义又是什么呢？前面使用的 74HC04 足够简单，相应数据手册中已经提供 C_{PD} 值，但是对于稍微复杂点的数字 IC 而言，C_{PD} 却并没有提供（也无法提供，因为跟实际应用情况有关，甚至 74HC04 的 C_{PD} 值也是在一定条件下测量得到的，仅供用户参考），该怎么办呢？我们可以用仪器实际测量出数字 IC 在具体逻辑功能应用时的动态功耗 P_D（或使用配套的功耗分析软件计算）。总之，**P_D 值总是可以获取的**，再根据式（6.5）反推出 C_{PD}，则有

$$C_{PD} = \frac{P_D}{V_{CC}^2 f} \tag{6.7}$$

很明显，动态功耗越大的数字 IC，相应的 C_{PD} 也越大。只要得到了 C_{PD} 值，就可以根据前述方法估算出去耦电容的大小了，简单吧！假设某数字 IC 的供电电压为 1.2V，消耗的动态功率为 4W，系统时钟频率为 100MHz，则 C_{PD} 可计算为

$$C_{PD} = \frac{4W}{(1.2V)^2 \times 100MHz} \approx 27.8nF$$

再根据式（6.2）可得去耦电容的总容量至少应为 **27.8nF × 50 = 1390nF = 1.39μF**。

前面都是从 C_{PD} 的角度估算去耦电容的容量，实际上，我们也可以从数字 IC 允许的供电电压变化量来估算：**假定去耦电容的电荷量能够将 V_{CC} 变化量维持在某一特定范围内（如 V_{CC} 仅变化 0.1V），我们可以根据 C_{PD} 消耗的电荷量来估算去耦电容的容值**（电压允许下降量越大，则需要的去耦电容容量就相对小一些）。

我们还是以"**一个逻辑非门驱动 10 个逻辑非门的情况**"来计算 C_{PD} 的大小。当驱动门的输出由低电平转换为高电平时，其内部逻辑阵列开关等效电容 C_{PD} 及后级并联的 10 个负载电容（$10C_I$）都将充电完毕，瞬间由去耦电容 C_I 转移的总电荷量为

$$\Delta Q = (C_{PD} + 10C_I)V_{CC} = (21pF + 15pF \times 10) \times 5V = 8.55 \times 10^{-10}C$$

根据式（4.1），为了将电源电压 V_{CC} 的变化抑制在 0.1V 以内，我们使用的去耦电容容量应至少为

$$C_D \geq \frac{\Delta Q}{\Delta V} = \frac{8.55 \times 10^{-10}C}{0.1V} = 8.55nF$$

如果数字 IC 中的其他 5 个逻辑非门也是同样的负载连接，则去耦电容的容量至少应为 $8.55\text{nF} \times 6 = 51.3\text{nF}$。

我们还可以从"数字 IC 所需去耦时间"的角度去求解去耦电容的容量。当数字 IC 进行开关切换时，去耦电容只需要负责提供"开关瞬间切换这段时间内的电荷量"，而大于去耦时间（电平稳定期间）所需的电荷量则由远处的 VRM 提供。换句话说，去耦电容对电荷需求的反应速度更快，它只需要在要求的去耦时间内提供电荷即可，后续自然会有 VRM 输出的直流电源来支援（稳定电平对应的电荷当然还是得由 VRM 提供，尽管其反应速度不快，但其与去耦电容有各自的分工，对反应速度的要求没那么高）。

具体来说，假设数字 IC 的供电电压为 V_{CC}，允许的供电电压变化量为 ΔV，则所需去耦时间 Δt 可根据式（4.1）、式（6.1）推导出来，则有

$$\Delta t = \frac{\Delta Q}{I} = \frac{C_{\text{PD}}\Delta V}{P_{\text{D}}/V_{\text{CC}}} = \frac{C_{\text{PD}}V_{\text{CC}}^2}{P_{\text{D}}} \tag{6.8}$$

再移项整理一下，则有

$$C_{\text{PD}} = \frac{\Delta t P_{\text{D}}}{\Delta V V_{\text{CC}}^2} \tag{6.9}$$

假设供电电压为 1.2V，供电电压允许变化量为 0.05V，消耗的动态功率为 4W，去耦时间为 20ns，根据式（6.9）可得

$$C_{\text{PD}} = \frac{\Delta t P_{\text{D}}}{0.05 V_{\text{CC}}^2} = \frac{20\text{ns} \times 4\text{W}}{0.05 \times (1.2\text{V})^2} \approx 1.111\mu\text{F}$$

第 7 章　目标阻抗与去耦电容：有的放矢

前面介绍了几种计算"数字系统所需去耦电容容量"的方式，但是很遗憾，它们仍然也只是从不同角度理解去耦电容工作原理的手段，获得的容量也并不容易直接应用于实践，因为计算结果存在一个共同的假设前提：去耦电容对电荷量需求的响应速度是无限的（假设电容器是理想的）。但是我们知道，实际电容器本身存在一定的寄生电感，继而表现出有限的自谐振频率。也就是说，在实际逻辑开关切换过程中，真正能够"从去耦电容中快速转移到负载电容的有效电荷量"肯定比理想电容器要小（电流噪声的频率越高，去耦电容对电荷需求的响应速度就越慢）。

简单地说，由于（去耦电容）发挥去耦能力的有效容量随频率而不同，即便已经知道数字系统所需的总去耦容量，我们仍然很难确定合适的"添加实际去耦电容的具体方案"。例如，现在已经获得某数字系统所需去耦电容的容量为 10μF，仅从容量的角度考虑，可以选择"1 个 10μF 电容器""10 个 1μF 电容器""100 个 100nF 电容器""1000 个 10nF 电容器"等方案，哪个方案能满足需求（或相对更好）呢？"1000个 10nF 电容器"方案使用了数量过多的电容器，似乎不算是比较理想的方案，那么"100 个 100nF 电容器"方案是否更理想呢？或许再配合一些容量介于 10 ~ 100nF 的电容器会更好些呢？无法确定！

在实际工作中，很多工程师在设计数字系统时都有"添加 100nF 去耦电容"的习惯，但是如果针对添加的去耦电容提出一些疑问（如为什么要添加 100nF 的去耦电容？添加多少才足够？这些去耦电容确实有效发挥作用了吗？等等），他们可能回答不出来，大多数工程师可能只是回复：这是经验法则（加了总比没加好）！

很明显，我们缺少一种直观判断"实际去耦电容方案是否满足工程应用"的量化参数，以便让我们有目的地完成去耦电容的添加，就像这样：这个频点还不能满足要求，需要添加对应的去耦电容，那个频点已经够了，也就不需要再处理了。

总的来说，单纯从去耦电容的容量角度无法直接应用于实践，所以我们得寻求另一种更实用的方案，目标阻抗（Target Impedance）就是因此应运而生的概念，它是从阻抗的角度看待 PDN 的噪声，因为无论数字 IC 产生噪声的实际原理如何，根本原因就是噪声电流经过 PDN 阻抗而产生的，如图 7.1 所示。

前面已经提过，我们设计 PDN 的主要目标就是让电源噪声足够小（将电压波动限制在允许范围），而在负载电容电荷量需求（电流噪声）一定的情况下，可以通过"对 PDN 阻抗提出要求"以达成所需的电压噪声。简单地说，由于数字 IC 在开关切换时会存在瞬间大电流变化量 ΔI，而电压的波动 ΔV（电压噪声）是由于 ΔI 经过 PDN 阻抗 Z

才呈现的，可由式（7.1）表达。

$$\Delta V = \Delta I \times Z \qquad (7.1)$$

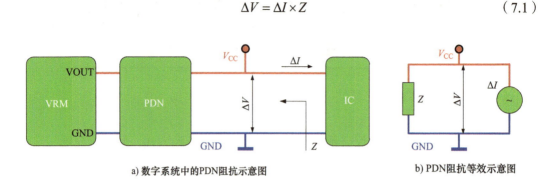

a) 数字系统中的PDN阻抗示意图　　　　　　　　b) PDN阻抗等效示意图

图 7.1　PDN 目标阻抗

　　换句话说，为了在"电压变化量不超过允许范围"的前提下给负载电容提供所需最大瞬态电流 ΔI_{max}，PDN 自身呈现的阻抗不能超过一定值（否则，电压波动将超过允许范围），而这个阻抗边界值就是所谓的目标阻抗，通常使用符号 Z_{target} 表示。也就是说，在开关瞬间电流与速度保持不变的前提下，只要目标阻抗足够小，其两端的压降变化量就能够保持在允许范围内。

　　假设供电电源 V_{CC} 允许的波动百分比为 %Ripple（典型值为 5% 或 2.5%），而负载电容所需的最大瞬间电流变化量为 ΔI_{max}，则 PDN 最大允许阻抗（即目标阻抗）可表达为

$$Z_{target} = \frac{V_{CC} \times \%Ripple}{\Delta I_{max}} = \frac{\Delta V_{CC}}{\Delta I_{max}} \qquad (7.2)$$

　　举个简单的例子，假设某数字系统的电源电压为 1.2V，容许电压波动为 2.5%，最大瞬间电流变化量为 0.6A，则相应的目标阻抗为

$$Z_{target} = \frac{1.2V \times 0.025}{0.6A} = 50m\Omega$$

　　也就是说，我们必须使该数字系统的 PDN 阻抗不超过 50mΩ。当然，不同电源类型对目标阻抗的要求并不相同，这取决于数字 IC 本身及负载的设计。从实际应用的角度来看，获得目标阻抗的关键还在于获得最大瞬间电流变化量，有些数据手册可能会单独列出一些参考值，如果没有，通常可以按"最大平均电流的50%"来估算。

　　值得一提的是，目标阻抗是在一定频段（而不是整个频段）对 PDN 阻抗的要求。第3章已经提过，阶跃信号可以理解为由丰富的谐波叠加而成，谐波的频率越高，其能量就越小。开关切换瞬间本身就可以理解为一个阶跃电流源，其高次谐波的能量会更小，这也就意味着，从整个频段来看，中低频段对阻抗的要求更高（因为能量越高，要保持相同的允许电压波动就需要更低的 PDN 阻抗），但高频段对阻抗的要求会低一些（目标阻抗宽松一些也能够满足要求）。也就是说，实际目标阻抗随频率提升时可以更

大一些，其在阻抗 – 频率特性曲线上表现为一条曲线（而不是一条水平线），类似如图 7.2 所示。

目标阻抗的意义就是可以指导我们有的放矢地添加去耦电容，以便让 PDN 阻抗降低到所需目标阻抗以下。需要特别提醒的是，**虽然数字系统在全频段都有目标阻抗的需求，但对于数字系统设计而言，目标阻抗并不需要覆盖这么宽的频段，因为我们所谓的目标阻抗其实是针对板级 PDN 的要求**。前面已经提过，板级去耦（OBD）电容主要针对的**最高**频率典型值为 100MHz，频率更高就不再是 OBD 电容的责任（只能在 IC 内部优化，那是 IC 厂商的责任）。因此，在进行板极 PDN 设计时，我们追求的目标阻抗有一个针对的上限频率，也称为有效频率，通常使用符号 $f_{effective}$ 表示。简单地说，对于一个即定的数字系统，我们仅对"**频率不超过 $f_{effective}$ 时 PDN 阻抗是否小于目标阻抗**"感兴趣，超过 $f_{effective}$ 的 PDN 阻抗则不需要关注。

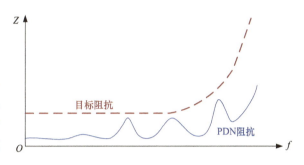

图 7.2　随频率变化的目标阻抗

那么，为什么单纯 VRM 输出电源无法直接满足高速数字系统的要求呢？前面已经提过，VRM 可以分为线性与开关电源，但它们都可以等效为**电阻与寄生电感的串联**，相应较低的阻抗通常在直流到几百 kHz 之间。也就是说，当"由数字 IC 产生的开关噪声频率比较低"时，VRM 输出阻抗比较低，也就能够比较好地响应瞬态电流，但是当噪声频率比较高时，VRM 将无法满足低阻抗的需求。

我们可以使用 ADS 软件平台观察一下 VRM 的频率特性，相应的仿真电路如图 7.3 所示，其中，VRM 本身都会包含一些内阻与寄生电感，此处使用元件 L1 等效。SRC2 表示噪声电流源（此处为 1.2A），用于模拟"**由数字 IC 逻辑状态切换而导致的**"噪声源。右上方电路只是为了将"代表目标阻抗（此处为 50mΩ）的曲线"显示在阻抗 – 频率特性曲线上（以方便直观对比）。我们还使用"MeasEqn"控件添加了两个公式，其中通过电压与电流计算相应的 PDN 阻抗，这样在观察仿真结果时只需要添加参数"Z_target"与"Z_pdn"即可。

图 7.3 相应的仿真结果如图 7.4 所示。可以看到，随着电流噪声的频率提升，VRM 呈现的阻抗也在提升。当频率超过约 263kHz 时，VRM 输出呈现的阻抗已经超过目标阻抗，这也就意味着，如果将此 VRM 输出直接给高速数字系统供电，很难满足快速转移的电荷量需求。

为了优化 VRM 输出阻抗，我们需要对 PDN 进行重新设计，具体方案就是添加合适的去耦电容以降低更高频段的 PDN 阻抗。当然，选择去耦电容的方法有很多，目前比较常用的有两种：其一，通过"**多个单一规格的去耦电容并联**"以获得所需的目标阻抗，理论上，只要添加的去耦电容数量足够多，给定的目标阻抗总是可以达成，只不过使用的电容器数量比较多；其二，通过"**多个不同规格的电容并联**"来获得所需目标阻抗，这样可以有效降低电容器的使用数量，但使用的电容器规格会偏多。例如，每个数量级选择一种容值（如 10μF、1μF、100nF、10nF、1nF），或每个数量级选择两种容值（如 4.7μF、1μF、470nF、100nF、47nF、10nF）等。

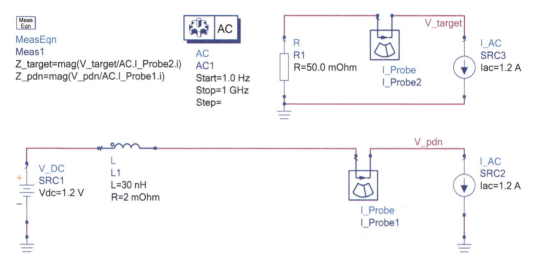

图 7.3　原始的 VRM 仿真电路

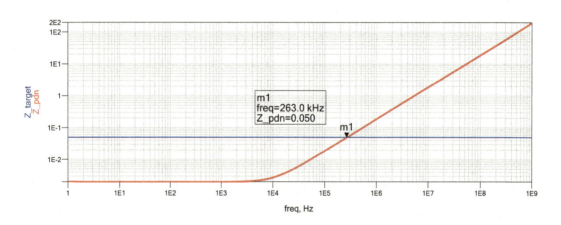

图 7.4　原始的 VRM 仿真结果

　　目前业界常用的方法便是前述两种方案结合，也就是使用多个"**从每个数量级选择的某几种电容器**"并联。对于图 7.4 所示阻抗曲线，我们可以先在 VRM 输出并联 10μF 与 100nF 电容器（假设是陶瓷电容，数量各一个），相应的仿真电路与仿真结果分别如图 7.5 与图 7.6 所示。其中，标记 m2（频率为 1.585MHz）与 m4（频率为 15.85MHz）附近的阻抗已经降低到目标阻抗以下，它们分别对应两个电容器的自谐振频率。但是我们也观察到一个奇怪的现象：标记 m2 与 m4 之间有段区域超过了目标阻抗，相应的最大阻抗对应标记 m3（频率为 11.22MHz），为什么呢？这是因为"**多个不同容量去耦电容并联**"出现了反谐振现象。

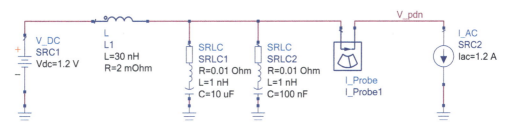

图 7.5　在 VRM 输出初步并联去耦电容仿真电路

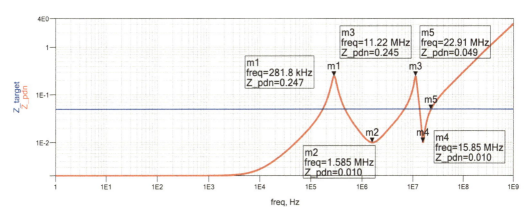

图 7.6　在 VRM 输出初步并联去耦电容的仿真结果

我们知道，多个电阻器并联时，总电阻会比任意一个电阻器的阻抗更小，**但不同容量电容并联时的总阻抗却并非如此，其在特定频段呈现的总阻抗反而比任意单个电容器更高**。图 7.7 所示曲线是对图 7.5 中两个并联去耦电容（10μF 与 100nF）单独仿真的结果（其中还给出了两个电容器单独的阻抗 – 频率曲线）。可以看到，总阻抗曲线存在两个阻抗较低点（对应标记 m1 与 m2），它们分别与单个电容器的最低阻抗对应，但是在两个电容器的自谐振频率之间却还存在一个较高阻抗（对应标记 m3），其并不是两个电容器容抗的简单并联（如果按照并联电阻的理解，总阻抗应该处于两条曲线交叉点 A 之下）。

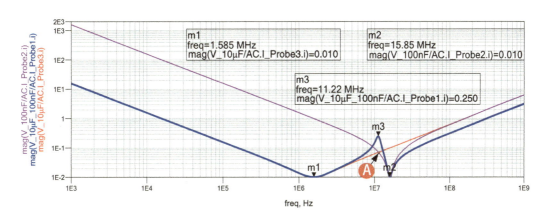

图 7.7　容量不同的电容器并联后的阻抗

出现反谐振现象的原因就是"两个并联电容器的自谐振频率不同"。对于小容量电容来说（此处为 100nF），其自谐振频率比大容量电容（此处为 10μF）更高。当噪声频率超过大容量电容的自谐振频率后，大容量电容对小容量电容而言就相当于一个并联的电感，自然会产生 LC 并联谐振。也就是说，在两个电容的自谐振频率之间，小容量电容器相当于与一个电感器并联，其在并联谐振时存在一个较高的阻抗，相应的频率也称为并联谐振频率（Parallel Resonant Frequency，PRF），如图 7.8 所示（实际上，图 7.6 中的标记 m1 处也是因为反谐振现象引起，只不过主要是由于 VRM 本身的寄生电感与 10μF 电容器并联谐振所引起，此处不再赘述）。

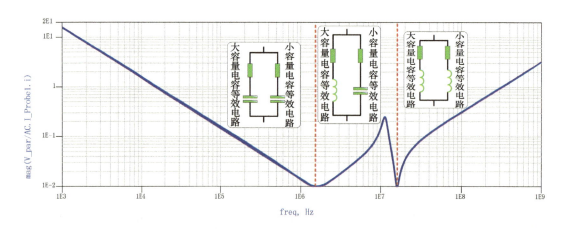

图 7.8 反谐振现象发生在两个电容的自谐振频率之间

我们仍然回到图 7.6，既然其中存在超过目标阻抗的频段，我们就得继续添加去耦电容将其改善。为了改善标记 m1 处的阻抗，我们添加了 1 个 68μF 的去耦电容，而为了改善标记 m3 处的阻抗，我们添加了两个 470nF 的去耦电容，相应的仿真电路与仿真结果分别如图 7.9 与图 7.10 所示。可以看到，此时在标记 m4（频率为41.69MHz）以下的阻抗都小于目标阻抗。如果需要在更高频段还有同样的目标阻抗要求，对应的方法是相通的（也就是并联合适的去耦电容以降低 PDN 阻抗），此处不再赘述。

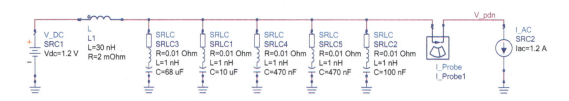

图 7.9 进一步改善反谐振点的仿真电路

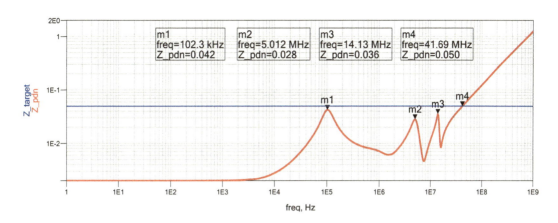

图 7.10　进一步改善反谐振点的仿真结果

　　当然，以上只是简要说明了目标阻抗的具体应用过程，使用的去耦电容模型也是简化后的（如果需要追求更高的准确性，可以从电容器厂商获取相应的仿真模型），也省略了实际高速数字系统中的寄生参数（包括但不仅限于 PCB 叠层、VRM 类型、过孔与走线寄生参数等），实际上，它们都会影响最终的结果，这也就使得为"获得合适的去耦电容方案"带来一定的困难。幸运的是，有些 IC 厂商为自己的产品提供了配套的 PDN 设计工具，借助其可高效完成去耦电容的配置，我们只需要了解即可。

第8章　电源分布网络的 PCB 设计：精益求精

到目前为止，我们已经有能力通过目标阻抗获得电源分布网络（PDN）的具体设计方案，更确切地说，我们获得的是"实际所需去耦电容规格（类型、容量、数量）"。但是对于实际项目而言，完整的 PDN 设计并没有真正告一段落，因为 PDN 设计方案最终还需要落到实处。典型的 PDN 方案是在 PCB 上实现的，而不同 PCB 设计方案获得的 PDN 性能也会不尽相同。换句话说，即便元器件层面的条件已经满足，如果 PDN 方案未能在 PCB 设计阶段得到妥善实施，仍然很可能无法满足高速数字系统的要求。因此，进一步探讨"高速数字系统中与 PDN 相关的 PCB 设计"是很有必要的。

现在的问题是，影响 PDN 性能的 PCB 设计因素有哪些呢？到底从哪里开始谈起比较好呢？无论实际高速数字系统有多么复杂，我们总是（也应该）能够从基础知识角度理解与优化影响其性能的因素，几乎不会有例外。对于 PDN 的 PCB 设计而言，相应的基础知识就是"去耦电容的工作原理"。从图 5.2 可知，对于给定的数字 IC，满足其要求的 PDN 可简化为"供电线路上的寄生电感"及"横亘其中的去耦电容"，而为了尽量使 PDN 满足负载电容的电荷量需求，我们在进行板级 PDN 设计时，应该尽量使去耦电容与数字 IC 之间的寄生电感（L_1、L_2）尽可能小，以便让去耦电容能够更有效地发挥其去耦的功能（去耦电容本身的非理想因素暂不需要考虑，因为已经假设其是满足需求的），如图 8.1 所示（为简化绘图省略了线路电阻）。

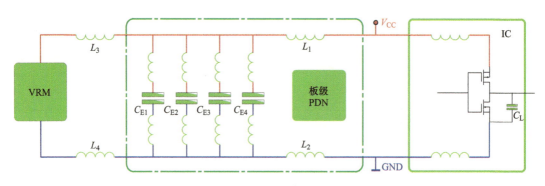

图 8.1　板级 PDN 相关的寄生电感

供电线路的寄生电感与其长度（主要因素）呈正比，而与电流通过的横截面面积（次要因素）呈反比，因此，最直观有效降低线路寄生电感的手段便是缩短供电线路长度。从板级 PDN 设计的角度来看，应该尽量缩短去耦电容与数字 IC 之间的走线长度（这也是为什么通常都要求"将去耦电容与数字 IC 尽可能靠近"）。很多高速数字系统原理图中都存在大量并联在电源与公共地两端的去耦电容（100nF 最常见），其附近可能还会有一些标注文字以指导 PCB 设计工程师，类似如图 8.2 所示。

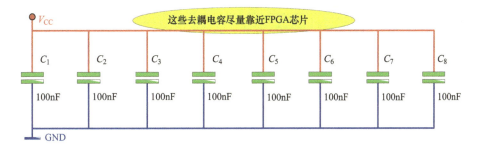

图 8.2　FPGA 系统原理图中标注的去耦电容布局注意事项

在 PCB 实物中，去耦电容常分布在数字 IC 周围，图 8.3 则展示了一种去耦电容的 PCB 设计，较差的设计因"去耦电容离数字 IC 太远"而不推荐使用。

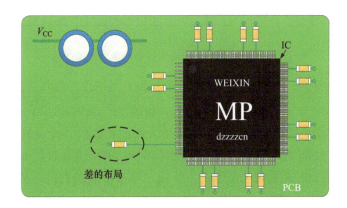

图 8.3　去耦电容布局应尽量靠近 IC

将去耦电容尽可能地靠近数字 IC 获得的另一个附加好处是能够使高频噪声的回流路径最小化。换言之，这样可以限制 IC（噪声）电流流过的范围（不至于干扰电路系统的其他部分），正如图 5.3 中门 C 产生的噪声电流回路。

前面已经提过，数字 IC 正常工作时导致的噪声电流频率范围比较宽，这也就意味着，仅仅使用单一规格的去耦电容将无法有效削弱噪声，此时通常会使用多个容量不同的去耦电容并联在一起（以获得较宽频率范围内的低阻抗），而为了更好地将高频噪声限制在更小范围，我们应该遵循的 PCB 设计基本原则是，容量越小的去耦电容越靠近数字 IC，并且各去耦电容应该尽量靠近。其基本布局示意如图 8.4b 所示。

一般来说，频率越高的噪声电流成分对系统稳定性的潜在威胁更大（或者说，低频噪声导致的问题通常更容易被发现或重现，而高频噪声则不然）。我们将容量越小的去耦电容越靠近数字 IC，就能够使得频率越高的噪声回流路径越小，这样"多种频率不同的噪声电流环路面积"均可通过各自合适的去耦电容而被限制（当然，环路面积越小，阻抗自然也越小），如图 8.5 所示。

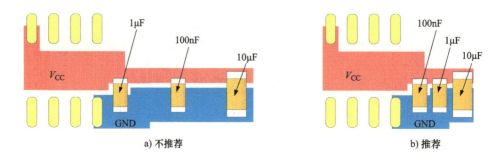

a) 不推荐   b) 推荐

图 8.4　不同容量电容器并联时的 PCB 布局

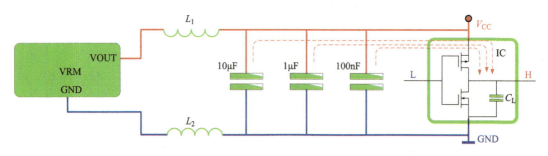

图 8.5　容量不同的去耦电容对应的不同噪声回路

另外，"容量不同的去耦电容并联方案"还要注意避免产生反谐振现象，虽然在 PDN 设计阶段已经考虑了此问题，但是较差的 PCB 设计也可能会导致意外的反谐振现象。例如，图 8.4a 中去耦电容之间的距离太大，由此导致的"过大的 PCB 走线寄生电感"使得电容器安装到 PCB 上的等效自谐振频率与 PDN 设计阶段并不一致，原先的 PDN 方案也就可能无法满足需求。因此，使用"容量不同的去耦电容并联方案"时应该尽可能在布局时使它们靠近。

值得一提的是，大多数高速数字系统会使用多层 PCB 叠层，其中总会至少存在一对"专门用来供电的电源与地平面层"，图 8.6 展示了一些多层 PCB 叠层配置方案（字母"S""P""G"分别表示信号层、电源平面与地平面）。

"使用专门的电源与地平面层"就意味着安装在 PCB 上的去耦电容需要借助过孔才能实现供电线路的完整连接。例如，对于大多数引脚数量特别多的数字 IC（如 BGA 封装），在 IC 放置面（假设为 PCB 顶层）很可能布局空间比较紧张，因此会选择将去耦电容放在 PCB 底层（数字 IC 的正下方），这些去耦电容会使用过孔（也常称为"扇出过孔"）与数字 IC 的电源与公共地引脚连接，如图 8.7 所示。

使用供电线路扇出过孔时应该尽可能缩短"过孔与去耦电容焊盘之间的距离"，几种设计方案如图 8.8 所示。需要注意的是，虽然过孔放在焊盘上能够最大限度降低寄生电感，但对于表面贴装电容来说，可能会在自动贴片工序时导致焊接不良，因为过孔的存在可能使得两侧表面张力不平衡，继而出现移位或立碑现象，所以需要折中考虑（关于回流焊、立碑等细节可参考作者另一本图书《PADS PCB 设计指南》，此处不再赘述）。当然，如果预算足够，也可以选择"先使用树脂塞孔再电镀的"盘中过孔（Via in Pad）工艺，有兴趣的读者可自行查阅相关资料，此处不再赘述。

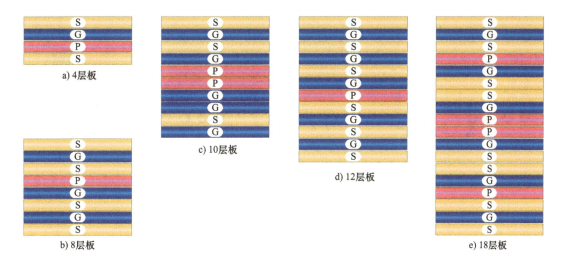

图 8.6　多层 PCB 叠层配置方案

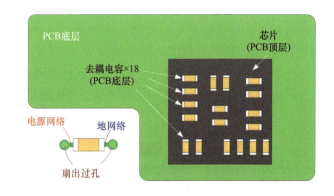

图 8.7　BGA 封装 IC 所在 PCB 底层的去耦电容

图 8.8　尽量缩短扇出过孔与去耦电容之间的距离

　　"尽量提升电源线与公共地线的横截面面积"也是降低寄生电感的常用方式，而降低 PCB 走线寄生电感的主要手段便是提升其宽度（厚度虽然也影响寄生电感，但相对来讲不会作为主要手段）。虽然从降低寄生电感的有效性来讲，"提升 PCB 走线宽度"不如"缩短 PCB 走线长度"，但尽最大可能削弱 PCB 走线寄生电感总归不会错。因此，当我们将去耦电容尽量靠近数字 IC 时，也可以同时加粗 PCB 走线。图 8.9 给出了几种去耦电容的 PCB 布局布线方案，在布线最好的方案中，电源（V_{CC}）与公共地线（GND）的长度最短，而走线宽度也最大。

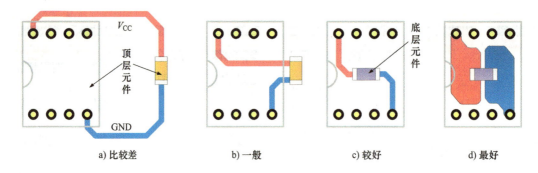

a) 比较差   b) 一般   c) 较好   d) 最好

图 8.9　PCB 走线短而粗

另外，"使用专用电源与地平面"也就意味着"供电电源的 PCB 走线宽度被最大化"，这对于降低寄生电感有着积极的意义，但也同时意味着必须使用过孔才能够获得供电，此时应该将过孔的寄生电感作为主要的优化对象，而降低过孔寄生电感的基本原理与 PCB 走线仍然相通，即<u>缩短过孔长度</u>与<u>增加过孔的横截面面积</u>。例如，我们可以使用板厚更小的 PCB，这样过孔本身的长度也就更小。当然，还可以通过调整去耦电容的位置缩短过孔的有效长度（也就是缩短去耦电容焊盘与平面层之间的距离）。具体来说，就是将去耦电容尽量靠近"所需连接的电源与地平面层"的那一层（顶层或底层）。在图 8.10 所示的 18 层 PCB 叠层方案中，4 个去耦电容针对同一个供电线路进行去耦，此时，顶层去耦电容（A 与 B）相关的供电线路长度比底层小得多，因此应该优先放在顶层。

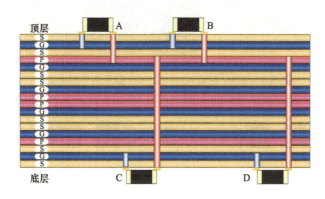

图 8.10　去耦电容放置层影响过孔有效长度

增加过孔的横截面面积也很常用，比较常用的方案便是使用直径更大的过孔，或多个过孔并联。对于使用过孔连接电源与地平面的去耦电容来说，在遵循前述"缩短去耦电容与平面层之间的距离"的同时，还可以使用多个过孔并联方式降低走线电感，如图 8.11 所示。

在使用三端子陶瓷电容作为去耦电容

a) 较好   b) 更好

图 8.11　去耦电容的扇出过孔设计方案

时，应该重点放在降低地线引脚的寄生电感（因为电源引脚的寄生电感很小）。在如

图 8.12a 所示设计方案中，去耦电容被放置在与数字 IC 相同一侧，此时地线的长度大于图 8.12b 中的地线长度，因此其去耦效果相对更差一些。

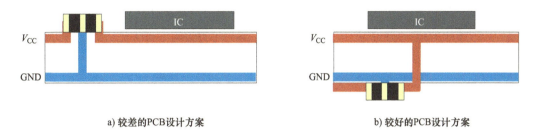

a) 较差的PCB设计方案　　　　　　　　　　　　　b) 较好的PCB设计方案

图 8.12　三端子陶瓷电容器的 PCB 设计方案对比

前面我们都在讨论如何降低走线的寄生电感，更确切地说，是降低 PCB 走线（或过孔）的自感（Self-Inductance）。每一位从事电子技术行业的工程师都知道，电感有自感与互感（Mutual-Inductance）两种，而数字 IC 能否快速获取去耦电容的电荷与整个环路的总电感有关。也就是说，去耦电容与数字 IC 之间的环路总电感越小，也就更有利于电荷的及时转移，而降低走线自感只是减小环路总电感的手段之一，"增加电源线与地线之间的互感"也是实现高性能 PDN 的重要手段。

假设电源线与地线的自感分别为 L_1 与 L_2，当两条线之间的距离比较大时，我们认为它们不存在耦合，因此环路总电感应为（$L_1 + L_2$），如图 8.13a 所示。当它们离得较近时，由于流过其中的电流相反，产生的磁场会相互抵消，换言之，两条线之间存在一定的互感 L_M，此时的环路总电感量应为（$L_1 + L_2 - 2L_M$），如图 8.13b 所示。

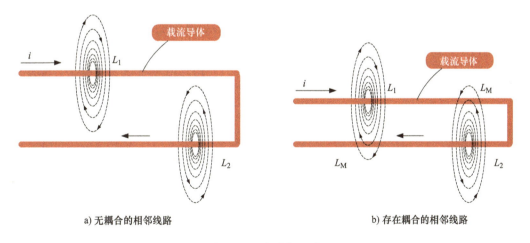

a) 无耦合的相邻线路　　　　　　　　　　　　b) 存在耦合的相邻线路

图 8.13　自感与互感

也就是说，只要我们能将供电电源线与地线的互感加强，也可以在一定程度上优化去耦电容的功能发挥。如果考虑到电源与地线之间的互感，前述的 PDN 等效电路应如图 8.14 所示。

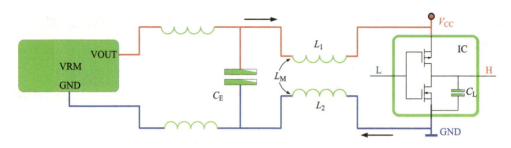

图 8.14　考虑供电线路之间互感的 PDN 等效电路

如果将互感分别**折算**到电源线与地线，则每条线路的有效自感会更小，如图 8.15 所示。

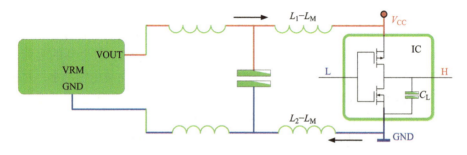

图 8.15　互感进一步降低有效自感

在实际 PCB 设计过程中，最常用来"加强电源与地线之间互感"的方案便是使**电源线与公共地线尽量靠近**。对于"使用专门电源与地平面层的"PCB 叠层来说，应该尽量**使电源平面与地平面相邻配置**，正如图 8.6 中所示的 PCB 叠层那样（另外，"**相邻配置的电源平面与地平面**"也构成了一个平行板电容，其也能够对数字 IC 表现出一定的去耦作用，这对于优化 PDN 性能也是有好处的）。当然，如果可能的话，尽量缩小两个平面之间的距离，这样两者之间的互感就越大，环路总电感将进一步减小，最终由噪声导致的电压瞬间波动将越小，这也是平面层带来的好处之一。

实际上，前述"**缩短 PCB 走线寄生电感的方案**"都可以认为在一定程度上降低了环路面积，从而降低了环路总电感。如图 8.16 所示，当去耦电容分别安装在顶层与底层时，虽然直观上减小了过孔的长度（自感），但环路面积也同时被优化了。

从去耦电容的扇出过孔入手也能够加强互感，具体方法仍然是"**增加过孔数量及增加电源与地网络之间的互感**"。图 8.17a 为一般的 PCB 设计，图 8.17b 则进一步将两个网络的过孔尽量靠在一起，虽然相对图 8.17a 而言，与焊盘相关的寄生自感并没有变化，但由于电源与地过孔之间靠近而产生了互感（因为流过两个过孔的电流方向恰好是相反的）。图 8.17c 则进一步增加了多个连接过孔。

需要注意的是，**电流方向相同的过孔不应该靠近，这样反而会增加环路电感**。如图 8.18 所示（逻辑连线仅用来展示维系电流通路，无实际对应物理导体），由于电流方向相同，因此总的环路有效电感为（$L_1 + L_2 + 2L_M$）。

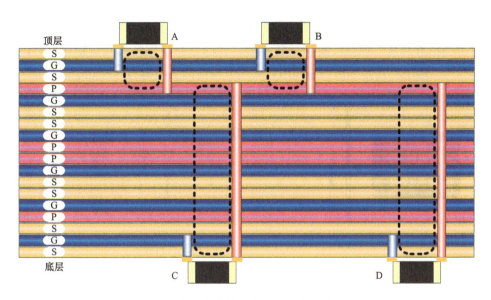

图 8.16　去耦电容的安装位置影响环路总面积

a) 较好　　　　　　b) 更好　　　　　　c) 最好

图 8.17　扇出过孔的 PCB 设计方案

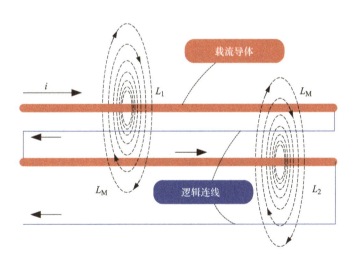

图 8.18　电流方向相同的耦合路径使环路总电感增加

　　也就是说，虽然图 8.17c 中增加了 3 对过孔，但在实际进行 PCB 设计时，应该使电源过孔与地过孔尽可能地接近，同时将相同类型过孔之间（电源过孔与电源过孔之间，或地过孔与地过孔之间）的距离尽可能拉开。在图 8.19 所示的 PCB 设计中，去耦电容 A 是从其长轴面看到的侧视图，其两侧分别为电源与地网络，此时流过两个过孔的电流方向恰好相反，应该尽量将两者靠近。去耦电容 B 则是从其短轴面看到的侧视图，此时流过两个过孔的电流方向相同，应该尽量将两者的距离拉开。

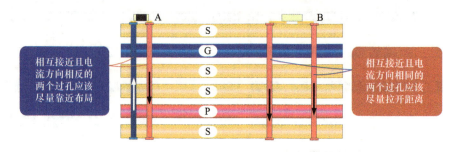

图 8.19　电流方向不同时对应的过孔布局

有人可能会问：刚刚不是说电源与地平面层尽量要相邻配置吗？图 8.19 中明显不是这样，但这种 PCB 叠层也很常见，又怎么解释呢？

理论上，"将电源与地平面相邻配置"确实可以降低环路总电感，但是 PCB 叠层设计需要考虑的因素还有很多（后续会详细讨论），在平面层数量一定（资源有限）的条件下，"降低供电线路的寄生电感"并不一定是必须实现的第一目标，因此，不坚决贯彻落实"将电源与地平面相邻配置"只是一个折中的设计结果。

第9章 高速信号传输初探：量变到质变

我们已经设计出符合高速数字系统要求的 PDN，这也就意味着，"支援"信号传播的"粮草"已然准备妥当。换句话说，发送方产生的数字信号算是比较理想的，这对于接收方而言至少是一个良好的开始。然而，信号在传播过程中仍然很可能会面临破坏其完整性的诸多因素，高速数字信号更是如此。那么，高速与低速信号的分水岭到底在哪儿呢？为什么高速信号更容易产生问题呢？我们还是先从"传输线缆对最简单的低频与高频正弦波信号的影响"谈起吧！

大家都知道，光是一种电磁波，当不均匀变化的电场在邻近的空间引起变化的磁场，而变化磁场又会在较远的空间引起新的变化电场，接着又在更远的空间引起新的变化磁场，而变化的电场与磁场并不局限于空间某个区域（要由近及远向周围空间传播），电磁场就这样由近及远地形成了电磁波。

正弦变化的电场或磁场引起的电磁波在空间以一定的速度传播，如图 9.1 所示，其中，电场强度 E 与磁感应强度 B 都作正弦振动变化，E 的振动方向平行于 x 轴，B 的振动方向平行于 y 轴，它们彼此垂直，而且都与电磁波的传播方向（即 z 轴）垂直，所以电磁波是横波。当然，我们最主要关心的还是电磁波的传播速度，其值越大，则电磁波在一个振动周期内传播的距离（即"相邻两个振动相位相差 360° 的点"之间的距离）也越大，我们使用符号 λ 来表示。例如，正弦波相邻两个波峰之间的相位差为 360°，两个波谷之间的相位差也是 360°。

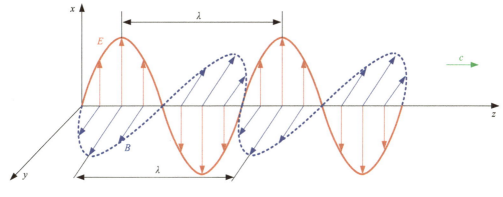

图 9.1 电磁波

电磁波在真空中的传播速度约为 $3 \times 10^8 \text{m/s}$，也就是我们所说的光速，通常使用符号 c 表示，其与电磁波的频率 f 及波长 λ 之间的关系见式（9.1）。

$$c = f\lambda \qquad\qquad (9.1)$$

很明显，频率越高则波长越短，因为在电磁波传播速度一定的条件下，频率越高，相应的周期就会越小，传播的距离自然也就越小。

式（9.1）所示波长与频率之间的关系同样也适用于传输线缆上的交流正弦波电信号，但是相同长度的传输线缆对低频与高频信号的影响是不一样的。我们知道，电信号的完整传播总会存在发送方、接收方及传播介质（如真空、电缆、PCB走线等）。假设在长度为1m的线缆上传播频率为1kHz的低频信号，根据式（9.1），我们可以计算出相应的波长约为 $3 \times 10^5 m$（暂时近似认为电信号在线缆上的传播速度也是光速，实际上会慢一些，但我们没有必要把问题复杂化）。当此低频信号从发送方往接收方传播时，某一瞬间的大体波形如图9.2所示。

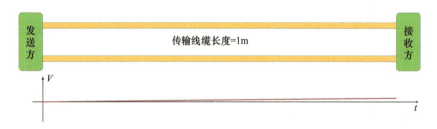

图 9.2　低频信号在线缆上传播

由于低频信号的波长很长，当它从发送方传播到接收方时，电压幅度与相位变化都非常小（图9.2中还是夸张了一点，只是为了方便读者观察，实际上这种变化量是可以忽略的），因此，我们可以将发送方与接收方视为一个点，这也就意味着，在分析过程可以忽略线缆长度对信号的影响，也就是将传输线缆视为集总参数元件（就如同低速系统中的电源系统）。

如果同样的线缆传播频率为500MHz（高频信号），情况会有何不同呢？我们同样可以计算出相应的波长为0.6m，那么当此高频信号从发送方往接收方传播的时候，某一瞬间的大体波形如图9.3所示。

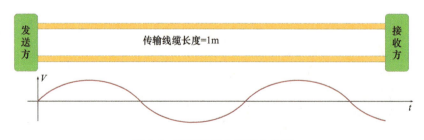

图 9.3　高频信号在线缆上传播

很明显，在同一时刻，线缆上信号在各点的幅度与相位都是不一样的，此时发送方与接收方不能再视为一个点，我们不能够忽略线缆长度对高频信号带来的影响，这也就意味着，分析过程中必须将传输线缆视为分布参数元件。

那么，传播低频信号时，是不是就无需考虑线缆长度带来的影响呢？答案是否定的！例如，频率为 50Hz 的交流电足够低吧？假设使用长度为 1500km 的输电线将其从发电站送到千家万户，由于其波长约为 6000km，则相邻发送方与接收方的相位相差 90°（当发送方的电压幅度为最大时，接收方的电压幅值则为 0），如图 9.4 所示。也就是说，如果利用频率为 50Hz 的正弦波信号传输信息，但输电线对其而言也是分布参数元件（尽管信号的频率很低）。

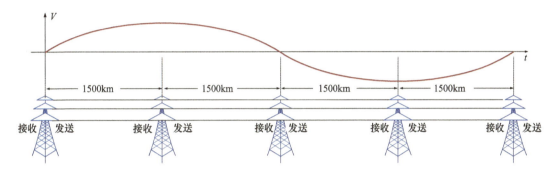

图 9.4　输电线上传播的 50Hz 信号

很明显，"是否考虑线缆长度对传播信号的影响"不仅取决于信号本身的频率，还取决于传输线缆的长度。即便传输线缆的长度很短，其对于频率非常高的信号而言也可以算是分布参数元件。简单地说，只要"传输线缆的长度接近甚至大于电信号的波长"时，我们就应该考虑线缆长度带来的影响。

高频电路理论中有一个电长度（Electrical Length）的概念，其定义为"传输线缆物理长度与所传播电磁波的波长"的比值（也可以从时间的角度来理解，也就是"传输线缆的传播延时与信号传播一个波长距离所需时间"的比值）。也就是说，电长度较大时，我们需要考虑传输线缆对信号的影响。

高速数字系统中也有类似的电长度概念，只不过其不取决于数字信号的频率，而是信号转换时间。也就是说，数字传输系统是否考虑线长的影响，取决于"传输线缆的传播延时与信号转换时间"的比值。从长度的角度来看，信号转换时间可以理解为信号在电平转换时间（上升沿或下降沿）内传播的距离，也称为边沿的延伸长度（Extend Length），如图 9.5 所示。

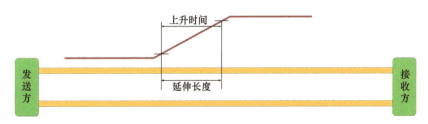

图 9.5　上升时间与延伸长度

例如，某数字信号的转换时间为 1ns，而传输线缆的传播延时也为 1ns，那么此时需要考虑线长的影响。如果线缆长度更大，自然也需要考虑，那么线缆长度多小才可以不用考虑线缆的影响呢？没有固定的数值！很多经验法则给出的电长度界限并不一致（1/2、1/4、1/6 等都有），但具体的数值并不需要记（实际都会使用仿真或实测的方法，法则仅能作为参考），我们只需要知道：当"线缆的传播延时接近甚至大于信号转换时间"时，就应该考虑线长给信号带来的影响。

为了方便后续定量分析传播线缆对信号的影响，工程上引入传输线（Transmission Line）的概念，其代表有一定长度（或传播延时）的线缆。通常，我们将"传播延时不小于信号转换时间的一半"的传输线称为长传输线，反之则称为短传输线。信号在传输线上的每个位置（节点）都会感受到一定的阻抗，不同的传输线阻抗也会对信号带来一定的影响。简单地说，如果后续使用传输线分析信号的传播状态，就表示需要考虑传输线长度与阻抗对信号的影响。

到目前为止，我们一直在强调线缆长度可能会给信号带来影响，高速数字信号更是如此，那么到底对信号的影响体现在哪里呢？举个简单的例子，一种实际很容易观察到的数字信号如图 9.6 所示。可以看到，该数字信号在"从低电平往高电平转换时"出现了超过正常高电平（最大值）的上冲波形，也称为高电平过冲（Overshoot）。紧接着又会出现低于正常高电平（V_{IHmin}）的下冲波形，也称为高电平欠冲（Undershoot），而这种"从信号过冲开始持续伴随着幅度逐渐减小直至最后消失的过冲与欠冲现象"则称为振铃（Ringing）。该数字信号在"高电平往低电平转换时"也会出现相似波形，此处不再赘述。

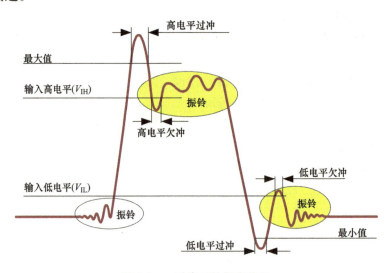

图 9.6　一种常见的数字信号

第 1 章已经提过，数字信号的电平必须处于逻辑电平未定义区域外才能够正常识别，如果高电平或低电平的欠冲过大，就很有可能会进入未定义区域，继而导致错误的逻辑状态判断，如图 9.7 所示。

与信号欠冲不同，信号过冲并不会导致逻辑判断错误，但却可能给数字 IC 带来潜在的累积性伤害，从而缩短其工作寿命，严重者可能会损坏 IC。一般来讲，过冲越高，持续时间（Duration Time，DT）越长，IC 的寿命会越短。

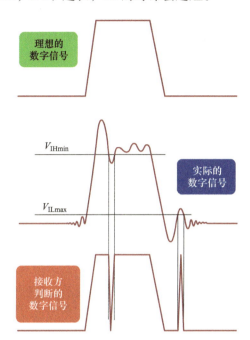

图 9.7　信号欠冲对接收信号的影响

我们可以使用 ADS 软件平台初步认识一下信号振铃，相应的仿真电路如图 9.8 所示。其中，SRC1 为一个上升时间为 1ns、幅值为 1V 的阶跃信号源，用来模拟一个数字信号的上升沿，R1 可以理解为信号源的内阻（此处为 25Ω）。TLD1 是具有一定阻抗（此处为 50Ω）与传播延时（此处为 1ns）的传输线元件。R2 为 1MΩ 的大电阻，用来模拟一个高输入阻抗负载。另外，为方便描述，我们将传输线靠近信号源的一端（对应节点 V_n）称为近端（Near End），而将远离信号源的那一端（对应节点 V_f）称为远端（Far End）。因为我们要观察传输线对信号产生的影响，因此需要观察信号的瞬态波形，因此添加了一个"TRANSIENT"控件，仿真时长为 10ns，分析时间最大步长为1ps。

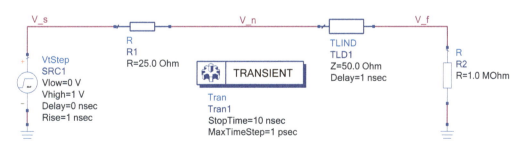

图 9.8　阶跃信号源驱动传输线的仿真电路

运行瞬态分析后的仿真波形如图 9.9 所示，其中显示了信号源的波形（节点 V_s）、传输线近端（节点 **V_n**）与远端（节点 **V_f**）的波形（注意：节点 V_s 对应的纵轴在右侧，其刻度与左侧并不相同）。很明显，远端信号波形出现了超过信号源幅值（1V）的电平（标记 m2 与 m3 之间的 1.333V），也就是信号的过冲，而低于信号源幅值的电平（标记 m4 与 m5 之间的 888.9mV）则为信号欠冲。

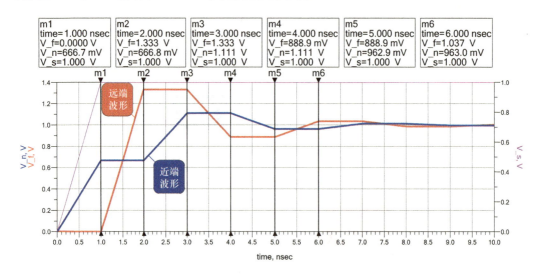

图 9.9　阶跃信号源驱动传输线的仿真结果

值得一提的是，传输线近端波形在开始上升阶段（图 9.9 中的 1～2ns）存在电平保持未变的现象，也称为台阶（Step）。台阶的存在使得信号在电平转换期间并非总是朝某个方向变化（简单地说，并非一直上升或一直下降变化），也称为非单调性（Non-Monotonicity），它也可能会破坏信号的完整性。前面已经提过，接收方对未定义区域的逻辑电平可能判断为低电平或高电平，这也就意味着，有些接收方可能会在平台开始就判断为高电平，另外一些则在平台结束后才判断，就相当于信号产生的抖动（与图 4.19 所示类似）。虽然负载两端（传输线远端）的波形并没有台阶，看似不会影响接收方，但是在一些多负载拓扑方案中，传输线近端也会连接负载，也就有可能会对时序产生影响，后续还会进一步详细讨论。

如果实在有必要，你也可以使用方波信号来观察一个完整周期内的波形，相应的仿真电路与结果如图 9.10 与图 9.11 所示，此处不再赘述。

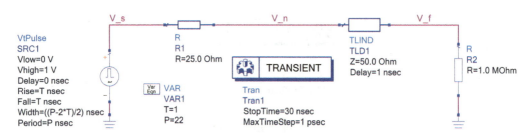

图 9.10　方波信号源驱动传输线仿真电路

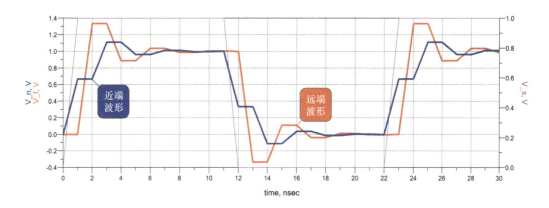

图 9.11 方波信号源驱动传输线的仿真结果

我们也可以使用 ADS 软件平台仿真直观认识"电长度对传播信号的影响"。由前述可知，如果电长度才是影响信号的关键，那么只要上升时间提升到一定程度，或传输线的长度缩短到一定的程度，就可以不必考虑传输线对信号的影响，对不对？也就是说，从仿真的角度来讲，只需要在一定范围内对"阶跃信号源的上升时间"或"传输线的传播延时"进行扫描，然后观察信号波形的变化趋势即可。

先来对上升时间进行扫描，相应的仿真电路如图 9.12 所示。参数扫描首先需要将扫描的参数定义成变量，此处定义了分别代表传输线传播延时与阶跃信号源上升时间的变量"TD"与"TR"（也可以自定义），相应的默认值均为 1.0。由于需要进行对上升时间参数进行扫描，因此添加了一个"PARAMETER SWEEP"控件，并从中设置扫描参数为"TR"（线性扫描范围为 0.5 ~ 4.5ns，步长为 1ns），而扫描观察的对象是瞬态仿真波形（对应控件"Tran1"），相应的仿真结果如图 9.13 所示。很明显，随着上沿时间（TR）越来越大，信号过冲与欠冲的幅值会越来越小。

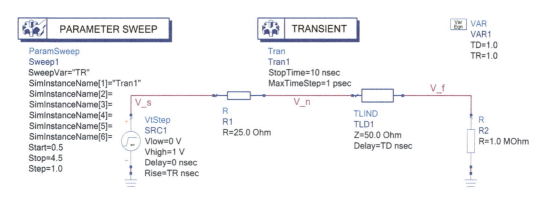

图 9.12 参数扫描仿真电路

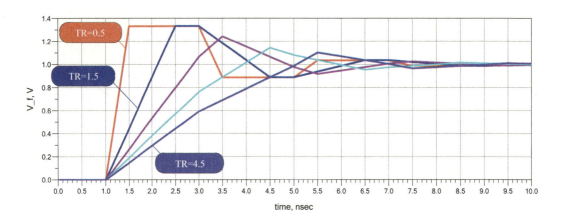

图 9.13　上升时间参数扫描仿真结果

传输线的传播延时（TD）线性扫描的结果是类似的，如图 9.14 所示（扫描范围为 0.1～1.1ns，步长为 0.25ns）。可以看到，随着传输线的传播延时越来越大，信号的过冲与欠冲也会越来越大。

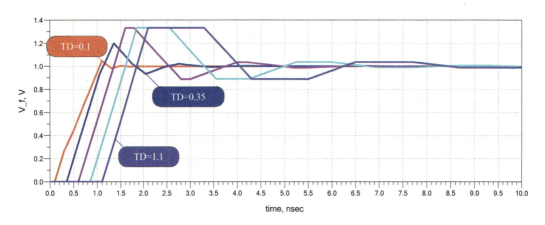

图 9.14　传播延时扫描仿真结果

值得一提的是，当传输线的传播延时上升（或信号转换时间下降）到一定程度时，过冲与欠冲的幅值就不再会增加（只不过持续时长增加），相应的传输线长度也称为饱和长度（Saturation Length）。

第 10 章 信号反射的详尽分析：
以一持万

什么是信号反射呢？为什么在高速数字系统中需要考虑信号反射，低速数字系统中却很少听闻呢？反射又是如何导致信号过冲、欠冲、平台等现象呢？我们仍然可以从两种最简单的电磁波（以下简称"波"）状态谈起，也就是行波（Traveling Wave）与驻波（Standing Wave）。

所谓的"行波"，就是一直往前行走的波（也因此称为"行进波"）。当波在"阻抗总是保持不变的"传输线上传播时就处于行波状态，此时波在每个时间点对应的幅值都是相同的。例如，将石子投入水中，石子激起的水波会一直往前行走（假设忽略阻力），而水波的高度在任意时刻都是相同的，此时水波就处于行波状态。图 10.1 所示正弦波即处于行波状态，任意时刻只是位置（相位）不同（数字越大表示时间越靠后），但是波形（幅值）都一样。

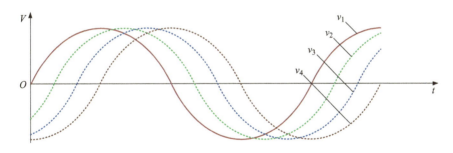

图 10.1 行波状态

我们把波传输路径上阻抗总是保持不变的状态称为阻抗连续（Impedance Continuous）或阻抗匹配（Impedance Matching）。反之，如果波传输路径上阻抗发生变化的状态则称为阻抗不连续（Impedance Discontinuous）或阻抗不匹配/失配（Impedance Mismatching），而任何引起阻抗变化的特性则称为突变（Discontinuity）。更进一步，如果传输路径上的阻抗突变为无穷大（开路状态）或无穷小（短路状态），则称为阻抗完全不匹配。

阻抗突变会使传输线上的波产生反射现象，这也是信号波形出现过冲与欠冲的原因。大家都知道，海浪在没有遇到阻力时会一直往前行进着，当遇到阻碍（如岩石）时就有一部分海浪会继续往前冲（具体多少取决于岩石大小），另有一部分海浪则会被反弹回来。波也有相似的特性，如果将波比作"海浪"，波传输过程中的阻抗突变处比作"岩石"，则波在遇到"岩石"时也会产生"反弹"现象，我们称为反射（Reflection）。

更确切地说，包含信息的波（入射波）在传播过程中会感受到一定的阻抗，当遇到阻抗突变（突然增大或减小都是如此）时就会产生反射现象，此时波的一部分继续向前传播，而另外一部分会被反射回去（反射波），如图 10.2 所示。

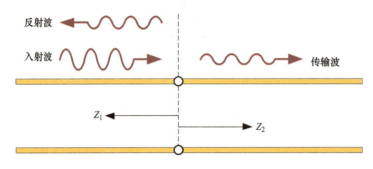

图 10.2　波的入射与反射

反射波与入射波叠加会破坏波的完整性，具体破坏程度取决于反射波的大小。阻抗越不匹配（阻抗突变程度越大），相应的反射波也会越大，对波的影响就越大，驻波则是"在阻抗完全不匹配状态下"的波传播状态。

驻波，顾名思义，就是不往前走的波，它是不动的，只有幅度大小的区别（入射波与反射波的叠加在传播路径上产生固定不动的波）。就好像拨动一根琴弦一样，琴弦会"以静止状态为基准"上下振动，但琴弦的两端总是固定不变的。驻波与琴弦的振动轨迹相似，只不过其振动幅值（最大值）总是不变的（不会最终下降为零）。图 10.3 展示了一个驻波在各个时间点的轨迹（数字越大表示时间越靠后），当驻波幅值从 v_1 变化到 v_4 后，会继续往 v_5、v_6、v_7 变化，达到负向最大值后再逐渐减小直到 v_{13}，周而复始。

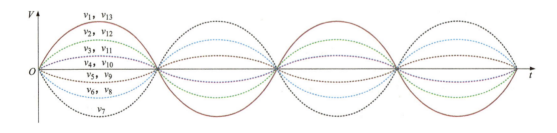

图 10.3　驻波状态

理想情况下，作为传输信息媒介的波应该处于行波状态，因为此时接收方收到的波与发送方是相同的，不存在信息的丢失。换句话说，我们需要波在阻抗匹配的路径上传播。但是实际应用中，阻抗完全匹配的情况是不太可能的，因为波感受到的阻抗与其频率相关，而通常情况下，"包含一定信息的"波总会存在一定的频率范围。因此，波在传输过程中感受到的阻抗或多或少总会存在一定的差异（阻抗失配的情况几乎总是存在的，当然，实际应用中也不要求阻抗完全匹配，一定程度的阻抗失配也是允许的）。也就是说，驻波总是与行波同在（行波与驻波的叠加），也称为行驻波，其幅值会随着<u>波</u>传播路径周而复始地变化（即某个位置的波幅度最大，其在继续传播过程会逐渐减小直至最小，之后再逐渐增大，直到传播一定距离后又会到达最大），如图 10.4 所示。

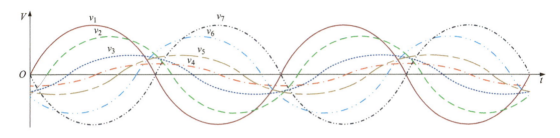

图 10.4 行驻波状态

驻波的成分越大，行驻波的幅值变化也越大，对<u>波</u>的正常传播就会产生越大的影响，而驻波成分过大就会导致失真。例如，由于行驻波的幅值随着传播过程而不断变化，当接收方恰好在幅值很小处进行接收时，就会出现问题。也就是说，一般都希望驻波越小越好，这也就同时意味着，我们希望<u>波</u>的传输阻抗总是连续的。

<u>波</u>的反射特性也适用于我们熟知的电信号，工程上把需要传播的原始信号称为入射信号（Incident Signal），将通过阻抗突变处继续传播的信号称为传输信号（Transmitted Signal），而将阻抗突变处被反射回来的信号称为反射信号（Reflected Signal）。如果信号的反射太大，就很有可能破坏信号的完整性。

有人可能会问，好像只有在高频电路中才会讨论反射问题，低频电路中似乎没有涉及，难道低频信号就不会反射吗？实际上都是电信号，低频信号也会反射。只不过由于高频信号的波长很短，它在传输线上需要"跑"一段时间才能到达接收方，而一旦有信号反射回来，就会叠加在原来的信号上面（因为高频信号还在线缆上"跑"，特别注意：高频信号是连续的，不是发完一个信号就没了）。低频信号的波长很长，它（在相同传输线上）很快从发送方传播到了接收方，信号的幅值与相位的变化量几乎可以忽略（你可以理解为反射信号就是原信号本身，就像有句话说的：还没开始就已经结束了）。

我们可以用一个比喻来说明传输线阻抗对信号传播的重要性：假设传输线为一条 1km 的跑道，如果其阻抗一直是不变的，相当于跑道是平整的，如果其阻抗处处发生了变化，相当于跑道是坑坑洼洼的。低频信号的波长很长，相当于一个巨人，它一步跨过的距离远远大于 1km，就算这条道路有多么坑坑洼洼，对巨人来讲也是没有多大影响的，而高频信号就相当于正常人，"道路是否平坦"会严重影响前进速度。

最简单的高频信号（正弦波）会产生反射现象，而数字信号可以认为是多个频率各异的正弦波信号叠加，如果其在传输过程中遇到阻抗突变，那么每个正弦波分量都会产生反射，这些反射信号叠加在一起就可能会对信号完整性造成一定的破坏。阻抗突变越大，反射信号就会越大，为了衡量阻抗突变程度，我们引入反射系数（Reflection Coefficient）的概念，并使用符号 ρ 来表示。如图 10.5 所示，假设数字信号（入射信号）在传播过程中会经过两个不同的阻抗区域 Z_1 与 Z_2，我们定义反射系数为反射信号电压幅值 V_{ref} 与入射信号电压幅值 V_{inc} 的比值，即

$$\rho = \frac{V_{\text{ref}}}{V_{\text{inc}}} = \frac{Z_2 - Z_1}{Z_2 + Z_1} \qquad (10.1)$$

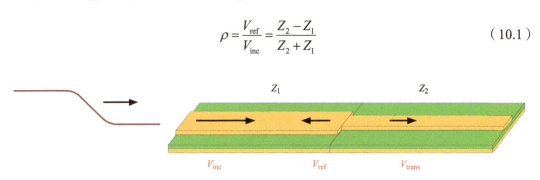

图 10.5 阻抗突变与信号的反射

很明显，两个区域的阻抗差异越大（越不匹配），反射回来的信号就会越大。当 $Z_2 = 0$ 时，$\rho = -1$，当 $Z_2 = \infty$ 时，$\rho = 1$。也就是说，ρ 的变化范围为 $-1 \sim 1$。例如，电压幅值为 1V 的方波信号沿阻抗为 50Ω 的传输线传播，则其在传输线上受到的阻抗为 50Ω。如果该信号突然进入阻抗为 75Ω 的传输线时，阻抗突变处的反射系数为 $(75 - 50)/(75 + 50) = 0.2$，反射回来的电压量为 $0.2 \times 1\text{V} = 0.2\text{V}$，那么在传输线近端可以测量到幅值为 1V + 0.2V = 1.2V 的电压（维持 1.2V 的时间非常短，需要使用灵敏度足够高的测量仪器）。

前面认为数字信号的过冲与欠冲是由信号的反射引起的（也就是入射信号与反射信号叠加而成），那么信号过冲与欠冲具体又是如何叠加而成的呢？我们可以通过简单计算并绘制出类似图 9.6 所示的波形，只要弄明白产生"被反射影响的最简单波形"的基本原理，其他因信号反射而导致的"完整性被破坏的更复杂信号"也是相似的。

我们以图 9.8 所示仿真电路为例进行信号波形分析。很明显，信号在传播过程中会遇到两个阻抗突变处（其一为信号源内阻与传输线近端，其二为传输线远端与大电阻负载），我们的目的就是绘出图 9.9 所示传输线近端与远端的大体瞬时波形。阶跃信号（标记为 V_s）由低电平转换为高电平后通过内阻（标记为 Z_S）注入阻抗为 Z_0 的传输线（并往负载方向传播），而注入到传输线的信号幅值取决于信号源电压、内阻及传输线阻抗（就相当于一个电阻分压器），因此一开始注入到传输线的电平幅值为

$$V_{\text{source\_0ns}} = \frac{Z_0}{Z_0 + Z_S} V_s = \frac{50\Omega}{50\Omega + 25\Omega} \times 1\text{V} \approx 0.6667\text{V}$$

幅值为 0.6667V 的电平快乐地奔跑在传播延时为 1ns 的传输线上。也就是说，1ns 时间过后它会遇到阻抗很大的负载（可以理解为无穷大），而从传输线远端往负载看到的反射系数为

$$\rho_{\text{load}} = \frac{Z_{\text{L}} - Z_0}{Z_{\text{L}} + Z_0} = \frac{\infty - 50\Omega}{\infty + 50\Omega} \approx 1$$

相应导致的反射电压量为

$$V_{\text{ref\_1ns}} = \rho_{\text{load}} V_{\text{source\_0ns}} = 1 \times 0.6667\text{V} = 0.6667\text{V}$$

也就是说，传输线远端的所有能量都被反射回来，其幅值为 0.6667V。换句话说，在 0 ~ 1ns 内，负载两端还没有电压（0V），而在 1ns 时刻后的电平幅值为

$$V_{\text{load\_1ns}} = V_{\text{source\_0ns}} + V_{\text{ref\_1ns}} = 0.6667\text{V} + 0.6667\text{V} \approx 1.3333\text{V}。$$

很明显，此时负载两端的电平幅值（$V_{\text{load\_1ns}}$）比信号源幅值（$V_{\text{source\_0ns}}$）还要高，也就形成了图 9.9 所示波形中的过冲。

被负载反射回来的信号经过短暂的痛苦后，0.6667V 的反射信号将往信号源方向传播，同样在 1ns 时长后（也就是 2ns 时刻）就会遇到信号源内阻 Z_{S}，此时从传输线近端看到的电压幅值似乎应该为 1.3333V。但由于 Z_{S} 与 Z_0 是不匹配的，所以也会产生信号反射，而从传输线近端往信号源看到的反射系数为

$$\rho_{\text{source}} = \frac{Z_{\text{S}} - Z_0}{Z_{\text{S}} + Z_0} = \frac{25\Omega - 50\Omega}{25\Omega + 50\Omega} \approx -0.3333$$

相应导致的反射电压量为

$$V_{\text{ref\_2ns}} = \rho_{\text{source}} V_{\text{ref\_1ns}} = -0.3333 \times 0.6667\text{V} \approx -0.2222\text{V}$$

也就是说，在 1 ~ 2ns 内，从负载两端看到电平幅值仍然为 1.3333V，而在 2ns 时刻后，从传输线近端看到的电平幅值将会变为

$$V_{\text{source\_2ns}} = V_{\text{source\_0ns}} + V_{\text{ref\_1ns}} + V_{\text{ref\_2ns}} = 0.6667\text{V} + 0.6667\text{V} - 0.2222\text{V} = 1.1112\text{V}。$$

注意：不是前面理所应当的 1.3333V。再次反射回来的电压同样又会朝负载疯狂地奔跑，在 3ns 时刻会赶到负载并再次反射回来，相应的反射电压量为

$$V_{\text{ref\_3ns}} = \rho_{\text{load}} V_{\text{ref\_2ns}} = 1 \times (-0.2222\text{V}) = -0.2222\text{V}$$

那么 4ns 时刻又会遇到信号源内阻反射又回来，即

$$V_{\text{ref\_4ns}} = \rho_{\text{source}} V_{\text{ref\_3ns}} = (-0.3333) \times (-0.2222\text{V}) \approx 0.074\text{V}$$

后面的反射电压依此类推，即

$$V_{\text{ref\_5ns}} = \rho_{\text{load}} V_{\text{ref\_4ns}} = 1 \times (0.074\text{V}) = 0.074\text{V}$$

$$V_{\mathrm{ref\_6ns}} = \rho_{\mathrm{source}}V_{\mathrm{ref\_5ns}} = (-0.3333)\times(0.074\mathrm{V}) \approx -0.0494\mathrm{V}$$

$$V_{\mathrm{ref\_7ns}} = \rho_{\mathrm{load}}V_{\mathrm{ref\_6ns}} = 1\times(-0.0494\mathrm{V}) = -0.0494\mathrm{V}$$

反射信号在传输线上不断往返就形成了振铃现象，图 10.6 所示格形图可以完整表达前述信号反射过程，其中，左侧竖线代表**传输线近端**，右侧竖线代表**传输线远端**，两条竖线之间的带箭头斜线代表信号在信号源与负载之间不断反射，自顶向下表示时间增加（注意：相邻时刻的时间增量等于传输线的传播延时，此处为 1ns）。另外，两条竖线顶端都有对应的反射系数，右侧表示"从**传输线远端**往负载看到的反射系数"，左侧表示"从**传输线近端**往信号源看到的反射系数"。

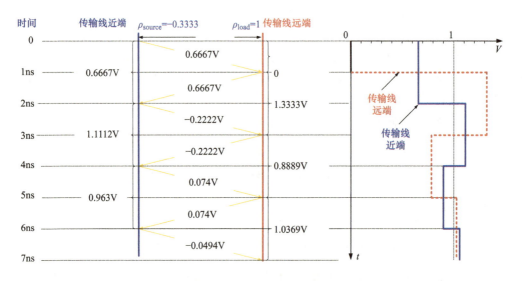

图 10.6 传输线上的反射格形图

图 9.8 所示仿真电路中的传输线阻抗大于信号源内阻，也称为**过驱动**（Overdriven）传输线，当传输线阻抗小于信号源内阻时称为**欠驱动**（Underdriven）传输线，相应的反射波形也会有所不同。我们同样可以通过仿真来观察欠驱动传输线相应的波形，只需要将图 9.8 所示仿真电路中 R1 阻值修改为 75Ω 即可，相应的波形如图 10.7 所示，可以看到，欠驱动时也会存在反射，但是不再有过冲现象。读者可根据前述格形图绘出相应的波形，此处不再赘述。

我们也可以观察一下负载短路时的信号波形，只需要将图 9.8 所示负载 R2 的阻值改为 0Ω 即可，相应的仿真波形如图 10.8 所示，可以看到，**传输线远端**（负载两端）的电压总是 0，因为当传输线上的信号到达短路负载时，相应的反射系数为 –1（负值），入射电压 666mV 与反射电压 –666mV 叠加后就是 0，正符合短路状态下的电压特性。当 –666mV 的反射电压经 1ns 回到**传输线近端**时，理论上相应的电压**似乎也应该**为 0，但由于其反射系数约为 –0.3333（因此而再次反射的电压为正值），最终导致的电压幅值约为 222mV，读者可自行分析，此处不再赘述。

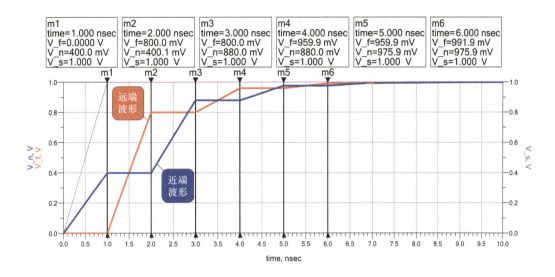

图 10.7　欠驱动传输线的仿真波形

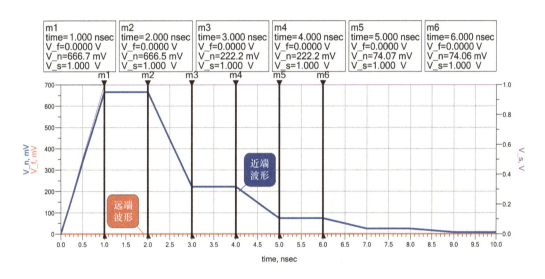

图 10.8　短路后的反射波形

前面仿真过程中，假设负载是纯阻性（无穷大或无穷小），但我们早就提过，负载或多或少会有一些寄生电容或电感（当然，也有可能因为一些特殊原因刻意添加容性或感性负载），而信号通过传输线驱动这些负载时也会存在反射现象，只不过相应的波形会更复杂一些。当然，我们不再以手工方式去绘制波形（手工计算只是理解反射的手段，绝不是目的），只需要以仿真的形式直观认识更复杂的信号反射波形即可。

以传输线驱动容性负载为例，相应的仿真电路如图 10.9 所示，只是将图 9.8 所示的大电阻负载替换成 10pF 的电容器，相应的仿真波形如图 10.10 所示。可以看到，各个时间段的电压都不再是如图 9.9 那样平整的直线，而是平滑的曲线，因为电容器的阻抗随时间变化而变化，反射系数也在不断地变化。

91

从传输线远端波形来看，当阶跃信号在 1ns 时刻到达电容器时，由于电容器刚进入充电状态，其两端的电压变化率为最大值，相应的阻抗为最小值（反射系数接近 −1），因此负载两端的电压自然也约为 0。如果电容器呈现的阻抗一直为最小值，相应的波形将与图 10.8 相似。但是随着电容器不断充电，电容器两端的电压变化率下降，电容器呈现的阻抗逐渐增大（如果时间足够长，电容器充电达到饱和，电容器就相当于开路状态，反射系数接近 1），因此负载两端的电压会慢慢上升。简单地说，传输线与负载电容构成了一个低通滤波器，其将图 9.9 所示传输远端波形中的高频成分滤掉了，继而使得信号电平突变处平滑起来。

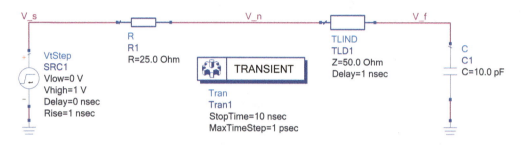

图 10.9　容性负载影响传播信号的仿真电路

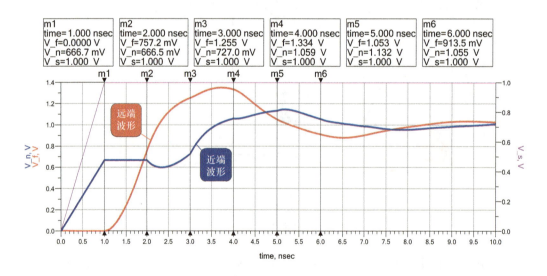

图 10.10　容性负载影响传播信号的仿真波形

我们也可以从传输线近端波形分析"容性负载相应反射系数的变化过程"。在第 2ns 时刻，"由容性负载刚进入充电状态呈现的"低阻抗导致的负反射电压到达传输线近端，因此原本在图 9.9 中会持续上升的电压反而下降了。如果容性负载的阻抗一直为最小值，其就会以一定的斜率直线往下掉（正如图 10.8 所示那样）。但是，由于负载电容呈现的阻抗会随着充电过程逐渐上升，反射回来的负压会越来越小（直到最后反射电压逐渐转变为正值）。因此，在传输线近端的一小段平稳电压过后，会出现一小段往下凹的波形（2～3ns），我们通常称其为回沟（Wrinkle）。

回沟也是影响信号完整性的另一种非单调性的表现形式，其不仅会使信号产生抖动（如同平台一样），严重情况下可能会使接收方错误判断逻辑（对于时钟信号来说，回沟可能会被接收方认为产生了多个有效触发边沿），其与信号欠冲导致的后果是相似的，如图 10.11 所示。

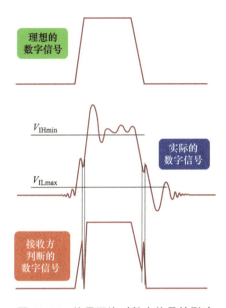

图 10.11　信号回沟对数字信号的影响

值得一提的是，虽然图 10.10 中传输线远端波形并不存在回沟，看似对接收方没什么影响，但是在多负载拓扑中，传输线近端也很有可能会连接负载，也就会导致信号完整性问题。容性负载越重（容值越大），相应的回沟现象就越严重，因为此时电容器的充电常数越大，其在信号反射过程中维持在低阻抗状态（反射系数为负值）的时间越长。我们对图 10.9 所示电容器 C1 的容量进行线性扫描（扫描范围为 0～100pF，步长为 25pF），相应的传输线远端与近端信号仿真波形分别如图 10.12 与图 10.13 所示。

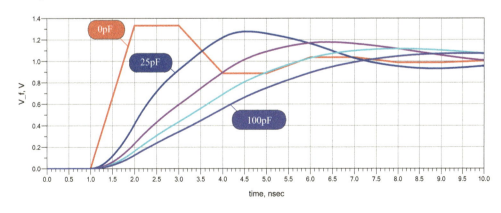

图 10.12　容性负载容量扫描后的仿真波形（传输线远端）

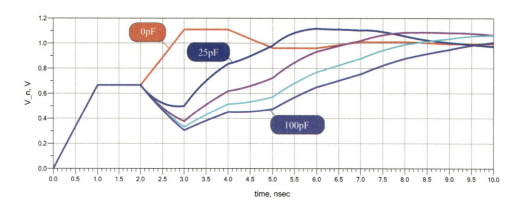

图 10.13　容性负载容量扫描后的仿真波形（传输线近端）

第 11 章　传输线上的信号：一叶障目

前面进行 ADS 软件平台仿真时使用了一种理想传输线元件（TLIND），我们只需要设置其阻抗与传播延时即可，这也就意味着，信号在传播过程中感受到的阻抗是连续的。但是，在具体的硬件设计（如 PCB 设计）时，如何实现需要的阻抗与传播延时呢？信号在传输线上又是如何传播的呢？信号感受到的阻抗又与什么因素有关呢？我们还是先来探讨一下高速与低速信号在传播时的不同之处。

假设现在存在两个级联的数字 IC，当两者之间传输低速（数字）信号时，地平面的电流密度分布大体如图 11.1 所示。可以看到，低速信号在走线层产生从 U1 到 U2 的电流，然后在地平面经展开的弧线路径返回到 U2，每条弧线上的电流密度与该路径上的电阻成反比。换句话说，在低速数字电路中，信号电流沿着最小电阻路径前进着。由于整个地平面作为公共地，其呈现的阻抗非常低，可以认为"发送方与接收方之间的公共地"是理想的连接（可以视为一个点）。

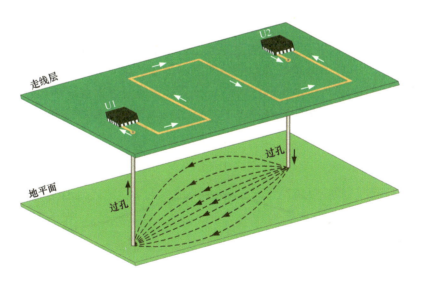

图 11.1　低速信号在地平面的返回电流

但是，高速数字系统中传播信号时却大不相同。由于高速信号的谐波分量较大，地平面呈现的感抗将随之增加，其值比低速传输时呈现的电阻要大得多，相应的电流密度分布如图 11.2 所示。

可以看到，高速信号在地平面的返回电流沿着电感最小路径前进，而不是电阻最

小路径（本质上并没有冲突，概括来讲，电流沿着回路**阻抗**最小的路径前进），因为其感受到的电感最小路径就紧贴在信号走线正下方，这样能够使信号电流路径与公共地电流路径之间的回路面积最小化，从而减小回路电感（前面已经提过，电感量与环路面积成正比）。

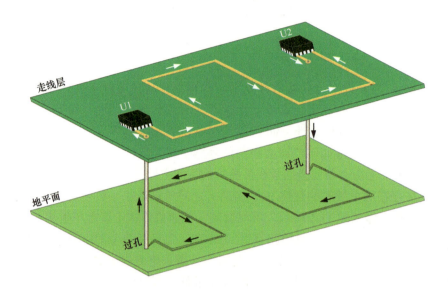

图 11.2　高速信号在地平面的返回电流

典型的 PCB 信号走线对应的地平面电流密度分布如图 11.3 所示。很明显，最大电流密度就在走线的正下方，而走线两侧的电流密度则会显著下降。如果地平面电流距离信号走线越远，其与信号走线之间的总回路面积就会越大，环路电感的增加也就使得电流密度更小了。另外，地平面电流路径紧贴在走线正下方也能够加强走线与地平面之间的互感，从而进一步降低环路电感，这一点与电源分布系统中"电源与地线之间的互感"是一样的。

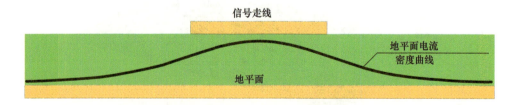

图 11.3　高速信号走线下方的地平面电流密度分布

也就是说，虽然从电路网络连接的角度来讲，两个数字 IC 的接地引脚的确是连接在一起的，但是当信号电平的转换速度很快（转换时间很小）时，地平面呈现的感抗会比较大（信号走线同样如此），此时两个数字 IC 的公共地引脚并非如我们想象的那样有效连接在一起，而可以视为由很多小电容（PCB 走线与地平面之间的寄生电容）与电感（及互感）网络构成，如图 11.4 所示。

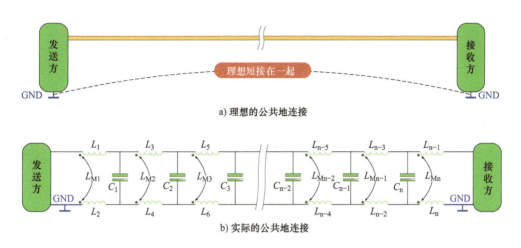

a) 理想的公共地连接

b) 实际的公共地连接

图 11.4　公共地不再是理想的短接

当我们把地平面当成公共地时，通常认为它是所有电流的汇合点，电流从公共地的某一点流入，然后（穿越似的）再流到另一处公共地节点（就像 ADS 软件平台仿真电路一样，多个相同的公共地符号代表两者是理想短接的），也就是将两个或多个公共地节点视为同一个点（多个节点之间没有传播延时），这在低速数字系统中当然是成立的。然而在高速应用场合下，如果"传播信号的线缆"足够长，信号在其中需要一定的传播时间才能够到达，此时我们就不能再认为多个公共地节点是理想短接。

为了区别于理想的传输线缆（可视为一个点的线缆），我们将两条具有一定传播延时（长度）的线缆定义为传输线（Transmission Line），其中一条称为信号路径，而另一条称为返回路径（而不再是"公共地"），如图 11.5 所示。也就是说，传输线也算是一种元件，只不过是一种分布参数元件，当信号通过传输线传播时，我们不能再将其当成一个点，而是要考虑传输线的分布参数对信号的影响。

图 11.5　传输线的概念

传输线最基本的电气参数便是传播延时（长度）与阻抗，前者表示信号经传输线"从发送方传播到接收方"所需要的时间，后者表示两条路径之间的阻抗，前面涉及的 ADS 仿真电路中的 TLIND 元件就可以直接设置这两个参数。

信号在传输线上传播过程的每个节点都会感受到一定的瞬时阻抗（Instantaneous Impedance），如果不考虑传输线带来的损耗，其可由式（11.1）来计算。

$$Z_n = \sqrt{L_n / C_n} \tag{11.1}$$

式中，L_n 与 C_n 分别表示单位电感（Inductance Per Unit Length）与单位电容（Capacitance

Per Unit Length），其分别为传输线总电感、总电容与传输线长度的比值。

信号在传输线上是如何传播的呢？当信号注入到传输线时，其将传输线当成一个阻抗网络，也就会在两条路径之间产生电压，同时电流在信号路径与返回路径之间流动，这样两条路径带上电荷并产生电压差（继而建立电场），而路径之间的电流回路将产生磁场。我们"将阶跃信号源两端分别与信号路径、返回路径连接"就能把信号施加到传输线上，突变的电压产生突变的电场和磁场，它们在传输线周围的介质材料中以一定的速度传播（换句话说，信号在传输线中的传播过程就是电磁场的建立过程），如图 11.6 所示。

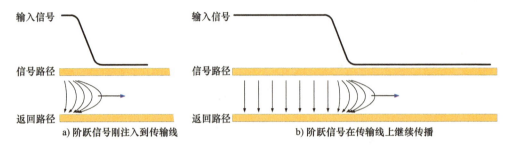

a) 阶跃信号刚注入到传输线　　　　　　b) 阶跃信号在传输线上继续传播

图 11.6　信号在传输线上的传播方式

也就是说，虽然信号路径与返回路径的每一小段都有相应的自感（互感）与电容，但对于传输线上的信号来说，实际传播的是"从信号路径到返回路径的电流回路"，传输线上每个单位长度都是如此（而不是先达到信号路径最远端，再从返回路径最远端回到近端）。从这种意义上讲，所有信号电流都经过一个回路电感，它是由信号路径和返回路径构成的（简单地说，信号看到的都只是电感，不管其是自感还是互感）。因此，当我们把理想传输线简化并近似为一系列 LC 串联电路时，其中的电感就是"每一小段传输线呈现的回路电感"，如图 11.7 所示。

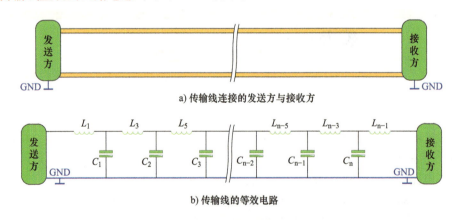

a) 传输线连接的发送方与接收方

b) 传输线的等效电路

图 11.7　传输线的简化模型

简单地说，信号在传输线上的传播方式就好像我们蒙着眼睛走路一样，其感受到的瞬时阻抗就相当于"我们在脚着地那一瞬间才感受到的道路平坦度"。当信号传播到某个节点时，其感受到的瞬时阻抗仅取决于"信号电平转换期间这一小段传输线的实际状态"，而该节点之前的路径是透明的（已经走过的路就不必理会了），该节点之后的路径也是不可见的（还没有走过的路就暂时不必理会），"活在当下"正是信号在传输线上的传播方式。从易于理解的角度，信号感受到的瞬时阻抗取决于在电平转换期间对应的总电感 L 与总电容 C，如图 11.8 所示。

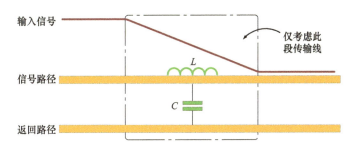

图 11.8　瞬时阻抗就是信号转换期间感受到的阻抗

　　如果信号在传输线上每个节点感受到的瞬时阻抗都是一致的，信号就不会产生反射现象，而相应的传输线也称为均匀传输线（Uniform Transmission Line），相应的瞬时阻抗也称为传输线的特性阻抗（Characteristic Impedance）。为了突出传输线固有的特性阻抗，我们通常使用符号 Z_0（注意：下标是数字"0"，不是字母"o"）表示。当然，如果传输线上各个节点的瞬时阻抗不一致，则表示其没有特性阻抗。

　　很明显，对于高速信号而言，应该使用均匀传输线以最大限度降低信号反射，因为其阻抗是连续的，也可以根据我们的设计需求进行改变（阻抗受我们控制），因此也常将均匀传输线称为受控阻抗线（Controlled Impedance Line）。换句话说，在实际进行高速系统设计时，应该让信号感受到的单位电感与电容的比值总是相同的，而单位电感与电容都与传输线的物理材料及结构有关。因此，如果想让信号在传播过程中感受到的瞬时阻抗完全一致，应该在每一时刻让其"看到的"横截面结构都是相同的。

　　实际广泛使用的传输线类型有很多，"以 PCB 为基础的数字系统"中使用的传输线由铜箔走线构成（整个板层专门用来做返回路径的铜箔也称为平面层），多层铜箔之间使用介质材料进行绝缘隔离，目前比较常用的 PCB 介质材料是阻燃（Flame-Retardant）等级代号为 FR-4 的"玻璃纤维与树脂的混合物"。根据 PCB 走线、介质材料与平面层之间的具体结构，PCB 传输线细分为好几种，比较常见的 PCB 均匀传输线横截面如图 11.9 所示，由于它们都只有一个信号路径，也因此称为单端（Single-Ended）传输线。其中，微带线（Microstrip）分布在 PCB 表面，其仅有一个参考平面，如果微带线的信号路径嵌入在介质中（仍然只有一个参考平面），也称为嵌入式（Buried/Embedded）微带线。带状线（Stripline）分布在内层，其上下各有一个参考平面，根据传输线的对称情况也分为对称带状线（Symmetric Stripline）与非对称带状线（Asymmetric Stripline）。共面线（Coplanar Line）没有专门的参考平面，通常由同一信号层中两条平行对称的走线构成。

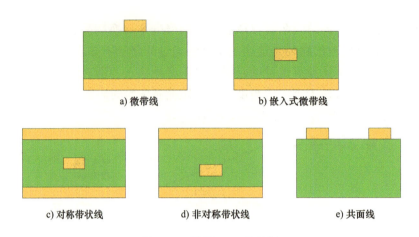

a) 微带线   b) 嵌入式微带线

c) 对称带状线   d) 非对称带状线   e) 共面线

图 11.9　常见 PCB 传输线

当然，传输线也并不仅仅应用在 PCB 中，其在多个系统之间传输高速（或高频）信号时也应用广泛，同轴电缆（Coaxial Cable）就是一种常用传输线（如电视机天线接收到的高频信号通常会使用特性阻抗为 75Ω 的同轴电缆），其基本结构是中心导体及其周围的绝缘层、网状屏蔽层与护套，如图 11.10 所示。在实际使用时，同轴电缆的中心导体为信号路径，外层网状屏蔽层则为返回路径。

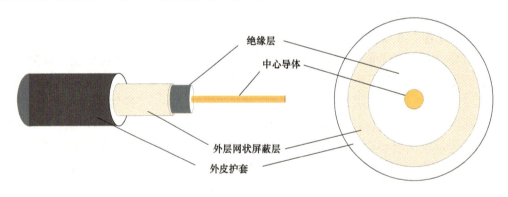

绝缘层
中心导体
外层网状屏蔽层
外皮护套

图 11.10　同轴电缆

当然，也有其他类型与特性阻抗的电缆。例如，100 ~ 130Ω 的双绞线。自由空间也有约为 377Ω 的特性阻抗。

传播延时是传输线的另一个重要电气参数，它代表信号在传输线上的传播速度。前面已经提过，信号的传播过程就是电磁场建立的过程，也就是说，电场和磁场建立的快慢决定了信号的速度，它取决于一些常量与材料特性，可由式（11.2）表达：

$$v = 1/\sqrt{\varepsilon_0 \varepsilon_r \mu_0 \mu_r} \tag{11.2}$$

式中，ε_0 表示自由空间的介电常数，其值约为 $8.85 \times 10^{-12} \mathrm{F/m}$；$\varepsilon_r$ 表示材料的相对介电常数；μ_0 表示自由空间的磁导率，其值约为 $4\pi \times 10^{-7} \mathrm{H/m}$；$\mu_r$ 表示材料的相对磁导率。将实际数据代入式（11.2），可得

$$v \approx 2.99 \times 10^8 / \sqrt{\varepsilon_r \mu_r} \quad (\text{m/s}) \approx 11.8 / \sqrt{\varepsilon_r \mu_r} \quad (\text{in}^{\ominus}/\text{ns}) \qquad (11.3)$$

式（11.3）说明，电磁场的传播速度取决于周围介质的相对介电常数与相对磁导率。由于几乎所有导电材料的相对磁导率均约为 1，"所有不含铁磁材料的"聚合物的相对磁导率也都为 1，这也就意味着，从实用的角度来看，信号的传播速度主要取决于介质材料的介电常数。空气的相对介电常数与相对磁导率均为 1，因此无线电波的传播速度约为 3×10^8m/s（即光速）。除空气之外，其他材料的介电常数总是会大于 1，因此，电路系统中信号的传播速度通常总是会小于光速。

我们也能够知道，PCB 微带线的传播延时比带状线更小，因为后者产生的电磁场都被两个平面层封闭在介质材料中，因此有效介电常数可以认为是介质材料的介电常数，而前者有很大一部分电磁场裸露于空气中，而空气的介电常数比介质材料要小，其总的有效介电常数更小，根据式（11.3）可知，PCB 微带线上的信号传播速度更快。更进一步，当嵌入式微带线嵌入到介质材料的深度不同时，相应的信号传播速度也会不同。具体来说，嵌入深度越大，相应的信号传播速度也越慢，这一点从电磁场的分布情况就很容易看到，如图 11.11 所示。

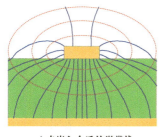 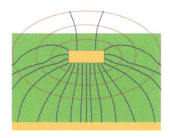 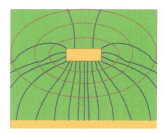

a）未嵌入介质的微带线　　　　b）浅度嵌入介质的微带线　　　　c）深度嵌入介质的微带线

图 11.11　微带线嵌入介质材料不同深度时的电磁场分布

与传播速度 v 相关的概念是单位长度传播延时（propagation delay per unit length），其值为传播速度的倒数（即 $1/v$）。请特别注意"传播延时"与"单位长度传播延时"的区别，前者的国际单位为"s"（高速系统中常使用 ps、ns），后者的国际单位是"s/m"，由于工程应用中常使用英制长度单位密尔（mil）或英寸（in，1in = 1000mil），因此单位长度传播延时常用纳秒每密尔（ns/mil）或皮秒每英寸（ps/in）等单位。

也就是说，只要知道了传输线上信号的传播速度 v（或单位长度传播延时 $1/v$），我们就能够根据给定传播延时 t_{pd} 计算出对应的传输线长度 L，也就能够适时调整高速系统中传输线的长度，见式（11.4）：

$$L = v t_{pd} = \frac{t_{pd}}{1/v} \qquad (11.4)$$

那么，各种 PCB 传输线的单位长度传播延时为多少？它们差别又有多大呢？我们又如何设计出符合阻抗要求的 PCB 传输线呢？且听下回分解！

$\ominus$　1in = 0.0254m。

第 12 章 PCB 叠层结构设计：擒贼擒王

前面已经初步阐述传输线的特性阻抗与传播延时，也介绍了几种常见 PCB 传输线的基本结构，那么在实际 PCB 设计过程中，如何才能设计出符合要求的 PCB 传输线呢？从式（11.1）可知，PCB 传输线的阻抗与其单位电容、单位电感有关，我们可以逐项分析影响 PCB 传输线电容量与电感量的基本因素，并获得其与传输线阻抗之间的变化趋势，再结合仿真工具即可完成所需 PCB 传输线的设计。

PCB 走线（信号路径）、参考平面（返回路径）及填充其中的介质材料构成了一个平行板电容器，而平行板呈现的容量与平行板间距 d、正对面积 A 及介质材料的介电常数（Dielectric Constant，D_k）ε 有关，见式（12.1）：

$$C = \varepsilon \frac{A}{d} \tag{12.1}$$

对于 PCB 传输线而言，介质的高度 H 就是平行板间距，而 PCB 走线宽度 W 决定了平行板的正对面积（走线厚度 T 也是如此，可以理解为多个平行板的叠加），如图 12.1 所示（我们只需要考虑单位电容，长度可以理解为 1 个单位）。很明显，介质材料的介电常数与正对面积越大（PCB 走线越宽或越厚）、平行板之间的距离（介质高度）越小，则平行板电容器呈现的容量越大，PCB 传输线阻抗就会越小。

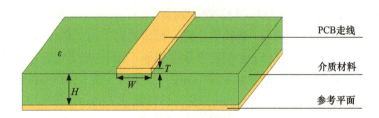

图 12.1 PCB 平行板电容器

PCB 走线、参考平面及周围介质材料也构成一个单匝电感器，而电感器呈现的电感量与线圈的匝数 N、横截面面积 A、纵向长度 l 及介质的磁导率 μ 有关，可由式（12.2）表达：

$$L = \mu \frac{N^2 A}{l} \tag{12.2}$$

乍一看，影响电感量的因素比较多，但是 PCB 单匝电感器的匝数为 1，而常用

PCB 介质材料的相对磁导率约为 1，因此，影响 PCB 走线电感量的主要因素仍然还是介质高度及 PCB 走线宽度与厚度（与影响单位电容的因素相同）。对于 PCB 传输线而言，介质高度 H 与走线厚度 T 决定了单匝电感器的横截面面积（只需要考虑单位长度），而 PCB 走线宽度 W 决定了电感器的纵向长度，如图 12.2 所示。很明显，电感器的纵向长度越大（PCB 走线越宽）、横截面面积越小（介质高度与走线厚度越小），相应的电感量越小，传输线阻抗就会越小。

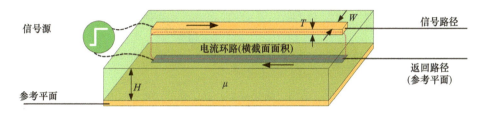

图 12.2　PCB 单匝电感器

综合式（12.1）与式（12.2）可知，当 PCB 走线宽度与厚度越小（或介质高度越大）时，电容量越小而电感量越大，反之亦然。换句话说，PCB 走线宽度与厚度及介质高度影响 PCB 传输线阻抗的方向是一致的。如果将式（12.1）与式（12.2）代入式（11.1）中，很容易就可以得知，PCB 传输线阻抗与（介质材料的）介电常数的平方根及 PCB 走线宽度与厚度呈反比，而与介质的高度呈正比。图 12.3 将某叠层中走线宽度 W、走线厚度 T、介质高度 H、介质的相对介电常数 ε_r 与 PCB 传输线阻抗 Z 之间的变化关系曲线合并到一起（仅供参考），其中的横轴 m 为各自初始值的倍数（除介电常数初始值为 1 外，其他初始值均为 1mil）。

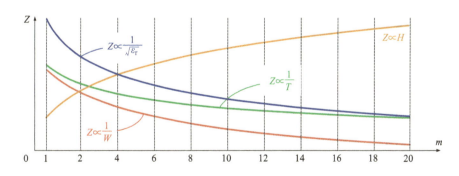

图 12.3　影响 PCB 传输线阻抗的主要因素及其变化趋势

介质的介电常数与 PCB 走线宽度的调整相对比较容易理解，前者与介质材料的种类相关，后者则可以在 PCB 设计时控制（从实用的角度，很少会刻意通过调整走线厚度来控制阻抗）。那么，板层间距（介质高度）该如何调整呢？实际上，PCB 传输线设计的难点之一就是确定板层间距，因为其涉及的知识相对更多更杂，而详尽的讨论还是得从多层 PCB 制造工艺谈起！

多层 PCB 都是由多张单个 PCB 板材叠加而来，因此 PCB 制造流程都是从单个

PCB 板材开始，它通常是双面覆有铜箔（Copper Foil，CF）的基材，也称为覆铜板（Copper Clad Laminate，CCL）或芯板（Core），如图 12.4 所示。其中，基材的主要作用是物理支撑与电气绝缘，其通常由绝缘材料（如环氧树脂）与增强材料（如玻璃纤维）构成，FR-4 基材便是目前最常用的一种。

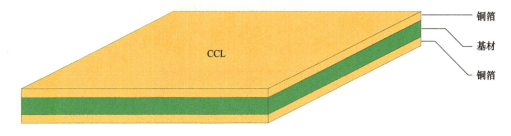

铜箔
基材
铜箔

图 12.4　双面覆有铜箔的芯板

基材表面的覆铜是 PCB 实现电气连接的基础，在 PCB 布局布线时完成的线路图最终将由铜箔刻蚀而成。多层 PCB 需要先使用多张芯板分别刻蚀线路，而为了在热压合工序中将多张芯板压成一个整体，需要在芯板之间使用预浸环氧树脂薄片黏结起来，也称为半固化片（Prepreg，PP）或预浸层（有时也称为"PP 胶片"或"PP 片"），如图 12.5 所示。

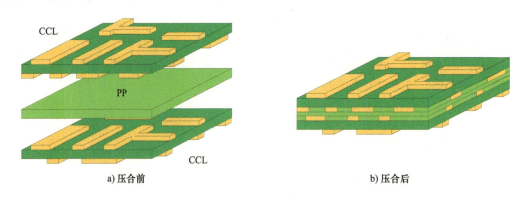

a) 压合前　　　　　　　　　　　　　　　　b) 压合后

图 12.5　芯板与 PP 片

PP 片与芯板基材一样，也起到物理支撑与绝缘的作用，通常具有相同或相近的介电常数，因为两者本质上是同一种材料，只不过其中的树脂处于不同的固化阶段而已。以 FR-4 环氧玻璃纤维布（简称"玻纤布"）基材为例，作为黏合剂的树脂通常使用化学反应固化，其依次可分为 A、B、C 三个阶段，处于 A 阶段的树脂为液态；处于 B 阶段的树脂尚未完全固化，质地比较软（可以卷起来），PP 片即是处于此阶段；处于 C 阶段的树脂已经完全固化，质地比较硬，芯板的基材便是处于此阶段。

PP 片与芯板通常交替叠放，在压合工序中，前者因热压流动并最终凝固（进入 C 阶段），形成绝缘层的同时将多张芯板黏合在一起。以 6 层 PCB 为例，传统 PCB 制造工艺可以将 3 张双面覆铜的芯板通过 PP 片黏合起来，只需要一次压合工序，如图 12.6a 所示。也可以先使用 PP 片黏合 2 张双面覆铜的芯板，然后最外层再各使用 PP 片与整块铜箔黏合，如图 12.6b 所示。当然，还可以在一张芯板的基础上连续叠加 PP 片与整块铜箔压合而成，也称为顺序积层（Sequential Build-Up，SBU）工艺，每积一层都需要进行一次压合（通常还伴随着钻孔工序），常用于高密度互连（High Density Interconnector，HDI）PCB，如图 12.6c 所示。

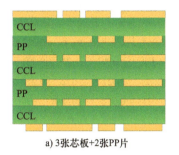
a) 3张芯板+2张PP片

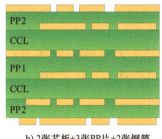
b) 2张芯板+3张PP片+2张铜箔

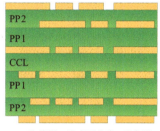
c) 1张芯板+4张半固化片+4张铜箔

图 12.6　6 层板的 3 种层压方式

也就是说，PCB 上的整块铜箔主要存在两种来源，其一是覆铜板上已经存在的（采购回来就有），另一种则是单独工序添加的整块铜箔，其在加工过程中通过 PP 片与其他基材黏结在一起。换句话说，前者在压合前已经刻蚀好的线路，而后者在压合后还是完整的（后续还需要进行线路刻蚀工序）。

PCB 制造厂商通过合理搭配芯板与 PP 片来生产客户所需的多层 PCB，不同层压方案对应的相邻板层的距离（介质高度）也不尽相同。由于芯板与 PP 片由 PCB 基材厂商提供，具体的规格需要参考 PCB 基材厂商的数据手册。PCB 基材厂商有很多，国外知名品牌有美国罗杰斯（Rogers）、日本三菱等，国内知名品牌有深圳建滔、东莞生益科技等。生益科技官方网站提供的基材数据手册展示的信息更全，我们选择一款常用 PP 片（型号 S1000-2M），相应的一些基材数据见表 12.1。

表 12.1　PP 片基材数据（型号 S1000-2M）

玻纤布规格	树脂含量 RC（%）	厚度		介电常数（D_k）				损耗因数（D_f）			
		mm	mil	1GHz	3GHz	5GHz	10GHz	1GHz	3GHz	5GHz	10GHz
7628	44	0.187	7.36	4.62	4.61	4.56	4.51	0.015	0.016	0.017	0.018
7628	46	0.196	7.72	4.56	4.55	4.5	4.45	0.016	0.016	0.018	0.019
7628	50	0.216	8.5	4.46	4.44	4.39	4.34	0.017	O.018	0.019	0.02
7628	52	0.227	8.94	4.41	4.39	4.34	4.28	0.018	0.019	0.02	0.021
1506	45	0.150	5.91	4.59	4.58	4.53	4.48	0.015	0.016	0.017	0.018
2116	51	0.108	4.25	4.44	4.42	4.37	4.31	0.018	0.019	0.02	0.021
2116	53	0.114	449	4.39	4.36	4.31	4.26	0.018	0.019	0.02	0.021
2116	55	0.120	4.72	4.34	4.29	4.25	4.2	0017	0.018	0.019	0.02
2116	57	0.127	5.00	4.29	4.24	4.19	4.14	0.018	0.019	0.02	0.021
2313	56	0.096	3.78	4.31	4.27	4.22	4.17	0.018	0.019	0.02	0.021
2313	58	0.103	4.06	4.27	4.22	4.17	4.12	0.018	0.02	0.02	0.021

（续）

玻纤布 规格	树脂含量 RC（%）	厚度		介电常数（D_k）				损耗因数（D_f）			
		mm	mil	1GHz	3GHz	5GHz	10GHz	1GHz	3GHz	5GHz	10GHz
2313	60	0.110	4.33	4.23	4.18	4.13	4.08	0.018	0.019	0.02	0.021
3313	56	0.096	3.78	4.31	4.27	4.22	4.17	0.018	0.019	0.02	0.021
3313	58	0.103	4.06	4.27	4.22	4.17	4.12	0.018	0.019	0.02	0.021
3313	60	0.110	4.33	4.23	4.18	4.13	4.08	0.018	0.019	0.02	0.021
1078/1080	64.0	0.72	2.83	4.14	4.07	4.02	3.97	0.019	0.02	0.021	0.021
1078/1080	69	0.086	3.39	3.99	3.9	3.85	3.8	0.02	0.021	0.022	0.023
1078/1080	71	0.091	3.58	3.94	3.85	3.79	3.75	0.021	0.022	0.023	0.024
1067	73	0.065	2.56	3.9	3.8	3.75	3.71	0.021	0.022	0.023	0.024
106	70	0.047	1.85	3.97	3.87	3.83	3.78	0.02	0.021	0.022	0.023
106	72	0.050	1.97	3.92	3.82	3.76	3.72	0.021	0.022	0.023	0.024
106	74	0.053	2.09	3.89	3.79	3.74	3.7	0.021	0.022	0.023	0.024
106	77	0.060	2.36	3.85	3.75	3.7	3.66	0.022	0.023	0.024	0.025
1027	6.5	0.032	1.26	4.11	4.04	3.99	3.94	0.019	0.02	0.021	0.021
1027	7.8	0.046	1.81	3.84	3.74	3.69	3.65	0.022	0.023	0.024	0.025
1037	72	0.047	1.85	3.92	3.82	3.76	3.72	0.021	0.022	0.023	0.024
1037	74	0.050	1.97	3.89	3.79	3.74	3.7	0.021	0.022	0.023	0.024
1037	76	0.055	2.17	3.86	3.76	3.71	3.67	0.022	0.023	0.024	0.025
1037	78	0.060	2.36	3.84	3.74	3.69	3.65	0.022	0.023	0.024	0.025

表 12.1 中的玻纤布规格（Glass style）是什么意思呢？RC（%）又是什么呢？前面已经提过，基材是由玻纤布与树脂组成，前者为纵横交错的纺纱结构，其在编织时存在一个运动方向（也就是布长方向），与布长方向平行的纱线称为经纱（Warp Yarn），与布长方向垂直的纱线则称为纬纱（Fill Yarn）。玻纤布可分为不同的规格，相应也有专门的标识代号，部分数据见表 12.2（仅供参考，密度单位为每平方英寸的根数，表达为"经纱数 × 纬纱数"）。

表 12.2 玻纤布规格代码

规格	密度	规格	密度	规格	密度
104	60 × 52	1506	48 × 44	2313	60 × 64
106	56 × 56	1652	52 × 52	3070	70 × 70
1067	69 × 69	2113	60 × 56	3313	60 × 62
1080	60 × 47	2116	60 × 58	7628	44 × 32
1280	60 × 60	2157	60 × 35	7629	44 × 34
1500	49 × 42	2165	60 × 52	7635	44 × 29

通常经纱数总会大于纬纱数。例如，规格"1080"表示其经纱与纬纱数量分别约为 60 与 47（实际有一定的允许偏差）。规格代码越大，其密度越小，纱线会更粗，厚度与单位面积质量更大，相应的基材具备更优的刚性。

　　编织后的玻纤布还需要使用树脂填充其中的空隙，而树脂在 PP 片中所占重量百分比称为树脂含量（Resin Content，RC），其直接影响相邻芯板间的黏合性、厚度和平整性等。从基材的角度来讲，PP 片的厚度主要取决于玻纤布规格与树脂含量，在玻纤布规格相同的条件下，树脂含量越高，PP 片的厚度也会越大。当然，由于树脂的介电常数约为 4，玻纤布的介电常数约为 7，因此，"不同玻纤布规格与不同树脂含量的基材"的有效介电常数也不尽相同。

　　与 PP 片相似，PCB 基材厂商也会提供不同规格的芯板。表 12.3 为生益科技某芯板（型号 S1000-2M）对应的基材数据，从"层压方案"列数据可以看到，芯板本质上就是由 PP 片压合而成。当然，相同厚度的芯板对应的压合方案也不止一种，表现出来的性能也会不一样。例如，0.2mm 的芯板可以由"1 张 7628 PP 片"或"2 张 3313 PP 片"压合而成。

表 12.3　芯板基材数据（型号 S1000-2M）

厚度		压层方案	树脂含量	介电常数（D_k）				损耗因数（D_f）			
mm	mil	（ply-up）	RC（%）	1GHz	3GHz	5GHz	10GHz	1GHz	3GHz	5GHz	10GHz
0.050	2.00	1×1067	65	4.11	4.04	3.99	3.94	0.019	0.020	0.021	0.021
0.075	3.00	1×1080	64	4.14	4.07	4.02	3.97	0.019	0.02	0.021	0.021
0.100	4.00	1×3313	57	4.29	4.24	4.19	4.14	0.018	0.019	0.02	0.021
0.100	4.00	2×106	71	3.94	3.85	3.79	3.75	0.021	0.022	0.023	0.024
0120	4.70	1×2116	55	4.34	4.29	4.25	4.2	0.017	0.018	0.019	0.02
0.120	4.70	2×106	76	3.74	3.62	3.56	3.52	0.022	0.023	0.024	0.025
0.127	5.00	1×2116	57	4.29	4.24	4.19	4.14	0.018	0.019	0.02	0.021
0.127	5.00	2×106	77	3.85	3.75	3.7	3.66	0.022	0.023	0.024	0.025
0.150	6.00	1×1506	46	4.56	4.55	4.5	4.45	0.016	0.016	0.018	0.019
0.150	6.00	2×1080	64	4.14	4.07	4.02	3.97	0.018	0.02	0.021	0.021
0.180	7.10	1×7628	43	4.64	4.63	4.59	4.54	0.015	0.016	0.017	0.018
0.180	7.10	2×3313	53	4.39	4.36	4.31	4.26	0.018	0.019	0.020	0.021
0.200	8.00	1×7628	47	4.54	4.52	4.47	4.42	0.016	0.017	0.018	0.019
0.200	8.00	2×3313	57	4.29	4.24	4.19	4.14	0.018	0.019	0.02	0.021
0.254	1.000	2×2116	57	4.29	4.24	4.19	4.14	0.018	0.019	0.02	0.021
0.280	11.00	2116+1080+2116	53	4.39	4.36	4.31	4.26	0.018	0.019	0.020	0.021
0.300	1200	2×1506	46	4.56	4.55	4.5	4.45	0.016	0.016	0.018	0.019
0.330	1300	1080+7628+1080	52	4.41	4.39	4.34	4.28	0.018	0.019	0.02	0.021
0.360	1400	2×7628	44	4.62	4.61	4.56	4.51	0.015	0.016	0.017	0.018
0.380	1500	2×7628	45	4.59	4.58	4.53	4.48	0.015	0.016	0.017	0.018
0.600	23.60	3×7628	45	4.59	4.58	4.53	4.48	0.015	0.016	0.017	0.018
1.000	3940	5×7628	45	4.59	4.58	4.53	4.48	0.015	0.016	0.017	0.018
1.200	47.00	6×7628	45	4.59	4.58	4.53	4.48	0.015	0.016	0.017	0.018

值得一提的是，芯板可以含铜或不含铜，后者也称为光板，其在电解铜箔（Electrode Posited Copper）工序下能够在两面沉积制作铜箔。不含铜芯板常见于厚度较小的基材（如小于0.7mm），其铜厚更灵活可控。含铜芯板在出厂时两面就已经制作了铜箔，而两面铜箔的厚度则使用"–/–"形式表示，具体见表12.4。例如，"H/H"表示基板两面铜厚均为0.5oz。

表12.4　含铜芯板的铜厚表达方式

代号	铜厚 /oz	代号	铜厚 /oz
H/H	1/2	1/1	1
J/J	3/8	2/2	2
T/T	1/3	3/3	3

盎司（oz）原本是重量单位，在PCB行业常用来表示厚度，它是"**重量为1oz的铜**"平铺在1平方英尺（ft^2）的面积上相应的厚度，换算成毫米即约为0.035mm。表12.5为常见盎司量与公制、英制之间的换算（仅供参考）。

表12.5　常见盎司量与公制、英制之间的换算

盎司量 /oz	微米 /μm	密尔 /mil	盎司量 /oz	微米 /μm	密尔 /mil
1/3	12	0.47	0.5	17.5	0.7
1	35	1.4	1.5	52.5	2.1
2	70	2.8	2.5	87.5	3.4
3	105	4.1	3.5	122.5	4.8

获得了芯板与PP片的数据后，我们就可以根据实际需求设计PCB压合方案，自然也就能够控制介质高度。例如，不同芯板与PP片的介质高度就不一样，一次性使用多张PP片叠起来也能够增加介质厚度（考虑到实际情况，一般不超过3张）。当然，对于大多数要求不高的多层PCB，只需要指定PCB厚度即可，PCB制造厂商会使用常用层压方案进行PCB的生产。

图12.7展示了3种不同厚度的4层板PCB层压结构，它们都是由一张芯板（CC）与两张PP片（PP）及最外层铜箔（CF）压合而成，但细节上有所不同。图12.7a所示PCB较薄，因此选择了厚度为0.5mm的不含铜芯板，所以需要通过电解液（如硫酸铜溶液）沉积一定厚度（此例为0.5oz）的铜箔，之后使用两张1080PP片（厚度0.091mm）与最外层两张铜箔（厚度0.035mm）压合，结合表12.1可得其理论厚度为 $0.5 + 0.0175 \times 2 + 0.091 \times 2 + 0.035 \times 2 = 0.55 + 0.035 + 0.144 + 0.07 = 0.787$mm。图12.7b中选择厚度为0.9mm的含铜芯板，只需要使用两张3313 PP片与最外层铜箔压合即可，其理论厚度为 $0.9 + 0.103 \times 2 + 0.035 \times 2 = 1.176$mm。你可以自行分析图12.7c所示PCB叠层的理论厚度。

图 12.7　3 种不同厚度的 4 层 PCB 层压结构

a) 0.8mm

L1	1oz	CF
---	1080(RC71%)	PP
L2	0.5oz	CF
	0.5mm(不含铜)	CC
L3	0.5oz	CF
	1080(RC71%)	PP
L4	1oz	CF

b) 1.2mm

L1	1oz	CF
---	3313(RC58%)	PP
L2	0.5oz	CF
	0.9mm(含铜)	CC
L3	1oz	CF
	3313(RC58%)	PP
L4	1oz	CF

c) 1.6mm

L1	1oz	CF
---	7628(RC50%)	PP
L2	0.5oz	CF
	1.1mm(含铜)	CC
L3	0.5oz	CF
	7628(RC50%)	PP
L4	1oz	CF

图 12.8 展示了其他几种多层 PCB 层压方案，相应的理论厚度可以自行分析，此处不再赘述。

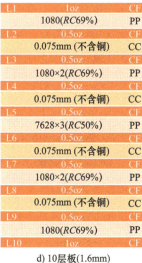

a) 6层板(0.8mm)

L1	1oz	CF
---	2116(RC57%)	PP
L2	0.5oz	CF
	0.013mm (不含铜)	CC
L3	0.5oz	CF
	7628(RC50%)	PP
L4	0.5oz	CF
	0.13mm(不含铜)	CC
L5	0.5oz	CF
	2116(RC57%)	PP
L6	1oz	CF

b) 6层板(1.6mm)

L1	0.5oz	CF
---	2116(RC57%)	PP
L2	0.5oz	CF
	0.5mm(含铜)	CC
L3	0.5oz	CF
	7628(RC50%)	PP
L4	0.5oz	CF
	0.5mm(不含铜)	CC
L5	0.5oz	CF
	2116(RC57%)	PP
L6	0.5oz	CF

c) 8层板(0.8mm)

L1	1oz	CF
---	1080(RC69%)	PP
L2	0.5oz	CF
	0.075mm(不含铜)	CC
L3	0.5oz	CF
	1080×2(RC69%)	PP
L4	0.5oz	CF
	0.075mm(不含铜)	CC
L5	0.5oz	CF
	1080×2(RC69%)	PP
L6	0.5oz	CF
	0.075mm(不含铜)	CC
L7	0.5oz	CF
	1080(RC69%)	PP
L8	1oz	CF

d) 10层板(1.6mm)

L1	1oz	CF
---	1080(RC69%)	PP
L2	0.5oz	CF
	0.075mm(不含铜)	CC
L3	0.5oz	CF
	1080×2(RC69%)	PP
L4	0.5oz	CF
	0.075mm(不含铜)	CC
L5	0.5oz	CF
	7628×3(RC50%)	PP
L6	0.5oz	CF
	0.075mm(不含铜)	CC
L7	0.5oz	CF
	1080×2(RC69%)	PP
L8	0.5oz	CF
	0.075mm(不含铜)	CC
L9	0.5oz	CF
	1080(RC69%)	PP
L10	1oz	CF

e) 18层板(2.0mm)

L1	1oz	CF
---	2313(RC58%)	PP
L2	0.5oz	CF
	0.10mm(不含铜)	CC
L3	0.5oz	CF
	2313(RC58%)	PP
L4	0.5oz	CF
	0.10mm(不含铜)	CC
L5	0.5oz	CF
	2313(RC58%)	PP
L6	0.5oz	CF
	0.10mm(不含铜)	CC
L7	0.5oz	CF
	2313(RC58%)	PP
L8	0.5oz	CF
	0.10mm(不含铜)	CC
L9	0.5oz	CF
	2313(RC58%)	PP
L10	0.5oz	CF
	0.10mm(不含铜)	CC
L11	0.5oz	CF
	2313(RC58%)	PP
L12	0.5oz	CF
	0.10mm(不含铜)	CC
L13	0.5oz	CF
	2313 (RC58%)	PP
L14	0.5oz	CF
	0.10mm(不含铜)	CC
L15	0.5oz	CF
	2313(RC58%)	PP
L16	0.5oz	CF
	0.10mm(不含铜)	CC
L17	0.5oz	CF
	2313(RC58%)	PP
L18	1oz	CF

图 12.8　其他多层 PCB 压合结构

需要注意的是，前面讨论的都是理论板厚，实际压合后还会薄一些（生产时也允许有公差，如 10%），因为最初整片铜箔或多或少总会进行刻蚀（去掉一些铜箔），PP 片在热压合工序中会部分融化，这使得与 PP 片相邻的 PCB 走线会沉入到其中，继而导致实际相邻铜箔之间的距离变小了。如图 12.9 所示，当 PP 片（PP2）黏合芯板与整块铜箔时，由于最外层铜箔尚处于整块未刻蚀状态，因此 PP 片会填充在芯板已刻蚀线路空当（并未沉入最外层铜箔）。当 PP 片（PP1）黏合两块芯板时，由于芯板内层都处于已刻蚀状态，PP 片会填充在两面，实际距离相对会更小。

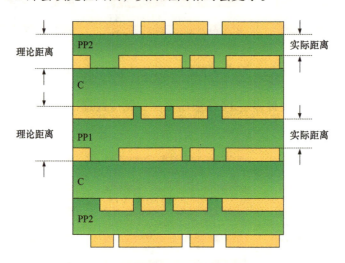

图 12.9　相邻层的理论距离与实际距离

为了衡量铜箔经刻蚀工序后残留铜箔所占的面积，工程上引入残铜率的概念，它是指"当前层被铜箔覆盖的面积"与"整块铜箔的总面积"的比值。残铜率越低，压合后相邻板层之间的距离就相对越小一些，我们只需要了解一下即可。

有关 PCB 制造方面的信息已经足够使用了，为了后续能够顺利使用 ADS 软件平台设计 PCB 传输线，我们首先需要根据实际 PCB 压合方案创建相应的 PCB 叠层结构。为简便起见，此处以 4 层 PCB 叠层结构（名称为"subst_4layer"）为例，配置后的结果如图 12.10 所示（铜厚均为 1oz，介质厚度均为 4mil），其中，4 个铜箔层自上而下被依序标记为"pc1""pc2""pc3""pc4"（也可以自定义）。

叠层结构确定了基材（介质）的厚度，我们还需要进一步设置基材或铜箔的电气参数。注意图 12.10 所示对话框下方"Substrate Layer Stackup"表格中的"Material"列，其中设置了不同的材料名称，我们需要根据实际情况编辑材料对应的参数。以"FR4_Prepreg"对应的 PP 片为例，选中该行后，对话框右侧将出现相应可供配置的参数，单击其中"Material"列表右侧的 3 个点按钮即可进入"Material Definitions"对话框，如图 12.11 所示。在"Dielectrics"标签页中，我们可以新建不同的介质材料并配置参数（此处新建了"FR4_Core"与"FR4_Prepreg"两项，之后就可以在图 12.10 中选择），现阶段只需要设置介电常数即可，对应"Permittivity（Er）"列中的"Real"项。那么，介电常数应该设置多大呢？从前面的描述可知，芯板的基材与 PP 片的介电常数没有绝对的大小关系，具体取决于实际选择的层压方案，本书为简化描述，内外基材的介电常数均设置为 4.2（本书如无特别说明，均以此为准，统一仿真数据）。另外，"SolderMask"项代表覆盖铜箔的阻焊层（俗称"绿油"），它是 ADS 软件平台新建叠层时自带的，其介电常数保持默认即可。

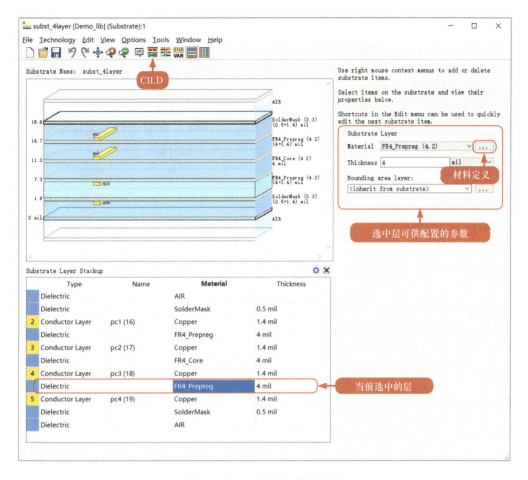

图 12.10 4 层 PCB 叠层信息

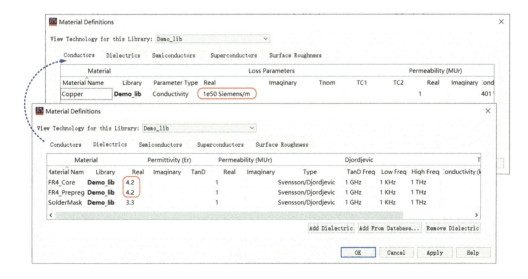

图 12.11 "材料定义"对话框

　　另外，我们还在"Material Definitions"对话框的"Conductors"标签页中新建了代表铜箔电气特性的"Copper"项，其中"Loss Parameters"列中的"Real"项代表电导率（Conductivity），此处设置为 1×10^{50} S/m（西门子每米，西门子为电导的单位，其与电阻互为倒数关系），此值非常大（来源很快就知道），表示暂不考虑铜箔的电阻。

　　当在 ADS 软件平台中配置完 PCB 叠层结构后，与 PCB 传输线阻抗相关的介质厚度与介电常数及 PCB 走线厚度就是已知的，最后就只剩下 PCB 走线宽度还没有确定，这就由接下来的 PCB 传输线设计阶段完成，详情且听下回分解！

第 13 章　PCB 传输线设计：李代桃僵

在前述 PCB 叠层已经配置完毕的条件下，我们可以使用 ADS 软件平台内置的受控阻抗线设计者（Controlled Impedance Line Designer，CILD）工具进一步确定 PCB 走线宽度。

CILD 工具可以从图 12.10 所示"叠层结构配置"窗口的工具栏进入，其界面大体可分为左右两个区域，左侧用来设置 PCB 传输线类型（左上方为叠层结构横截面预览区域），右侧上半部分用于确定分析模式及需要分析的参数，右侧下半部分用于展示传输线相关电气参数，如图 13.1 所示。

我们以 PCB 微带线设计为例进行详尽阐述。首先需要加载 PCB 叠层结构，左侧"Substrate"下拉列表中会展示当前工程中已经新建的 PCB 叠层（如果没有，CILD 工具会提醒新建一个），我们只需要选择前一章中设置完成的 4 层 PCB 叠层（名称为"subst_4layer"）即可。其次确定传输线的类型，在"Type"下拉列表用选择"单端微带线（Microstrip Single-Ended）"项，再确定传输线的信号路径与返回路径（参考平面）。由于微带线只有一个参考平面，因此"Signal"项可选择顶层走线层"pc1"，"Bottom plane"项中选择"pc2"即可（当然，信号路径与返回路径也可以分别是 pc4 与 pc3，此处不再赘述）。

CILD 工具支持四种传输线分析模式，如果想根据已知 PCB 走线参数计算相应的传输线阻抗，只需要在右上方选择"Analyze"单选框（表示进入分析模式），并在"Variables"表格中确定传输线的已知条件，然后单击工具栏上的"运行"图标（齿轮）即可。例如，我们想知道当前叠层条件下，PCB 微带线宽度为 10mil 对应的特性阻抗与传播延时，只需要按照图 13.1 所示参数配置并运行分析即可。从"Electrical"区域的"TML Properties"标签页中可以看到（注："TML"表示传输线校准，即"Transmission Line Model"的缩写），传输线的阻抗（Zc）为 38.6015Ω，传播延时为 0.000157331ns/mil（即 157.331ps/in）。

值得一提的是，图 13.1 中的"Variables"表格仅展示了频率（freq）、长度（Length）与宽度（Width）共 3 个参数，如果你还需要分析叠层结构或材料相关参数，也可以进一步勾选"Show"区域中的"Substrate Vars"或"Material Vars"，更多相关参数就会显示在"Variables"表格中，这样就可以"在不更改原始 PCB 叠层信息的前提下"分析其他参数（"Reset…"按钮用于将叠层结构或材料相关的参数值重置到已经保存的数据，也就是将临时修改的数据清除），如图 13.2 所示。

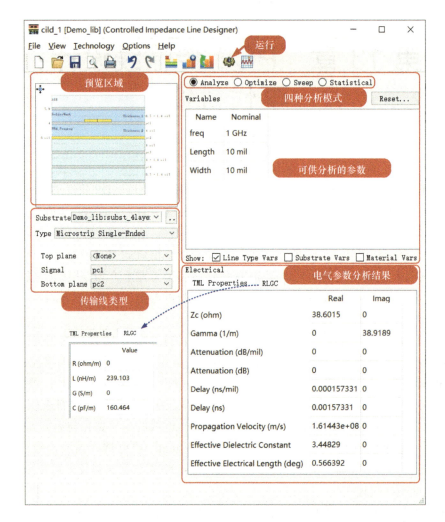

图 13.1 "CILD" 工具

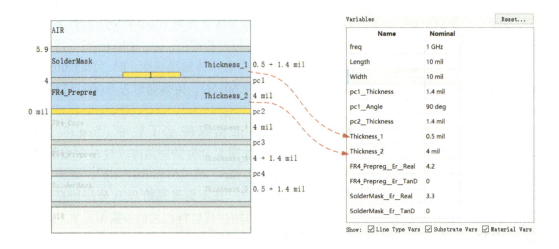

图 13.2 更多其他可供分析的参数

刚刚是在"**PCB 走线宽度已知**"的条件下分析相应的特性阻抗，但是很多时候却是反过来的，我们需要通过控制 PCB 走线宽度来达到设计要求的传输线阻抗，总不能在图 13.1 所示界面中逐个输入宽度值慢慢试吧？那也太傻了！此时我们可以使用**优化分析模式**。简单地说，只要先设置一个目标阻抗（如 50Ω），然后由 CILD 工具自动计算出满足该要求的 PCB 走线宽度。如图 13.3 所示，在 CILD 工具右上方选择"Optimize"表示进入优化分析模式，然后进入"Goal"组合框的下拉列表中选择"Zc"项，并在右侧文本框中输入"50"，表示**将 50Ω 作为传输线特性阻抗目标**进行优化。由于我们需要获得相应的 PCB 走线宽度信息，因此单击"Variables"表格中"Width"项右侧的"Optimize"按钮即可开始进行优化。当工具优化完毕后，相应的结果就会显示在"Optimize"按钮左侧的单元格中（此处优化结果为"6.06715mil"）。

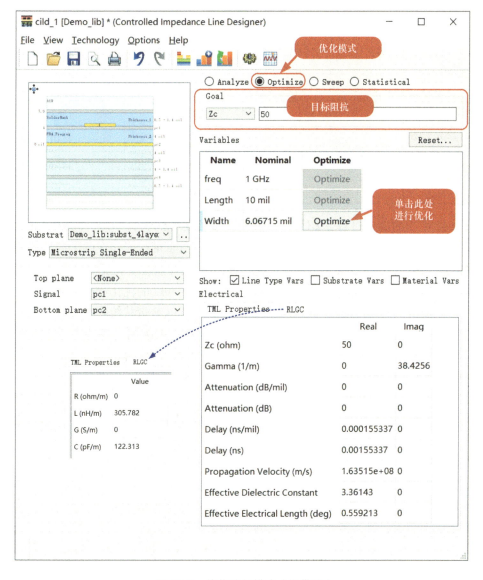

图 13.3 优化分析模式（微带线）

表 13.1 为介质高度分别在 4mil 与 8mil 条件下不同 PCB 微带线阻抗相关的数据（仅供参考，介质材料的介电常数均为 4.2），从中也可以看到，随着 PCB 走线宽度越来越大，传输线的**单位长度传播延时**就越大，因为单位电容越大而单位电感越小，它们都意味着更少电磁场裸露在自由空间，相应的有效介电常数就越大，根据式（11.2）可知，信号的传播速度就越小。

表 13.1　不同 PCB 微带线阻抗相关的数据

介质高度 H/mil	特性阻抗 /Ω	线宽 /mil	单位长度传播延时 /（ps/in）
4	30	15.079	159.347
	40	9.38931	157.049
	50	6.06715	155.337
	60	3.92236	154.105
	70	2.4584	153.289
8	30	31.5637	158.565
	40	20.2267	156.067
	50	13.5889	154.123
	60	9.29133	152.651
	70	6.34198	151.582

PCB 带状线的设计过程是相似的，我们需要在 CILD 工具左侧 "Type" 下拉列表中选择 "单端带状线（Stripline Single-Ended）" 项。由于带状线存在两个参考平面，我们可以设置 "pc2" 为信号路径，"pc1" 与 "pc3" 作为平面层，之后的分析方法与微带线相同，图 13.4 所示为将 PCB 带状线目标阻抗设置为 50Ω 的优化分析结果。

表 13.2 为 PP 片厚度分别在 4mil 与 8mil 条件下不同 PCB 带状线阻抗相关的数据（介质材料的介电常数均为 4.2），其中的 "平面间距" 列数据为两个参考平面（而不是信号路径与参考平面）之间的距离。例如，"9.4mil" 为两张 PP 片的厚度（4mil）与信号铜箔厚度（1oz = 1.4mil）的总和。同时我们也注意到，即便 PCB 带状线的介质厚度与特性阻抗不同，但**单位长度传播延时**总是一致的（因为 PCB 带状线相关电磁场都被两个平面封闭在介质材料中），其值也可根据式（11.3）计算出来，只需要将 $\varepsilon_r = 4.2$ 代入式（11.3）中即可获得传播速度，之后再求倒数即可，此处不再赘述。

优化分析模式通过 "**仅调整某一个参数**" 获得满足需求的目标阻抗，但是有些时候也可能会出现无法优化到目标值的情况，此时我们可以考虑同时调整多个参数。例如，当介质厚度足够大时，满足目标阻抗的线宽太宽了（浪费布线空间），此时可以尝试调整介质厚度。那么多个参数调整的范围是多少呢？总不能逐个数据输入进去试吧！一个参数还好，多个参数的组合太多了，使用优化分析模式无法高效完成 PCB 传输线设计，怎么办呢？此时我们可以使用**参数扫描模式**。

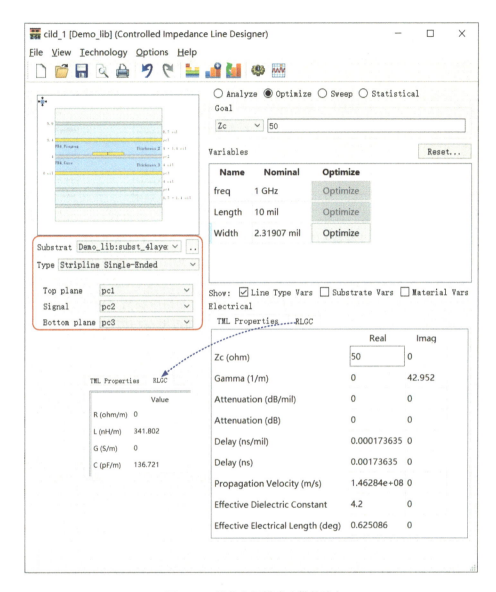

图 13.4　优化分析模式（带状线）

表 13.2　不同 PCB 带状线阻抗相关的数据

平面间距 H/mil	特性阻抗 /Ω	线宽 /mil	单位长度传播延时 /(ps/in)
9.4	30	7.16192	173.635
	40	4.11123	173.635
	50	2.31907	173.635
	60	1.20615	173.635
	70	0.491661	173.635

（续）

平面间距 H/mil	特性阻抗 /Ω	线宽 /mil	单位长度传播延时 /（ps/in）
17.4	30	15.6092	173.635
	40	9.48242	173.635
	50	5.87174	173.635
	60	3.56251	173.635
	70	2.04609	173.635

　　参数扫描模式允许我们观察"一个或多个参数变化时"传输线相关电气参数的变化趋势（图 12.3 就是通过参数扫描模式获得的）。例如，现在需要设计阻抗为 50Ω 的 PCB 微带线，但是希望线宽不要太小或太大，因此又想结合"调整介质厚度的方式"来达到理想值，此时就可以同时扫描线宽与介质厚度。进入 CILD 工具选择"Sweep"单选框表示使用参数扫描模式，然后勾选"Variables"表格中参数"Width"与"Thickness_2"对应的"Sweep"列复选框，并设置两者的扫描范围与扫描步长（扫描范围均为 4 ~ 10mil），如图 13.5 所示。

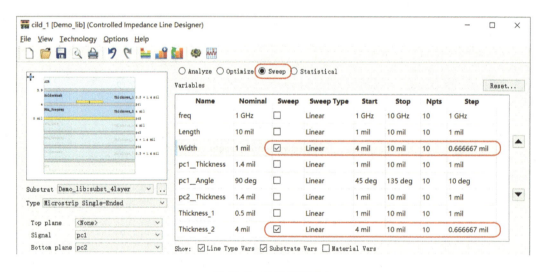

图 13.5　参数扫描模式

　　运行分析后会自动弹出包含"根据扫描结果绘制的多个曲线"的窗口，如图 13.6 所示。其中，最右侧代表介质厚度"Thickness_2"扫描范围，其中有一个标记 m3，当拖动其位置时，相应介质厚度对应的所有分析结果都会实时更新到下方 16 个曲线图中。可以看到，现在调整的介质厚度为 8mil，当 PCB 线宽"Width[mil]"在 4 ~ 10mil 变化时，特性阻抗"Characteristic Impedance（Width）"在 58 ~ 81Ω（对应左侧第 1 列第 2 行的曲线图），无法满足设计要求的 50Ω，因此得将介质厚度调小。

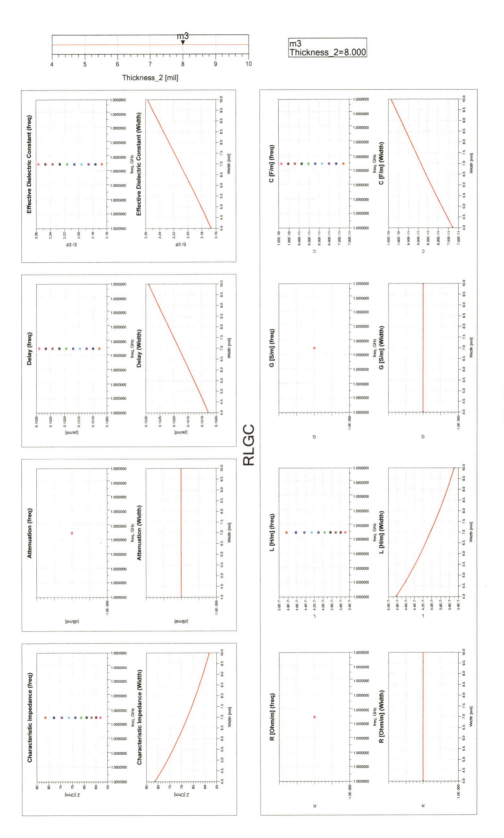

图 13.6　参数扫描结果

当获得 PCB 传输线相关参数后，我们就可以将其应用于实践。在本章之前，我们进行电路仿真时使用的都是理想传输线元件（TLIND），现在可以使用"**含叠层数据的传输线元件**"进行相似的仿真。以 PCB 微带线仿真为例，我们需要使用微带线元件（Microstrip Line，MLIN）及配套的微带线叠层元件（MSUB）替换原来的理想传输线元件。由于原来使用的传输线特性阻抗为 50Ω，传播延时为 1ns，**为了使两种仿真结果具有可比性，使用的微带线元件也应该能够实现相同电气参数**。我们首先将微带线的叠层数据输入到 MSUB 元件（介质高度 $H = 4\text{mil}$，介电常数 $\varepsilon_r = 4.2$，走线厚度 $T = 1.4\text{mil}$）$\ominus$，然后根据表 13.1 可知，特性阻抗为 50Ω 时对应的线宽为 6.06715mil，**单位长度传播延时**为 155.337ps/in，根据式（11.4）可得，传播延时 1ns 对应的传输线长度约为 6438mil，最后相应修改的 ADS 软件平台仿真电路如图 13.7 所示（TL1 中的参数 "Subst" 表示指定叠层元件名 "MSub1"，其与左侧叠层元件标识对应，而叠层元件中默认的参数 "Cond" 表示铜箔电导率，其默认值为 $1 \times 10^{50}\text{S/m}$，图 12.11 中设置的电导率数值正是来源于此）。

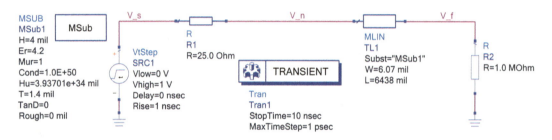

图 13.7　使用微带线元件的仿真电路

运行仿真后的结果如图 13.8 所示，其与图 9.9 所示结果是相似的。

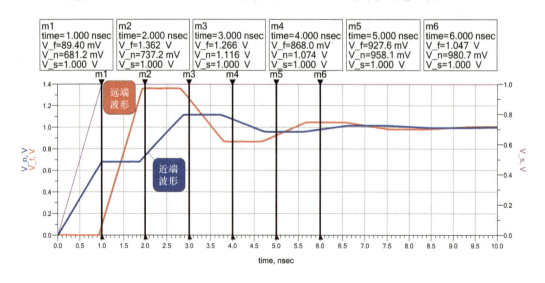

图 13.8　使用微带线的仿真结果

$\ominus$　文中的介电常数 ε_r 在 ADS 软件的仿真图中为 Er 或 ER，后余同。

我们也可以使用带状线元件（Stripline，SLIN）进行相同的仿真，其需要与带状线叠层（SSUB）配套使用（请注意：**微带线叠层与微带线元件配套使用，带状线叠层与带状线元件也是配套的，两者不能混用**），相应的仿真电路如图 13.9 所示。其中，SSUB 是一个对称带状线叠层元件，参数"B"代表两个参考平面之间的距离，SLIN 的线宽与长度可根据表 13.2 自行计算，此处不再赘述。运行仿真后的结果如图 13.10 所示。

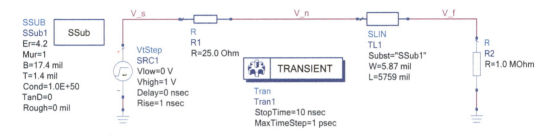

图 13.9　PCB 带状线仿真电路

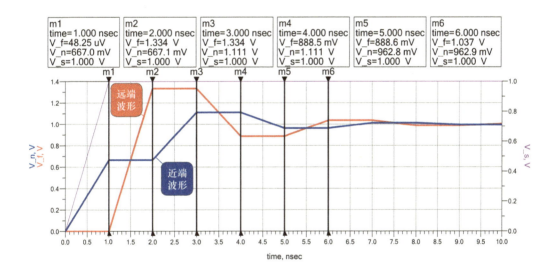

图 13.10　PCB 带状线仿真结果

刚刚讨论的微带线元件（MLIN）与带状线元件（SLIN）只能应付相对简单的场合，对于更复杂的传输线分析却并不适合（如 SLIN 为对称带状线，对于非对称带状线却无能为力）。为了模拟更复杂的 PCB 叠层结构，ADS 软件平台提供一种多层传输线元件（ML1CTL_C）及配套的多层结构叠层元件，该元件的每一层都可以理解为一个单面覆铜的芯板（也可以定义为不含铜），相应的叠层参数也能够分别指定，如图 13.11 所示。需要注意的是，不同层数的叠层对应不同的元件（最多可达 40 层）。例如，2 层板、3 层板、4 层板对应的元件名分别为 MLSUBSTRATE2、MLSUBSTRATE3、ML-SUBSTRATE4，其他依此类推。

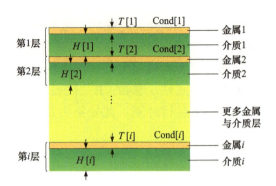

图 13.11　多层结构的叠层元件

　　同样以多层结构叠层元件仿真 PCB 微带线为例，相应的仿真电路如图 13.12 所示，其中选择了多层传输线元件及相应的两层结构叠层元件（MLSUBSTRATE2），相应的参数设置与图 13.7 相同（"TL1"中的参数"Layer"表示信号路径所在层编号，对应元件"Subst1"中板层类型为"signal"的编号），运行仿真后的结果如图 13.13 所示，此处不再赘述。

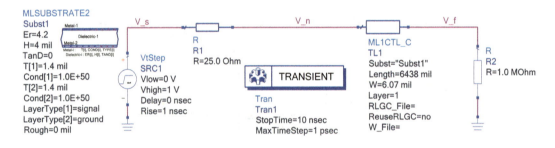

图 13.12　多层结构 PCB 微带线仿真电路

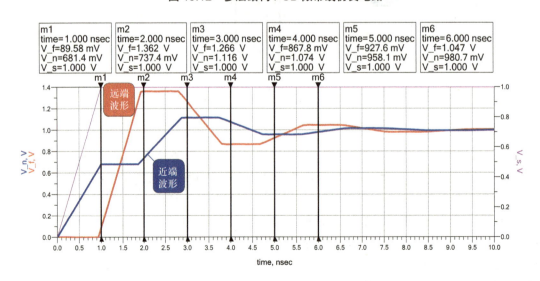

图 13.13　多层结构 PCB 微带线仿真结果

图 13.14 与图 13.15 分别为多层叠层结构 PCB 带状线仿真电路及相应的仿真波形，读者可自行分析，此处不再赘述。

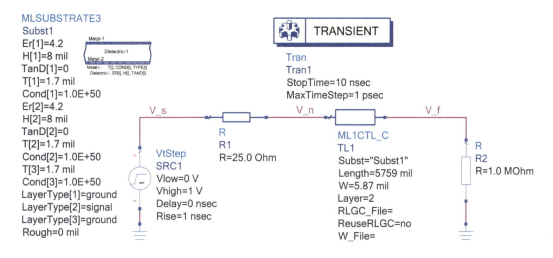

图 13.14　多层结构 PCB 带状线仿真电路

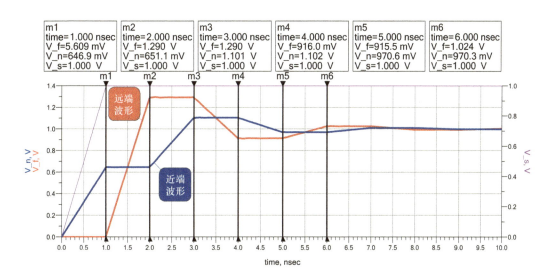

图 13.15　多层结构 PCB 带状线仿真波形

那么，实际仿真时应该使用理想传输线元件还是实际传输线元件呢？**主要取决于应用场合！** 有些情况下只是需要**通过理想条件简洁说明问题，此时应该使用理想传输线**。例如，初学者通过简单的理想传输线元件能够更好地理解反射波形，并能够通过手工计算进行对照学习（此时如果直接使用带叠层信息的传输线元件，反而会使问题复杂化）。带叠层信息的传输线元件需要设置的参数更多，操作相对更麻烦一些，但是实际应用场合通常需要**结合叠层结构才能获得更实用的结果（有些情况下没有叠层信息无法获得结果）**，此时花费一些时间配置"带叠层信息的传输线元件"是值得的，**更是必须的。**

第 14 章　通用传输线端接方案：决战方寸

好的，现在我们已经有能力设计出符合阻抗需求的 PCB 传输线，那么信号在其上传播时感受到的阻抗是连续的，自然也就不会产生反射现象。但是正如前面看到的，当信号到达传输线远端时，如果负载阻抗与传输线特性阻抗不同（这是普遍存在的，因为数字逻辑电路的输入阻抗通常比较高），此时应该如何处理才能削弱（甚至消除）信号反射呢？理论上，**"提升信号转换时间"** 或 **"缩短 PCB 传输线长度"** 是可供选择的两种方案，但是在大多数情况下，这两种方案的可行性并不高，因为**提升信号转换时间**就意味着数据采样窗口变小了，很容易导致数据采样错误（换句话说，你必须降低时钟频率才能够保证数据传输的正确性，但这与"高速传输数据"的追求是背道而驰的），而受到产品结构的限制，传输线的长度通常也不会有太大的变动。

在实际工程应用中，最常用来消除信号反射的方案便是**控制传输线某一端的阻抗，也称为匹配端接**（Matched Termination）。也就是说，无论传输线本身有多长，我们只需要在传输线与负载（或信号源）之间的"方寸之地"进行端接处理即可。为方便后续描述，我们将针对传输线远端与近端实施匹配端接分别称为**终端端接**（End Termination）与**源端端接**（Source Termination），本章就来详细谈谈工程中常用的各种端接方案。

先来详细阐述**"终端端接"**，它是指在传输线远端进行阻抗匹配处理，这样信号从传输线"跳"出到达负载时感受到的阻抗仍然是一致的。比较常用的终端端接方案是**在传输线远端添加一个"与传输线特性阻抗值 Z_0 相等的"下拉电阻 R_{td}**（下标"t"表示端接，下标"d"表示下拉），该电阻也称为端接电阻，相应的端接示意如图 14.1 所示。

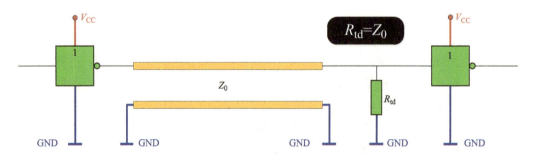

图 14.1　终端匹配下拉电阻端接匹配方案

我们可以使用 ADS 软件平台仿真验证一下，将图 9.8 所示仿真电路中 R2（代表负

124

载的电阻）的阻值由原来的"1MΩ"修改为"50Ω"（与元件"TLD1"的特性阻抗相同），相应的仿真电路与仿真结果分别如图 14.2 与图 14.3 所示。可以看到，此时**传输线远端**波形没有再产生反射现象，而其电压幅值约为 667mV，这正是"阶跃信号最开始注入到**传输线近端**时"信号源内阻（25Ω）与传输线阻抗（50Ω）对电压幅值 1V 进行分压后的结果。

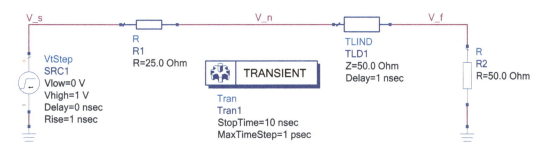

图 14.2　终端下拉电阻端接匹配方案仿真电路

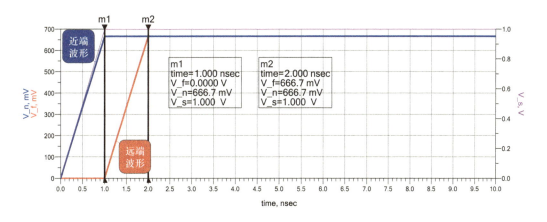

图 14.3　终端下拉电阻端接匹配方案仿真结果

有人可能想：虽然信号从**传输线远端**出来经过了"与传输线特性阻抗值相等的"端接电阻，但是再往前传播不还是高阻抗负载吗？难道不会导致信号反射？

不会！因为在实际电路系统中，**传输线远端**与负载输入引脚之间的距离通常很短，端接电阻也都是靠近负载（而不是信号源）布局，而传输线阻抗都是针对单位长度（可以简单理解为信号边沿对应的延伸长度）。因此，高速信号会将端接电阻与负载视为一个整体（换句话说，**由于端接电阻与负载之间的距离很短，数字信号无法将它们区分开来**），自然不存在"二次遇到高阻抗并产生反射的现象"，如图 14.4 所示（假设信号的上升时间相同）。

有人可能也想问：在接收方并联 50Ω 电阻后，传输线阻抗不应该是 25Ω 吗？注入到传输线的信号电压幅值不应该是 0.5V 吗？

当然不是！这个问题的答案仍然与信号边沿的延伸长度有关。如果传输线足够短，那还真的是 25Ω，跟图 14.4b 是相似的。但是当传输线足够长时，"传输线远端的端接电阻"对于刚刚注入到传输线近端的信号来说是不可见的（换句话说，刚刚注入传输线近端的信号并不知道传输线远端是否存在端接电阻），自然不能根据"端接电阻与传输线阻抗并联值"计算注入传输线上的信号电压幅度。

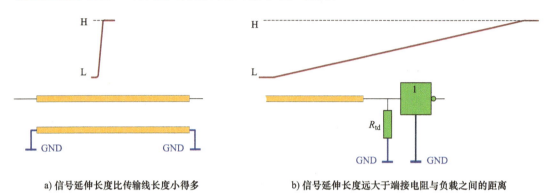

a) 信号延伸长度比传输线长度小得多　　　　b) 信号延伸长度远大于端接电阻与负载之间的距离

图 14.4　端接方案使得数字信号不再因高输入阻抗的负载产生反射

还有人可能会想：同样都是 50Ω，凭什么电阻器就能消除反射，而传输线却不能呢？传输线阻抗不也是并联在负载两端的吗？

因为"阻抗"与"电阻"毕竟不是相同的概念！能量是守恒的，理想传输线并不消耗能量，当传输线阻抗发生突变时就会产生信号反射现象。电阻器是耗能元件，当信号从传输线远端"跳出"看到端接匹配电阻时，能量就被消耗了，自然也就不会存在反射。

言归正传，我们继续来讨论其他终端匹配方案，另一种常见方案是在传输线远端添加一个"与传输线特性阻抗值 Z_0 相等的"上拉电阻 R_{tu}（下标"u"表示上拉）。因为数字信号切换期间相当于存在丰富的交流信号，而直流电源对交流信号呈现低阻抗（仍然相当于与公共地连接），相应的端接示意如图 14.5 所示。

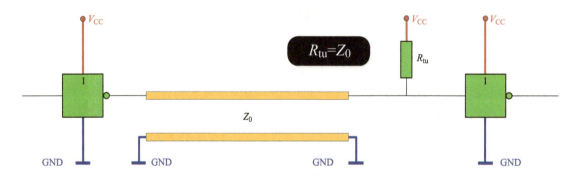

图 14.5　终端上拉电阻匹配方案

我们同样可以使用 ADS 软件平台仿真验证一下，相应的仿真电路与波形分别如图 14.6 与图 14.7 所示。

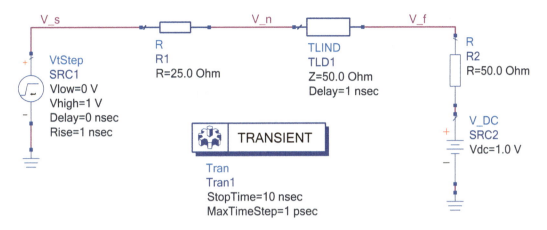

图 14.6　终端并联上拉电阻匹配方案仿真电路

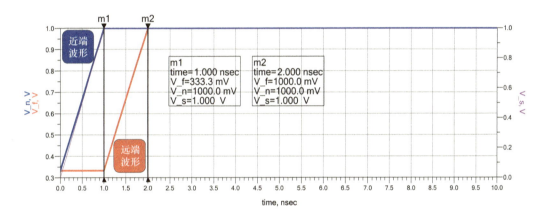

图 14.7　终端并联上拉电阻匹配方案仿真波形

如果仔细对比图 14.7 与图 14.3，你仍然能够观察到其中存在的细微差别。使用下拉电阻进行端接时，低电平为 0V，而高电平约为 667mV，而使用上拉电阻进行端接时，低电平约为 333.3mV，而高电平则为 1V。换句话说，**前者能够提升低电平的驱动能力，后者则能够提升高电平的驱动能力**（第 1 章讨论 "5V TTL 逻辑门驱动 5V CMOS 逻辑门" 时使用的上拉电阻也是为此目的。当然，50Ω 上拉电阻对于 5V TTL 逻辑门显然并不适合，因为当驱动器输出低电平时，上拉电阻会对其灌入高达约 100mA 的电流，这已经超出了此逻辑门的驱动能力），在实际应用中可根据需求选择。

当然，如果要求高低电平的驱动能力都有一定的提升，可以同时采用上下拉电阻的终端匹配方案，只需要满足 **"两个电阻的并联值与传输线阻抗一致"** 即可，也称为戴维南（Thevenin）端接方案，相应的端接示意如图 14.8 所示。

之所以称为戴维南端接方案，是因为根据戴维南定理，该端接网络总可以简化为一个电阻 R_t 与直流电源 V_t 的串联，从**传输线远端**看到的等效电路如图 14.9 所示。也就是说，戴维南端接方案可以理解为图 14.5 所示终端上拉电阻端接方案，只不过上拉电阻与直流电源分别为图 14.9 中的 R_t 与 V_t，自然要求 R_t 与传输线特性阻抗 Z_0 相等。

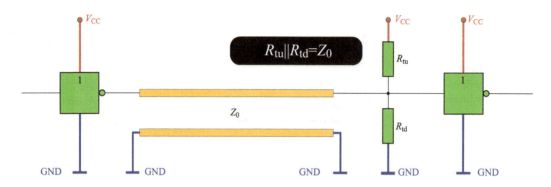

图 14.8　终端戴维南端接方式

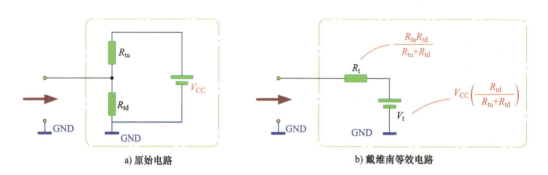

图 14.9　戴维南等效电路

　　"**调整戴维南终端匹配方案中的上下拉电阻阻值**" 即可适当控制高低电平的驱动能力，是一种更灵活的端接方案。我们同样可以使用 ADS 软件平台仿真验证一下，相应的仿真电路如图 14.10 所示。之后更改上下拉电阻组合方案（分别是 100Ω 与 100Ω、300Ω 与 60Ω、60Ω 与 300Ω，并联后的总阻值均为 50Ω）进行三次仿真，相应的仿真波形分别如图 14.11 所示。

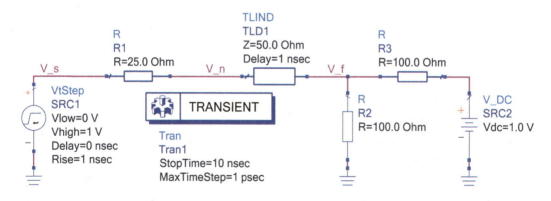

图 14.10　戴维南端接方案仿真电路

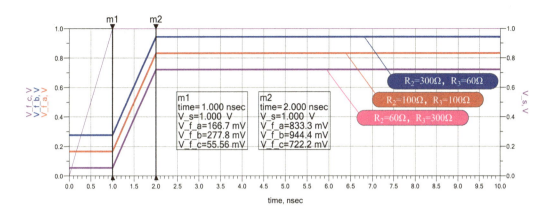

图 14.11　不同上下拉电阻值组合时的仿真波形

以上三种终端并联匹配方案中的端接电阻是耗能元件，不可避免会带来一些直流功耗，单电阻端接方案的直流功耗与信号的占空比紧密相关，而双电阻端接方案无论信号是高电平还是低电平都有直流功耗。另外，双电阻端接方案由于使用的元件较多，PCB 板级应用并不多，更多是将其集成到数字 IC 中，也称为片内端接（On-Die Termination，ODT），现阶段只需要知道这个概念即可，后续会在适当场合再详细讨论。

既然将端接电阻与公共地（或电源）直接相连会导致直流功耗，那么是否存在相应的解决方案呢？ RC 端接方案便因此应运而生，它就是在并联端接的基础上串接一个电容器形成 RC 网络。电容器有"隔直流，通交流"的特性，因此 RC 端接方案并没有直流损耗，有时也称为 AC 端接。为实现阻抗匹配的目的，端接电阻的阻值也要等于传输线的特性阻抗值，相应的端接示意如图 14.12 所示。

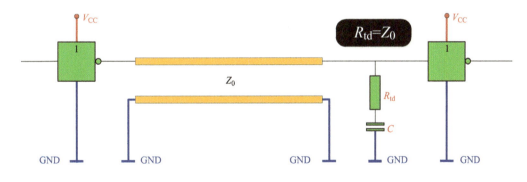

图 14.12　RC 端接匹配方案

值得一提的是，电容器的容量对信号的波形是有影响的。电容器容量过小就达不到阻抗匹配的目的，因为其很快就会被充满电，继而导致 RC 网络很快进入高阻态，也就会导致信号反射。当然，电容器的容量过大是没有必要的，尤其当容量过大导致自谐振频率过低时，电容器对高速信号而言相当于一个电感器（高阻抗），自然也会引起不必要的反射。

我们使用 ADS 软件平台仿真一下 RC 接端匹配方案，相应的仿真电路如图 14.13

所示。为了观察电容器 C1 对信号波形的影响，我们决定对其容量（C）进行线性扫描（扫描范围为 0 ~ 100pF，步长为 25pF），相应的**传输线远端**波形如图 14.14 所示（当 C＝0 时，相当于开路状态，波形与图 9.8 相同）。

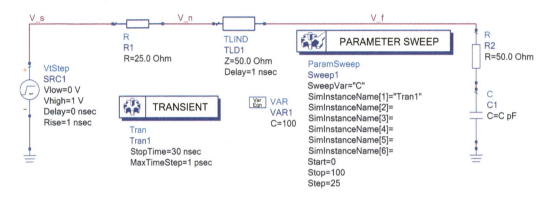

图 14.13　RC 端接匹配方案扫描仿真电路

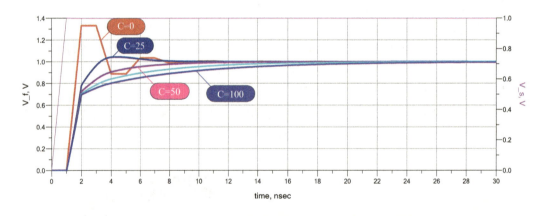

图 14.14　电容器容值扫描后对应的传输线远端仿真波形

　　以上都是讨论在接收方（终端）实施的阻抗匹配方案，实际上，在发送方实施端接匹配方案更方便（也更常见），也就是之前提到的源端匹配方案。源端匹配方案**允许**终端存在信号反射，当反射信号返回到源端时再进行阻抗匹配（以避免信号**再次**反射）。在信号源端阻抗 R_s 低于传输线特征阻抗 Z_0 的条件下（这也是更常见的情况，因为大多数数字逻辑电路的输出阻抗比较低），**只需要在信号源与传输线之间串联一个电阻 R_t，并使其满足"$R_t + R_s = Z_0$"即可**，也因此称为源端串联端接方案，相应的端接示意如图 14.15 所示。

　　源端串联电阻端接方案不会带来额外的直流功耗，元件使用数量很少，因此实际操作起来更简单，也是应用最为广泛的一种端接方案。但是，由于很多数字逻辑电路的高低电平输出阻抗并不一致，很难在高低电平输出时同时满足"$R_t + R_s = Z_0$"，因此串联的端接电阻值只能折中考虑。

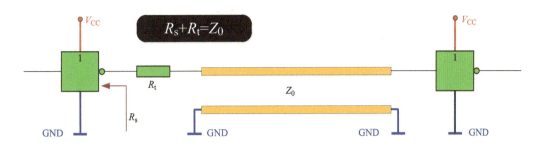

图 14.15　源端串联电阻端接方案

我们可以使用 ADS 软件平台仿真一下源端匹配方案的效果，只需要在图 9.8 所示仿真电路基础上，在（代表信号源内阻的）电阻 R1 与传输线近端之间串联一个 25Ω 的电阻即可（实际只需要将 R1 改为 50Ω 即可），相应的仿真电路与仿真波形分别如图 14.16 与图 14.17 所示。

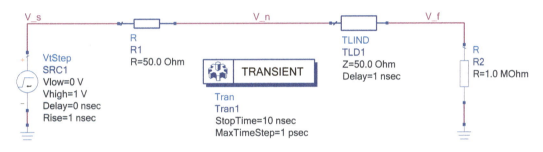

图 14.16　源端串联电阻匹配方案仿真电路

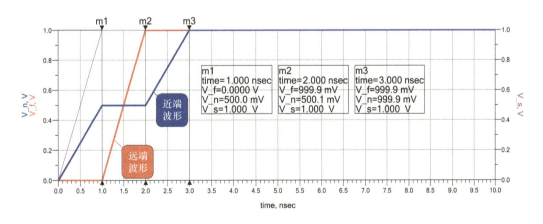

图 14.17　源端串联电阻匹配方案仿真波形

从图 14.17 可以看到，当信号刚注入传输线近端时，其电压幅值经 50Ω 电阻与传输线阻抗分压后只有 0.5V，乍一看，仅剩一半的电压幅值应该无法满足接收方的电平需求。但是，当该信号到达传输线终端时会遇到阻抗突变。由于大电阻负载（可视为开路）的反射系数约为 1，0.5V 入射信号与 0.5V 反射信号叠加，因此负载接收到的电平恰好等于 1V，发送方的信号因反射而完美传达到接收方。紧接着，0.5V 的反射信号经传输线返回到源端串联匹配电阻时，从传输线往信号源看进去的阻抗 50Ω（与传输线特性阻抗一致），因此阻止了信号的再次反射。

行文至此，有些读者可能会想问：双向信号线应该怎么做匹配端接呢？好像以上介绍的方案都行不通，讨好了一方就满足不了另一方。

从硬件层面来看，单向信号线仅能往一个方向发送数据，也称为单工（Simplex）数据传输模式，如图 14.18a 所示。双向信号线其实是由两个单向信号线组合而成，也称为半双工（Half-Duplex）数据传输模式，本质上是两个单工传输结构的组合。如图 14.18b 所示，如果门 A1 需要在 t_1 时刻发送数据，必须先将门 A2、B2 关闭（呈现高阻态）；反之，如果门 A2 需要在 t_2 时刻接收数据，必须先将门 A1、B1 关闭（呈现高阻态）。也就是说，虽然双向信号线能够收发数据，**但是信号线在任意时刻只能往一个方向传输数据**。当然，也有全双工（Full-Duplex）数据传输模式，其发送与接收信号线是独立的，如图 14.18c 所示。

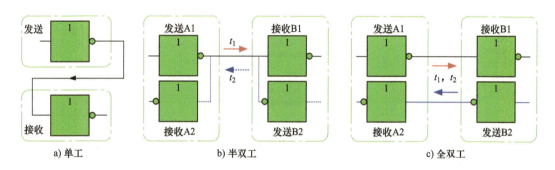

a) 单工　　　　　　　　b) 半双工　　　　　　　　c) 全双工

图 14.18　三种不同的数据传输模式

对于双向信号线，比较常用的端接方案便是**对两侧同时进行端接**。以戴维南端接方案为例，相应的端接示意如图 14.19 所示。

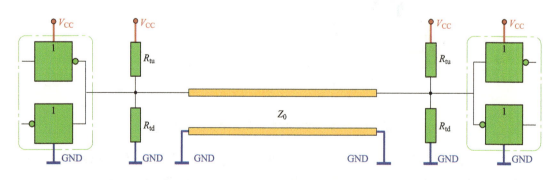

图 14.19　双向信号线的戴维南端接方案

在具体的 PCB 设计过程中，**一定要注意端接匹配元件的布局与布线**，因为原理图中的网络连接仅体现了逻辑关系，并没有距离远或近的概念。因此，端接元件与源端、终端的相对位置一定要在 PCB 设计过程中体现出来。例如，作为源端匹配的串联电阻一定要尽量靠近发送方，如图 14.20 所示。

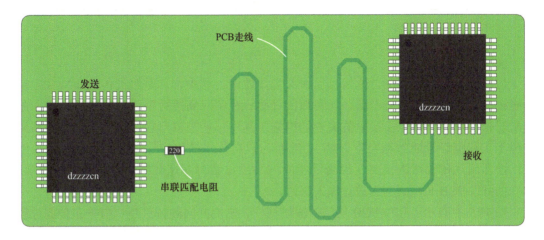

图 14.20   源端串联匹配电阻的 PCB 布局

第15章 传输线上的阻抗突变：十面埋伏

为简便起见，前面在讨论信号反射与端接匹配过程中，总是假设传输线特性阻抗是连续的。然而，理想很丰满，现实却很骨感，在实际高速数字系统设计过程中，总会出现很多可能导致传输线阻抗突变的因素（其中一些来源于客观因素，另外一些则来源于工程师设计能力与经验欠缺），继而为数据传输的稳定性留下潜在的隐患。因此，详尽阐述传输线阻抗突变因素及相应的解决方案对高速数字设计显得尤为重要，本章主要以 PCB 传输线为例进行深入探讨。

图 11.9 中展示了几种 PCB 均匀传输线结构，它们共同的特点是：信号在传播过程中看到的传输线横截面总是一致的。换句话说，"任何改变传输线横截面结构的物理特性"都会使传输线不再均匀，也就改变了信号所感受到的阻抗，继而不可避免地导致反射现象。对于 PCB 设计来说，导致传输线阻抗突变最常见的因素便是 PCB 走线宽度的变化。"多处宽度发生变化的一条 PCB 走线"可以理解为多条特性阻抗不同的传输线串联，其相应的分析方法与单个阻抗突变相似，我们可以利用 ADS 软件平台进行仿真与观察。

以两条阻抗不同的传输线串联为例，我们在图 14.2 所示仿真电路中的传输线远端再串联一条传输线（特性阻抗为 75Ω，传播延时为 1ns），相应的仿真电路与仿真波形分别如图 15.1 与图 15.2 所示。很明显，传输线远端（节点 V_f）的波形已经产生了反射（相对于图 14.3），TLD2 的阻抗越偏离 50Ω，信号完整性被破坏的程度也就越大。

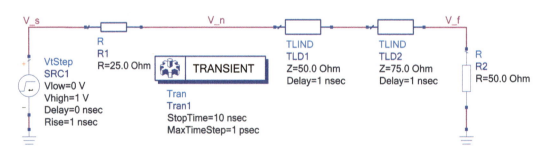

图 15.1　两条阻抗不同的传输线串联时的仿真电路

如果将图 15.1 所示仿真电路中 TLD2 的阻抗修改为 25Ω，相应的波形如图 15.3 所示，此时传输线近端出现了欠冲现象。同样，TLD2 的阻抗越偏离 50Ω，欠冲就会越严重。

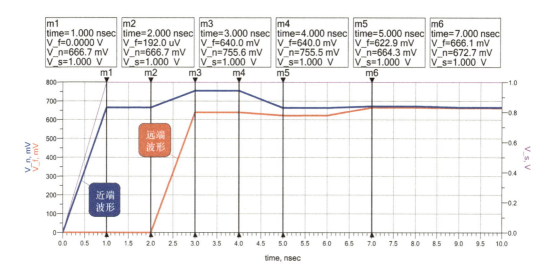

图 15.2　两条阻抗不同的传输线串联时的仿真波形

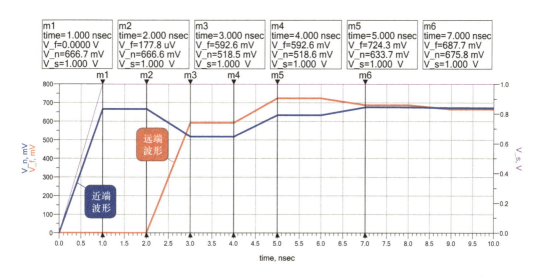

图 15.3　修改串联传输线阻抗后的仿真波形

　　最常用来解决"由 PCB 线宽引起信号反射的"方案便是尽可能减小"偏离目标阻抗对应宽度的那段走线"的长度。用最简单的极限法就可以推断出，当图 15.1 中所示 TLD2 的传播延时一直减小到 0 时，此时将不再存在信号反射。

　　有些人可能会想："不修改 PCB 走线宽度"不是更理想解决方案吗？

　　很遗憾，"PCB 走线宽度的更改"在很多情况下实在无法避免。例如，很多高速数字 IC 的引脚很密集（常见于 BGA 封装），在进行 PCB 设计时，由于引脚间距比较小，除最外围的引脚，次外围引脚无法按照正常宽度布线。此时，最常见的 PCB 布线方案便是先临时使用相对较细的走线宽度引出来，之后再切换成（符合目标阻抗要求的）常规走线。如果这段走线宽度变化区域靠近信号发送方，则称为越出（BreakOut，

BO），反之则称为越入（BreakIn，BI），如图 15.4 所示。为了降低 BI 或 BO 区域阻抗突变对信号的影响，应该尽量缩短该区域的布线长度。

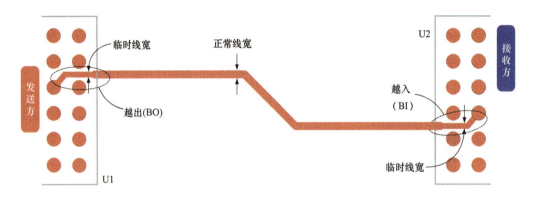

图 15.4　越出与越入区域

另外，PCB 布线过程中不可避免会添加一些拐角，由于"拐角处的线宽"与"非拐角处的线宽"并不相同，信号在拐角处感受到的"与返回路径正对的横截面面积"更大了，阻抗就会偏小一些。图 15.5 展示了锐拐角、直拐角、钝拐角在拐角处多出的铜箔面积，很明显，135° 钝拐角对应的多余铜箔面积最小，阻抗突变程度也最小，因此布线时应该优先选择此种方式。

a) 锐拐角　　　　　　　　b) 直拐角　　　　　　　　c) 135°钝拐角

图 15.5　不同走线对应的多余铜箔面积

如果还想进一步改善信号的完整性，我们可以采用圆弧拐角，为了达到较好的效果，圆弧的半径不能太小（一般圆弧的最小半径不小于 3 倍线宽），如图 15.6a 所示。当然，如果无法带来明显的好处，高速数字系统中一般没有必要使用圆弧拐角，因为其后期修线也比较麻烦。在高频电路系统中，也常采用如图 15.6b 所示 45° 切斜角布线方式，它利用两次阻抗突变而达到相互抵消反射的目的，我们只需要了解即可。

值得一提的是，拐角（无论锐角还是钝角）在 1GHz 以下的应用场合通常影响比较小（可以忽略），但是这并不意味着设计中可以使用锐角（或直角），因为其在 PCB 生产工艺中可能会存在问题。在铜箔线路蚀刻工序中，如果导线与焊盘的接合处存在锐角，可能会引起刻蚀溶液堆积并过度刻蚀（Over-Etch），也就会使导线的宽度轻微变窄，从而创建一个更容易断裂的连接（潜在的故障点），也会略微降低导线的载流能力，而常见的优化方案便是添加泪滴（Teardrop），如图 15.7 所示。

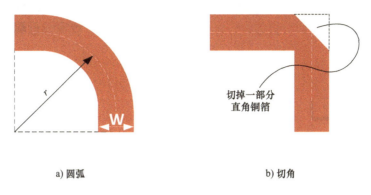

a) 圆弧　　　　　　　　　　　　　　　　　b) 切角

图 15.6　拐角的进一步优化方案

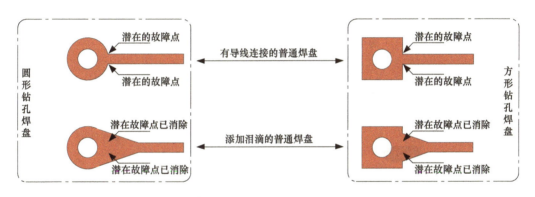

图 15.7　泪滴消除接合处的潜在故障点

也就是说，不仅仅是 PCB 走线拐角，其他地方也要避免出现锐角。例如，当从焊盘中引出 PCB 走线时，也要避免在走线与焊盘之间形成锐角，图 15.8 展示了三种不同的焊盘出入布线方案。

a) 不推荐　　　　　　　　　　b) 推荐　　　　　　　　　　c) 推荐

图 15.8　焊盘出入布线方案

从另一个角度看待拐角对信号的影响更有意义。前面已经提过，线宽变大就意味着"单位电容增大而单位电感减小"，此时单位电容占据主导地位（相对于线宽未变化前）。因此，拐角可以简单理解为"连接在传输线中途的容性负载"。我们可以使用 ADS 软件平台仿真对比一下，相应的仿真电路如图 15.9 所示，其中，我们将电容器 C1 并联在"两条特性阻抗相同的串联传输线"的公共节点与公共地之间，并且对 C1 的容量进行线性扫描（扫描范围为 0 ~ 100pF，步长为 25pF），相应的远端与近端信号波形分别如图 15.10 与图 15.11 所示。由于容性负载一开始呈现低阻抗，因此大体的信号波形与图 15.3 是相似的（即传输线远端波形存在一定的过冲，传输线近端波形则存在一定的回沟）。

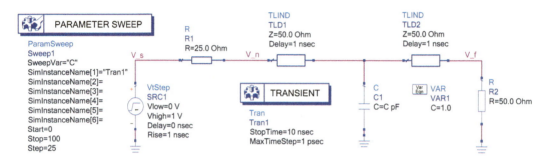

图 15.9　中途容性负载参数扫描仿真电路

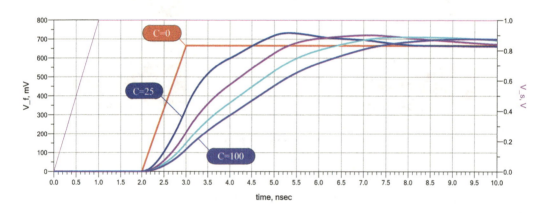

图 15.10　传输线中途容性负载仿真波形（远端）

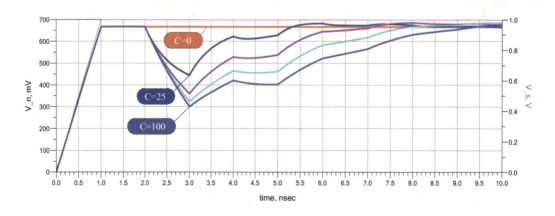

图 15.11　传输线中途容性负载仿真波形（近端）

　　布线过程中添加的过孔也会导致阻抗突变，因为很明显，信号途径过孔时看到的横截面与 PCB 走线是不一样的。需要注意的是，过孔本身有一定的长度，故而有一定的寄生电感，但其实过孔本身还存在一定的寄生电容，那么，信号途经过孔时感受到的阻抗是变大还是变小呢？取决于占据主导位置的是寄生电容还是寄生电感。

　　在高速数字系统中，过孔通常相当于一个容性负载（因为多层 PCB 中的每个焊盘都与平面层之间构成了平行板电容，多个电容并联而使得单位电容占据主导位置），如图 15.12 所示。一般来说，通孔与焊盘直径越大（与参考平面的正对面积越大），焊盘与参考平面的间距越小（平行板之间的距离越小），PCB 层数越多（寄生电容的数量越多），整个过孔呈现的容性负载就越重，相应呈现的阻抗就越小。

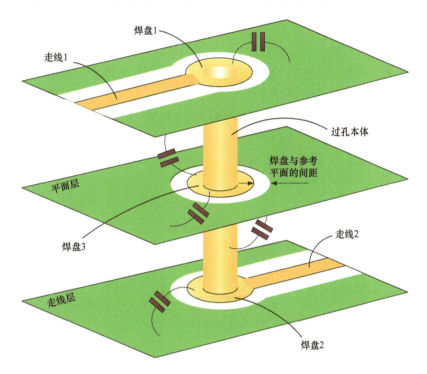

图 15.12　过孔的结构及其相关的寄生电容

　　"传输线中途容性负载"在发送方驱动多个接收方（简称为"点对多"拓扑）时也很常见，因为在一些"点对多"拓扑的实际 PCB 设计中，客观要求多个负载依序分布在传输线路径上，也就相当于传输线中途连接了（一个或多个）容性负载，自然也就会影响信号的完整性。当然，"点对多"拓扑还可能会出现"导致传输线阻抗突变的"另一个因素，即传输线分支（Stub）。

　　传输线分支在 PCB 走线中主要可表现为四种形式：其一，原理图层面并不存在分支，但是由于布线不合理而出现分支，如图 15.13a 所示；其二，由于特定目的（如测试点）而留下的分支，类似如图 15.13b 所示；其三，由于 PCB 设计的疏忽而留下的分支，这种情况最常见于长度较小的短分支，也常称为短桩线或残桩线，如图 15.13c 所示；其四，由于 PCB 布线拓扑的客观要求而必须出现的分支（详情见下一章）。

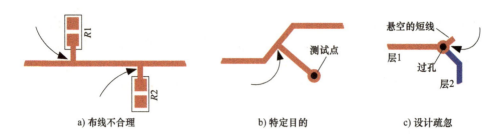

a) 布线不合理   b) 特定目的   c) 设计疏忽

图 15.13   常见的 PCB 传输线分支

当传输线上传播的信号遇到分支时，其感受到的阻抗就是多条传输线的并联，除非"**多条传输线特性阻抗的并联总阻抗**"等于分支前的传输线阻抗（这种情况比较少见），信号就会在分支处产生反射现象。我们可以使用 ADS 软件平台仿真观察一下分支对信号的影响，相应的仿真电路如图 15.14 所示。其中，我们在"**两条特性阻抗相同的串联传输线的**"公共节点连接了另一条（悬空的）传输线 TLD3（因为无论分支的长度是多少，其都可以认为是一条传输线）。为了观察分支长度对信号的影响，我们将所有传输线阻抗都设置为相同值（此处为 50Ω），并且对 TLD3 的传播延时（TD）进行线性扫描（扫描范围为 0.01 ~ 1.01ns，步长为 0.25ns），相应的仿真波形如图 15.15 与图 15.16 所示。很明显，当分支的传播延时（长度）越大时，信号完整性的破坏程度也越严重。

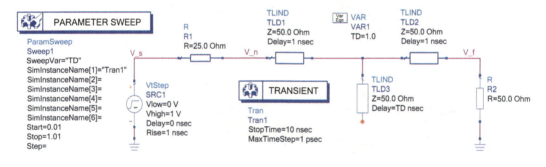

图 15.14   传输线分支传播延时参数扫描仿真电路

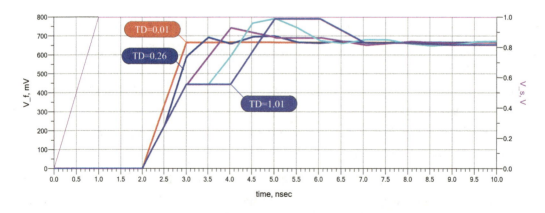

图 15.15   传输线分支传播延时参数扫描仿真波形（远端）

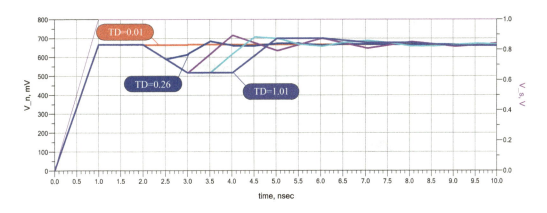

图 15.16　传输线分支传播延时参数扫描仿真波形（近端）

简单地说，传输线分支的长度越大，分支对传输信号的影响就会越大。因此，在 PCB 设计过程中应该尽量减小甚至消除分支。图 15.13 对应的几种优化布线方案如图 15.17 所示。

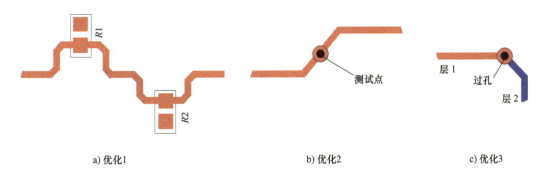

a) 优化1　　　　　　　　　　b) 优化2　　　　　　　　c) 优化3

图 15.17　优化分支后的 PCB 布线方案

前面都是讨论信号路径上相关的阻抗突变，实际上，返回路径也会导致阻抗突变（因为传输线的横截面不仅包含信号路径，还包含返回路径），这一点可能被很多高速数字设计初学者忽略。从图 11.2 可知，"高速数字信号在参考平面（地平面）产生的返回电流"总是会尽量靠近信号路径（即大部分电流分布在信号路径正下方），如果信号路径正下方的参考平面存在镂空区域（如开了一个槽），会发生什么情况呢？图 15.18 给出了相应的返回电流分布情况，可以看到，返回电流紧绕着镂空区域通过，从传播信号的角度来看，其经过镂空区域感受到的横截面就已经改变了。

有人可能会说：谁会那么蠢又那么巧无缘无故留一个镂空区域呢？好像的确如此！但是当你在顶层放了一个插件连接器，而信号布线时又从中穿过（这是非常有可能的），且连接器引脚间隙太小，那么地平面的铜箔（连接器正下方）就很有可能会形成镂空区域，如图 15.19a 所示。例如，很多高速数字系统的线路非常复杂，继而导致某些区域需要添加大量密集过孔，如果过孔的分布不合理（如大量相邻过孔靠得太近），也可能会使平面层的某一区域不连续，起到的效果与镂空区域是相同的。再如，你在地平面放置了一条"与信号线相互垂直且比较长的走线"（这也是很常见的），那么这条走线与镂空区域产生的效果是相似的，如图 15.19b 所示。

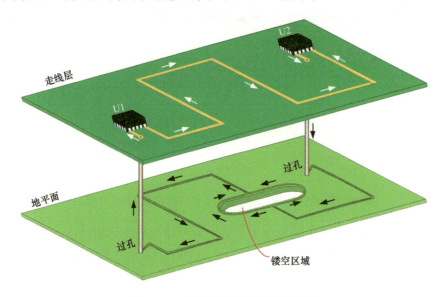

图 15.18　镂空位置附近的回流路径

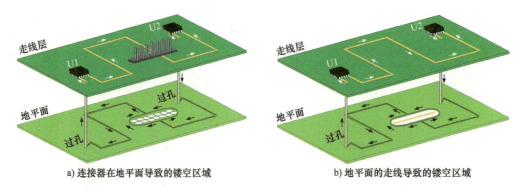

a) 连接器在地平面导致的镂空区域　　　　　　　b) 地平面的走线导致的镂空区域

图 15.19　镂空区域的形成

　　前面已经提过，传输线阻抗取决于单位电感与单位电容，在返回路径上开槽就使得 "单位电容减小（因为平行板正对面积下降了）而单位电感增大（因为电流环路面积上升了）"，信号感受到的阻抗就变大了。换句话说，"在参考平面开槽" 使得单位电感占据主导位置（相对于未开槽前），可以将其理解为传输线中途连接的一个感性负载。

　　我们可以使用 ADS 软件平台仿真观察 "传输线中途感性负载对信号完整性的影响"，只需要将一个电感器串联在两段传输线之间，为进一步观察串联电感与信号反射的变化关系，我们选择将电感值（L）进行线性扫描（扫描范围为 0 ~ 100nH，步长为25nH）相应的仿真电路如图 15.20 所示，而相应的远端与近端波形分别如图 15.21 与图 15.22 所示。很明显，由于串联电感相当于高阻抗，因此大体的信号波形与图 15.2是相似的，而串联的电感越大时，信号完整性的破坏程度越大。

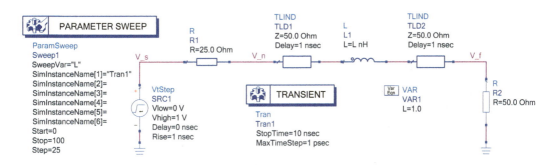

图 15.20　传输线中途电感参数扫描仿真电路

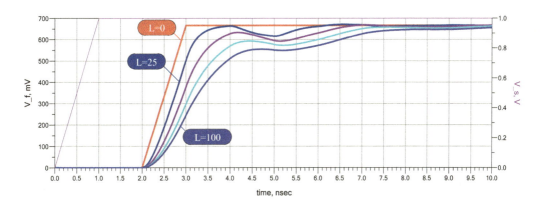

图 15.21　传输线中途电感参数扫描仿真结果（远端）

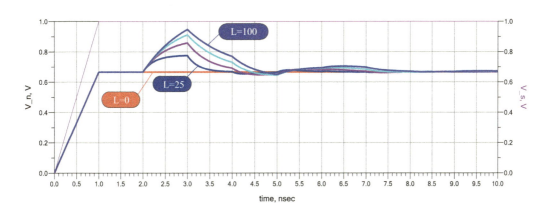

图 15.22　传输线中途电感参数扫描仿真结果（近端）

　　如果传输线中途感性负载是由于"返回平面不连续"所导致，相应的解决方案就是避免返回电流路径上存在镂空区域。如果镂空区域是由于"元件引脚间距过小"造成，则可以更换引脚间距更大的连接器（或选择表面贴装形式的连接器）。如果镂空区域是由于"布线过孔间距过小"造成，则应该对过孔的分布进行调整，如图 15.23 所示。如果参考平面的镂空区域不可避免，我们可以尝试调整信号路径的布线方案，避免返回电流经过镂空（或镂空边缘）区域，如图 15.24 所示。

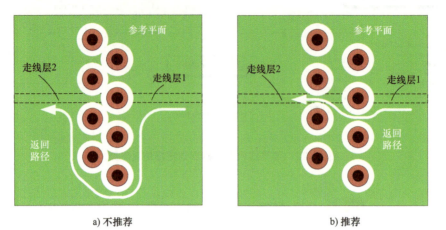

图 15.23　调整过孔分布避免参考平面不连接

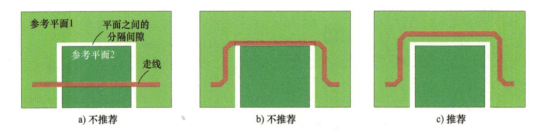

图 15.24　调整信号路径布线方案避免参考平面的阻抗不连接

中途感性负载也普遍存在于连接器上，很多"以一个背板（Backplane）与多个子板组成的"高速数字系统更是如此，其中的每个子板仅完成特定功能（可根据需要扩展多个通道），而背板则作为多个子板之间传递信号的媒介，也就不可避免存在信号路径上出现多个连接器（阻抗突变因素），如图 15.25 所示。

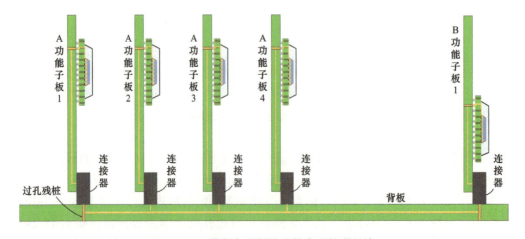

图 15.25　背板与子板构成的高速数字系统

　　连接器呈现的感性负载本质上与电流环路面积相关，为了避免高速信号的阻抗突变过大（完全避免不太可能），我们可以从连接器的引脚定义入手，即为每个高速信号分配完整的返回路径（最好每个信号都有单独的返回路径，这样在保证传输线阻抗更连续的同时，还能够避免电源分布网络产生的共路噪声），图 15.26 展示了几种连接器引脚定义方案（字母"S""P""G"分别表示信号、电源与地）。

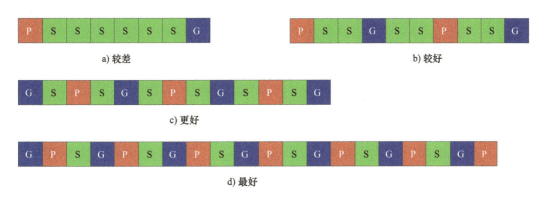

图 15.26　连接器的引脚定义方案

　　当然，以上主要讨论信号在传输线上因自身原因导致的信号完整性问题，实际上，在复杂的高速数字系统中，大量高速信号会同时进行数据的传输，因此每个信号都还会受到相邻传输线的影响，继而让信号完整性问题更加复杂，这一点我们在第 19 章再来详细讨论。

第 16 章　隐蔽的过孔阻抗突变：
细节决定成败

前面已经初步阐述与过孔相关的一些阻抗突变（即信号路径的横截面变化与参考平面的不连续），事实上，由过孔导致阻抗突变的因素并不仅限于此，只不过有些更为隐蔽，处理不当很可能会影响高速数字系统的稳定性，而相应的解决方案涉及更多 PCB 制造工艺方面的知识，因此有必要再次进行深入探讨。

从前文讨论"参考平面不连续性对阻抗的影响"可知，避免传输线阻抗突变的主要方法便是保证参考平面的连续性。但是这个方法在具体实施过程中很可能不可避免地需要打上一些折扣。前面假定 PCB 信号层与参考平面（公共地）总是相邻的，但是在一个典型的高速 PCB 叠层中，"利用过孔完成电气连接的两层信号路径之间"很可能存在多个平面层（电源或公共地），此时返回路径上也会存在不连续的阻抗。以图 16.1 所示的 4 层 PCB 叠层为例，信号利用过孔从顶层（L1）切换到底层（L4），由于返回路径总是会尽量靠近信号路径（以便使环路电感最小），因此返回电流会先经过第 3 层（L3）中"与 L4 靠近的那一面"，之后再通过"第 2 层（L2）与 L3 之间的寄生电容"到达 L2 中"与 L3 靠近的那一面"，最终才通过 L2 中"与 L1 靠近的那一面"返回到信号源。

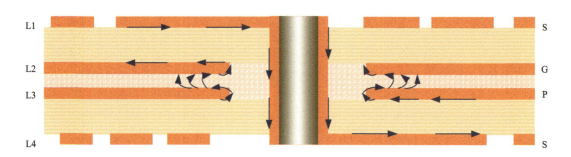

图 16.1　返回平面导致的返回路径切换

很明显，由于返回电流需要在两个平面层之间切换，信号在传播过程中感受到的横截面自然会存在变化，而缓解"由于平面层切换带来的阻抗突变"的方案之一便是缝合过孔（Stitching Via），它是在信号（走线）过孔附近添加的过孔（通常是公共地网络），这样大部分返回电流会直接从靠近的缝合过孔中返回（就如同将衣服缝合一样，也因此而得名），也就能够削弱阻抗的突变程度，如图 16.2 所示。

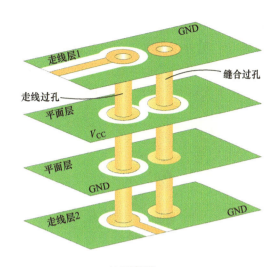

a) 2维视图 b) 3维视图

图 16.2　缝合过孔

过孔本身的非功能焊盘（Non-Functional Pad，NFP）也是导致阻抗突变的因素之一。我们知道，过孔可以用来连接不同 PCB 板层上的走线，但是对于通用 PCB 制造工艺而言，贯通整块 PCB 的电镀通孔（Plating Through Hole，PTH）除了在走线层各对应一个"具有电气连接功能的焊盘"外，在多层 PCB 的其他每一层也各存在一个无实际功能的焊盘。也就是说，除了"作为信号线与通孔之间过渡连接的焊盘"外，该通孔在其他层的关联焊盘并没有电气连接功能（每一层中未与该层其他网络连接的焊盘），也因此称为非功能焊盘（NFP）或未使用焊盘（Unused Pad）。前面我们提过，高速数字系统中的过孔通常相当于一个容性负载，PCB 层数越多，NFP 就越多，相应呈现的容性负载也更严重。换句话说，如果在 PCB 设计时将 NFP 删除，也就能够降低过孔的寄生电容，相关的 PCB 工艺也称为无盘工艺，主流的 PCB 设计软件（如 Cadance Allegro、PADS、Altium Designer 等）都提供删除 NFP 的选项。

在图 16.3a 所示的 12 层 PCB 叠层中，通孔用于连接顶层与底层，而中间 10 层都各自存在一个 NFP，相应的寄生电容比较大，当我们将内层所有 NFP 删除后，也就能改善过孔阻抗的突变程度，如图 16.3b 所示。

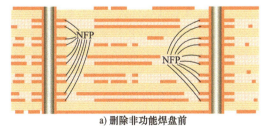

a) 删除非功能焊盘前 b) 删除非功能焊盘后

图 16.3　非功能焊盘

无盘工艺带来的另一个好处是增加了更多布线空间，因为原本没有实际功能的焊盘被删除了，布线安全间距参考值由原来的"焊盘间距"提升到了"过孔间距"，如图 16.4 所示。另外，无盘工艺也能够适当降低返回路径不连续的风险，因为相邻过孔的间距增加了，更多"原本处于分离状态的铜箔"获得了更多直接连通的机会，这对于保证高速系统返回平面的连续性尤为重要，如图 16.5 所示。

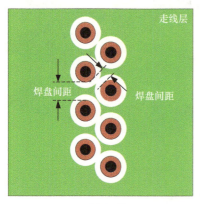
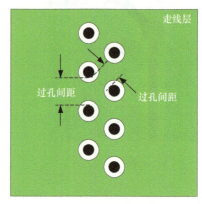

a) 常规工艺   b) 无盘工艺

图 16.4　无盘工艺增加布线空间

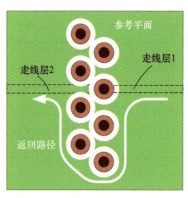
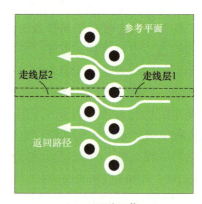

a) 常规工艺   b) 无盘工艺

图 16.5　无盘工艺增强返回平面的连续性

值得一提的是，NFP 虽然并无电气连接功能，但是柔性 PCB 不应将其全部删除，因为过孔内壁是通过电镀工艺完成的，如果将通孔相关的所有 NFP 删除，功能焊盘之间的距离会比较大，孔内电镀层可能存在与孔壁分离的风险，继而导致镀层裂开或脱离基材。换句话说，适当保留一些 NFP 能够提供金属附着点（增强铜对孔壁的附着力），为此很多 PCB 制造厂商倾向于保留一些均匀分布的 NFP 以确保通孔的电镀质量（就如同使用稻草编织草绳，我们得隔一小段距离就打一个结以加强牢固性，不然多束稻草就会散开影响使用性能），当 PCB 层数比较多时更是如此。

除了 NFP 之外，过孔隐藏的分支也会影响高速数字信号。以图 16.6 所示的 12 层 PCB 为例，过孔连接了第 1 层与第 4 层，但是第 5 层到第 12 层存在残余的非功能分支

（并没有电气连接作用），我们称其为过孔残桩。

过孔残桩对于信号而言就是分支，而从前面的讨论就知道，残桩（分支）越短，则对信号的影响越小，因此我们得想办法缩短（甚至消除）过孔残桩，一种称为背钻（Back Drilling）的 PCB 制作工艺目前应用很广泛，其也称为可控深度钻孔。

背钻工艺的基本原理很简单，既然过孔存在残桩，那就在 PCB 制造工序中再加一道钻孔工序，也就是使用"比原来钻头稍大点的"钻头从过孔残桩方位钻进去（以便将残桩钻掉），如图 16.7a 所示。简单地

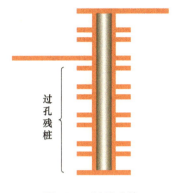

图 16.6　过孔残桩

说，背钻工艺就是钻掉"没有起到电气连接作用的"通孔部位。当然，为了避免破坏信号线，需要预留一定的安全距离（一般不大于 10mil[⊖]），以便去除大部分过孔残桩（完全消除是不太可能的）。我们将第一次钻通的孔为首钻孔，而将为了消除过孔残桩再次钻的孔称为背钻孔，图 16.7b 展示了一个经背钻工序后的过孔。

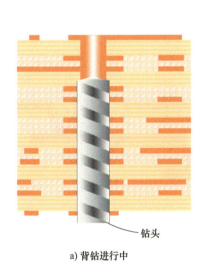

a) 背钻进行中

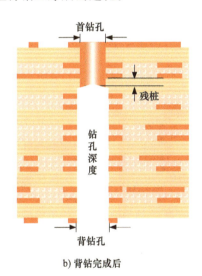

b) 背钻完成后

图 16.7　经背钻工序后的过孔

当然，也可以根据需要在 PCB 双面都使用背钻工艺，如图 16.8 所示。

优化过孔残桩的另一种常用解决方案便是高密度互连（High Density Interconnector，HDI）PCB 中广泛使用的盲孔（Blind Hole）或埋孔（Buried Hole），它们与常规通孔的基本结构差别如图 16.9 所示。其中，通孔是从 PCB 顶层到底层的贯穿孔（足够细的针能够直接穿过去），也是过孔最常见的形式，其制造成本最低，但是会浪费一些 PCB 布线空间。例如，在高达几十层的 PCB 中，通孔所在位置的每一层都不能再布线，这在 HDI PCB 应用中是无法接受的。盲孔的一端与最外层铜箔连接，但另一端则位于 PCB 内层，足够细的针能够插进盲孔（但无法穿过去）。埋孔的两端均与 PCB 内层连

⊖　1mil = 0.0000254m。

接（埋在 PCB 内部），外部是看不到的。

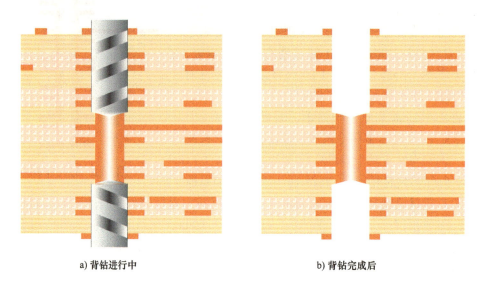

a) 背钻进行中   b) 背钻完成后

图 16.8　PCB 双面使用背钻工艺

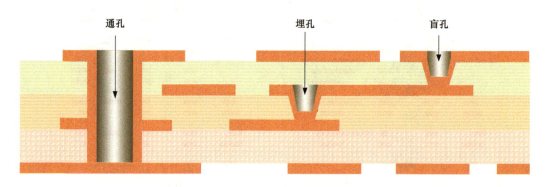

图 16.9　通孔、埋孔与盲孔的基本结构

当我们在 PCB 布线过程中使用盲埋孔时，只需要使用"**起止层恰好与信号切换层相同**"的过孔即可，也就能够削弱（甚至消除）通孔带来的残桩。例如，8 层 PCB 中某信号线需要用到 L1 与 L2 板层，那么就仅使用连接 L1 与 L2 的盲孔即可。值得一提的是，IPC-T-50M 标准《电子电路互连与封装术语及定义》中还定义了一种**微孔（Microvia）**，它是指"过孔直径不大于 0.15mm，最大纵横比为 1:1，起止层最大深度不超过 0.25mm 的"盲埋孔。简单地说，微孔就是盲埋孔，但盲埋孔不一定是微孔。一般情况下，微孔仅用于连接相邻两层 PCB 线路，正如图 16.9 所示的那样。

盲埋孔（微孔）的制造工艺相对通孔比较复杂，因此成本比较高。由于钻孔通常比较小，所以常使用激光（Laser）成孔工艺，它利用高功率密度激光束照射被加工材料，使材料很快被加热至汽化温度并蒸发形成孔洞，通过控制激光束强度与持续时间等因素即可制造出符合要求的钻孔。

需要注意的是，**同一款 PCB 的盲埋孔定义方案有很多，但是成本却截然不同，有经验的工程师应该结合实际情况选择性价比更高的方案**。以 6 层 PCB 为例，成本最低且仅存在盲孔的叠层结构如图 16.10a 所示，其与常规的 6 层 PCB 并无不同，只不过压合后需要激光成孔工序制造出"仅连接 L1 与 L2（或 L5 与 L6）的"盲孔。图 16.10b 中的盲孔直接与 L1 与 L3（或 L4 与 L6）相连，且没有与 L2（或 L5）存在电气连接，相应的过孔也称为跨层过孔（Skip Via），其激光钻孔深度更大，孔内电镀难度也更大，属于成本较高的例子（一般情况下尽量不使用跨层过孔）。

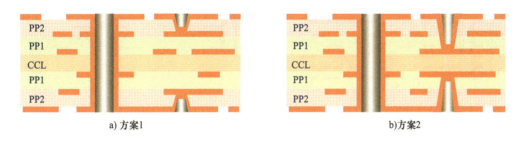

a) 方案1　　　　　　　　　　　　　　　　b) 方案2

图 16.10　6 层 PCB 叠层结构

由于图 16.10a 所示方案仅使用一次激光成孔工序（顶层与底层算一道工序），相应的微孔也称为一阶盲孔，当然，也有二阶、三阶或任意阶的概念。盲埋孔的阶数越高，工艺越复杂，压合的次数也越多，相应的 PCB 命名常使用 "$m+X+m$" 的结构，其中，"m" 代表阶数，"X" 代表内层通孔贯穿的层数。例如，图 16.10a 可表达为 "1+4+1"。

如果 6 层 PCB 也需要埋孔，优选方案如图 16.11a 所示，其在内 4 层压合完成后使用**机械钻孔**完成常规通孔制作，通过后续一次积层工序后就成了埋孔，由于**不需要**激光成孔工序，成本也比较低，是一次积层板的主流叠层结构。图 16.11b 所示叠层结构省略了一道机械钻孔工序，成本自然也更低。图 16.11c 所示叠层结构需要先使用常规工序对芯板制作常规通孔，再通过两次积层与激光成孔工序，所以是 2 阶 HDI 叠层结构，其成本相对更高。图 16.11d 所示叠层结构由图 16.11c 简化而来。

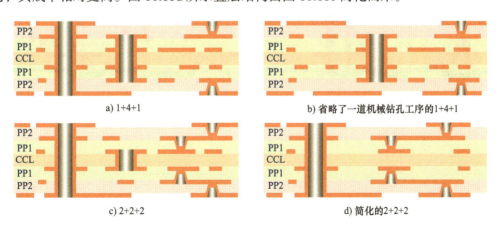

a) 1+4+1　　　　　　　　　　　　　　　b) 省略了一道机械钻孔工序的1+4+1

c) 2+2+2　　　　　　　　　　　　　　　d) 简化的2+2+2

图 16.11　常见 6 层 2 阶 HDI 叠层结构

图 16.12 中展示了其他 HDI PCB 叠层结构，此处不再赘述。

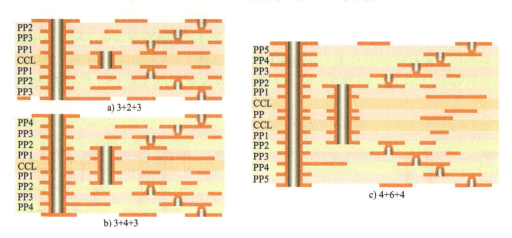

a) 3+2+3

b) 3+4+3

c) 4+6+4

图 16.12　其他 HDI PCB 盲埋孔定义方案

多阶盲埋孔也有几种不同的形式，所需成本也不尽相同。在以上讨论的 HDI PCB 叠层结构中，相邻板层的盲埋孔（微孔）位置都错开的，也称为交错过孔（Staggered Via），如果盲埋孔的位置一致（看起来像一个盲孔直通 3 个或以上数量的板层），则称为堆叠过孔（Staked Via），相应的工序会更复杂一些，成本自然更高。图 16.13 所示 12 层 HDI PCB 叠层结构综合展示了多种盲埋孔类型。其中，填充过孔（Filled Via）是在孔内填充一些非导电材料（如树脂），以便达到"提升过孔与焊盘机械强度"的目的。

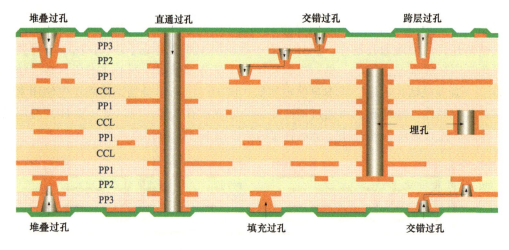

图 16.13　12 层 HDI PCB 叠层结构

第 17 章　过孔设计与性能评估：
投石问路

前面已经定性讨论与过孔相关的阻抗突变因素，那么如何定量分析这些因素呢？换句话说，我们现在已经知道了过孔影响 PCB 传输线阻抗的几种因素（主要包括返回平面层切换、非功能焊盘、过孔残桩等），但是这些因素对阻抗的影响有多大呢？或者说，哪些因素是过孔设计过程中应该重点考虑的呢？我们可以借助 ADS 软件平台中的过孔设计工具（Via Designer）设计一个过孔，并通过参数扫描的方式仿真验证一下就知道了，本章以"观察缝合过孔对走线过孔阻抗的影响"为例进行阐述（其他是类似的）。

ADS 过孔设计工具也可以从图 12.10 所示界面的工具栏进入（位于代表"CILD"图标的右侧），其仿真过程可分为"过孔定义""过孔扫描参数定义"与"仿真分析与显示结果"三个步骤，相应的操作界面分别对应图 17.1 所示界面左下角的标签页"Definition""Variables"与"Simulations"（三个折叠成标签页的窗口，也可以作为独立窗口显示），"Geometry"窗口可以根据定义的过孔参数实时生成相应的预览图（为方便观察，仅显示过孔与走线），其中展示了使用走线过孔连接的两条 PCB 走线，而外侧两个过孔则为缝合过孔。

为了设计符合要求的过孔，我们首先需要设置叠层结构。如图 17.1 所示进入到"Definition"窗口中的"Substrate"标签页，并加载第 12 章设计的 4 层 PCB 叠层（名称为"subst_4layer"）即可。由于需要观察缝合过孔缓解"由返回平面层切换造成的阻抗突变"的效果，应该让走线过孔穿过多个平面层，因此分别设置"pc1"与"pc4"为信号层（Signal），"pc2"与"pc3"为平面层（Plane）。

然后进入过孔参数的细节定义阶段。切换到"Via"标签页，其中包含 5 个标签页，如图 17.2 所示（为简化设计步骤，仅修改了 3 项参数，其他保持默认即可）。"Barrel"标签页用于设置首钻孔与背钻孔。我们不需要背钻工序，保持默认即可（如果需要观察过孔残桩对过孔阻抗的影响，可自行设置）。"PadStack"标签页用于设置钻孔与焊盘相关参数，此处保持默认钻孔直径 10mil、焊盘直径 20mil，而"Layers with Feed"与"Layers without Feed"文本框分别用于设置功能焊盘与非功能焊盘的直径。需要特别注意，如果"Pads and Anti Pads"组合框中"Auto"单选框处于选中状态，表示所有层的焊盘参数都相同，并且非功能焊盘默认是删除的（所以在预览窗口中并没有显示内层焊盘），选择"Custom"单选框则可以自定义每一层的焊盘参数（如果需要观察非功能焊盘对过孔阻抗的影响，可自行设置）。"MicroVias"标签页用于设置微孔，此处不需要设置。"Feeds"标签页用于设置"与走线过孔连接的 PCB 走线"的长度、宽度、角

153

度等参数，还可以决定是否添加泪滴（**如果需要观察泪滴对过孔阻抗的影响，可自行设置**）。为了避免走线宽度影响过孔阻抗变化曲线，此处将"pc1"与"pc4"的线宽均修改为 6.07mil（即 50Ω 特性阻抗）。"Stitching Vias"标签页用于设置缝合过孔的参数，由于需要观察缝合过孔对走线过孔阻抗的影响，此处保持默认设置添加的 2 个缝合过孔（其钻孔与焊盘尺寸默认与走线过孔一致）。然后需要扫描"缝合过孔与走线过孔之间的距离"以观察走线过孔阻抗的变化趋势，为此将"dY"文本框中用字符串"DY"（你也可自行定义）代替原来默认的数值（请注意：**字符串不要带单位**），如此一来才能够进入后续扫描分析阶段。"Via Array"标签页可以根据需要仿真多组 PCB 走线、过孔及缝合过孔，此例只需要观察默认的一组即可。

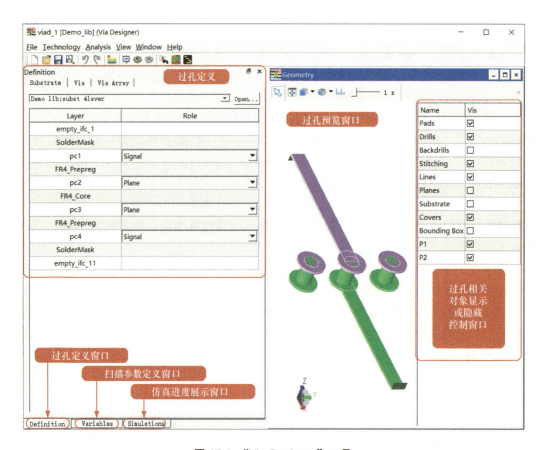

图 17.1 "Via Designer"工具

过孔定义完成后，切换到"Variables"标签页定义扫描参数，如图 17.3 所示，其中默认原来仅有"Freq"项。我们单击"左上方"的"Add"按钮加入刚刚定义的扫描变量"DY"，并设置起止距离分别为 30mil 与 330mil（最小值不能太小，避免相邻过孔短接），扫描点数为 5 个（扫描的点数越多，花费的时间越长）。

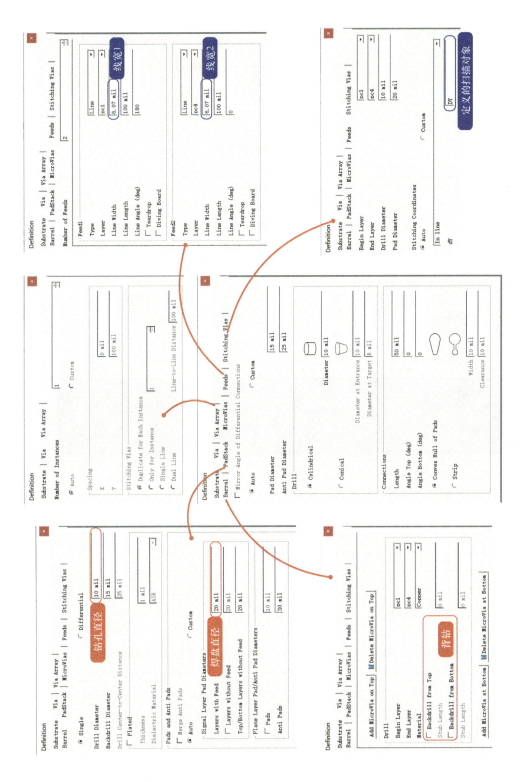

图 17.2　过孔的定义

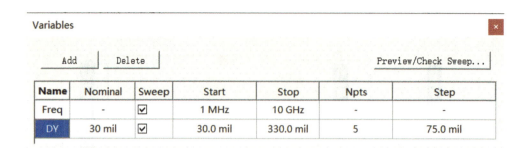

图 17.3　扫描变量参数设置

之后执行图 17.1 中菜单项"Analysis"下的"Run Simulations"项（或单击工具栏上代表"Simulations"的齿轮图标）即可开始参数扫描仿真过程，"Simulations"窗口上侧会出现 5 行记录（对应需要扫描的 5 个点），它们会自上而下依次进入分析队列，窗口下侧则展示具体的分析过程，最后完成的状态如图 17.4 所示。

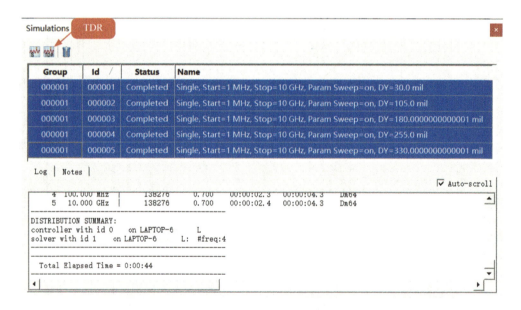

图 17.4　仿真分析窗口

当仿真分析结束后，我们可以通过图形化窗口显示刚才仿真获得的数据。ADS 过孔设计工具提供两种展现方法，其中一种便是时域反射计（Time Domain Reflectometer, TDR），它利用反射信号来推算待测设备（Device Under Test, DUT）阻抗，可以用来验证 PCB、封装、连接器和线缆等设计是否满足阻抗要求，在高速电路设计、PCB 加工制造、设计失效分析等场合均被广泛应用。

TDR 的基本原理是往 DUT 中注入一个阶跃（或脉冲）信号，并通过检测反射电压的方式来推算阻抗。假设 TDR 的输出阻抗是 50Ω，其通过 50Ω 线缆连接到 DUT，然后

TDR 输出一个上升沿非常陡的阶跃信号给 DUT。如果 DUT 的阻抗不连续，那么将会出现信号反射现象，TDR 采集反射信号并将其与"标准阻抗对应的反射信号"进行比较，也就能够获得阻抗变化量（从而实现阻抗测量），相应的测量示意如图 17.5 所示。

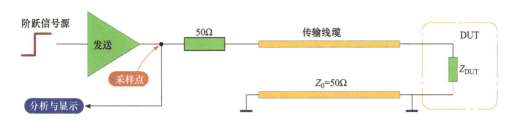

图 17.5　TDR 测量的基本原理

举个简单的例子，假设现在往传输线（阻抗为 50Ω，传播延时为 1ns）注入一个阶跃信号，如果传输线远端为开路状态（DUT 阻抗为无穷大），那么 TDR 在 2ns（信号在传输线上的往返时间）时刻能够获得反射信号，相应的完整波形如图 17.6c 所示。同理，如果传输线远端为短路状态（DUT 阻抗为 0）或匹配状态（DUT 阻抗为 50Ω），相应的完整波形如图 17.6b 与 a 所示。也就是说，**TDR 通过"反射波的电压幅度"就能够计算出阻抗突变值，而通过"采样点到 DUT 引起信号反射的时间差"就能够获得传输路径中 DUT 所在位置（此处即传输线长度）。**

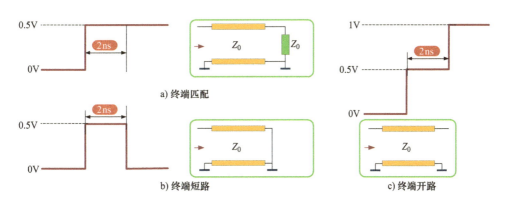

图 17.6　几种测量到的 TDR 波形

当传输线连接了容性或感性负载（或两者的组合）时，相应的完整波形如图 17.7 所示（假设传播延时均为 1ns），读者可自行分析，此处不再赘述。

由于现在 DUT 的入射信号与反射信号是已知的，我们可以将其与"标准阻抗对应的反射信号"进行比较继而推算出阻抗值，也就能够直观地展现"**传输线上阻抗突变量及相应的位置**"。在实际 PCB 设计过程中，诸如线宽变化、过孔、分支、连接器等因素都会引起阻抗突变，而这些沿着传输线可能遇到的阻抗不连续点都可以通过反射信号呈现出来，类似如图 17.8 所示。

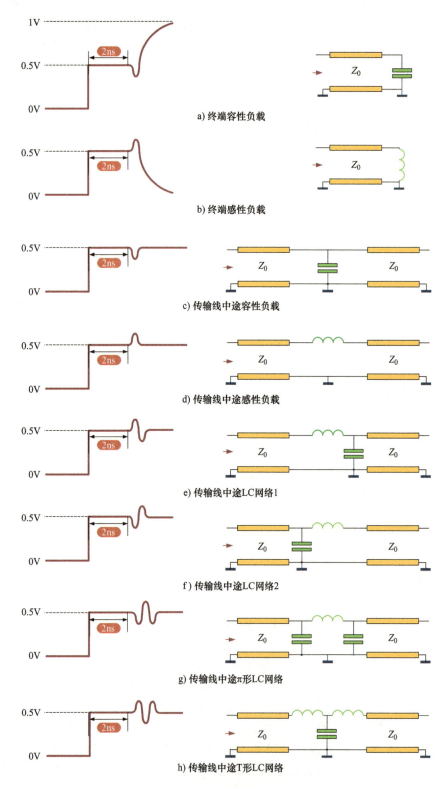

a) 终端容性负载

b) 终端感性负载

c) 传输线中途容性负载

d) 传输线中途感性负载

e) 传输线中途LC网络1

f) 传输线中途LC网络2

g) 传输线中途π形LC网络

h) 传输线中途T形LC网络

图 17.7　更多阻抗突变对应的 TDR 波形

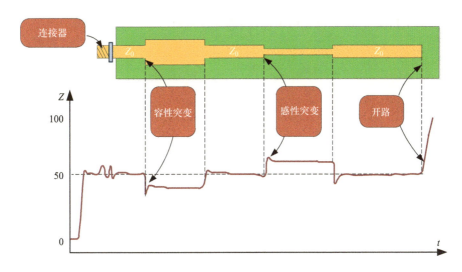

图 17.8　多个传输线阻抗突变对应的反射信号

简单地说，无论 DUT 的具体情况怎么样，我们不必将其拆开或分段测量，只需要通过输入端测量到的反射信号就能够获悉 DUT 的阻抗变化情况（就像往前面情况未明的路上扔块石头观察反应一样）。

那么，如何通过测量到的反射信号推算出相应的阻抗呢？具体点说，假设 TDR 测量电路的基本结构如图 17.9 所示（DUT 被匹配电阻 R_t 恰当端接），我们如何才能仅通过入射信号与反射信号获得 DUT 的阻抗 Z_{DUT} 呢？答案仍然是式（10.1）！我们可以简单推导一下。

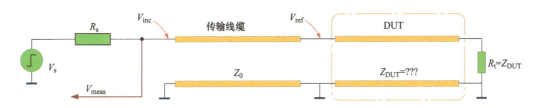

图 17.9　TDR 测量电路的基本结构

假设 $R_s = Z_0$，那么传输线的入射电压 V_{inc} 为信号源 V_s 的一半，即有

$$V_s = 2V_{inc} \tag{17.1}$$

TDR 测量到的完整电压 V_{meas} 就是 V_{inc} 与 V_{ref} 的叠加，即有

$$V_{meas} = V_{inc} + V_{ref} \tag{17.2}$$

根据式（10.1）可得

$$Z_{DUT} = Z_0 \left(\frac{V_{inc} + V_{ref}}{V_{inc} - V_{ref}} \right) \tag{17.3}$$

再结合式（17.1）、式（17.2）将 V_{ref} 项消掉，则有

$$Z_{DUT} = Z_0 \left(\frac{V_{meas}}{2V_{inc} - V_{meas}} \right) = Z_0 \left(\frac{V_{meas}}{V_s - V_{meas}} \right) \qquad （17.4）$$

我们可以使用 ADS 软件平台验证式（17.4），也就是确认：**根据式（17.4）得到的阻抗是否与 DUT 相同**，相应的仿真电路 17.10 所示。其中，SRC1 是一个上升时间为 50ps、输出阻抗为 50Ω（用电阻 R1 代表）的阶跃信号源，TLD1 代表 TDR 与 DUT 之间的连接线缆（特性阻抗为 50Ω），而 TLD2 代表 DUT（特性阻抗为 75Ω），其被 75Ω 的电阻端接。控件"Meas1"根据式（17.4）定义了一个变量 Z_dut，仿真完毕后显示波形时只需要添加该变量即可，相应的波形如图 17.11 所示。很明显，当阶跃信号刚注入到传输线时，相应显示的阻抗正好为 50Ω，而在 2ns 之后的阻抗突变为 75Ω，正是 TLD2 的特性阻抗。

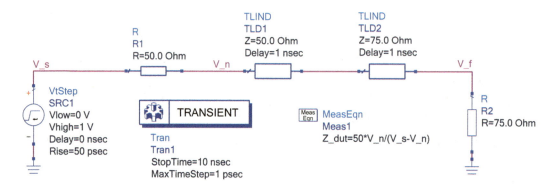

图 17.10　TDR 测量仿真电路

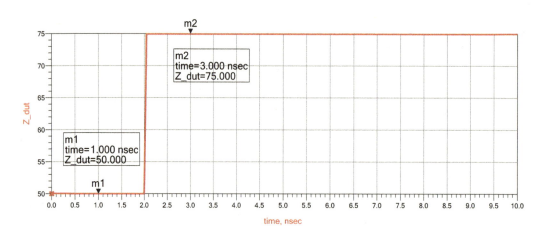

图 17.11　TDR 测量仿真波形

请特别注意，式（17.4）仅用于理解 TDR 的基本原理，图 17.9 所示电路也仅适用于测量"**仅存在单个阻抗突变点的**"DUT。如果 DUT 存在多处阻抗突变点，由于

多个阻抗突变导致的反射电压反复叠加，相应计算出来的结果并不准确。我们同样在
ADS 软件平台中串联多个特性阻抗不同的传输线，相应的仿真电路与仿真结果分别如
图 17.12 与图 17.13 所示。可以看到，除第 1 个阻抗突变处（TLD2）对应的传输线阻抗
外，其他都不准确，这是因为我们默认入射电压总是不变的，然而只要入射信号遇到
了第一个阻抗突变点，后续传输线的入射电压总会有所损失，相应的结果自然会有所
偏差。也就是说，从实用的角度来讲，理想 TDR 应该考虑多次反射的影响以便逐段分
析出传输线阻抗（消除反射因素以还原真实的传输线阻抗突变值）。

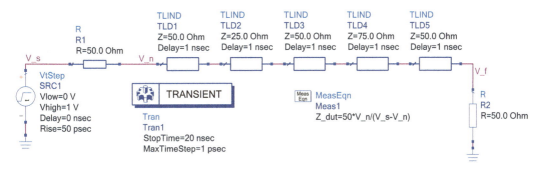

图 17.12　多条传输线串联的仿真电路

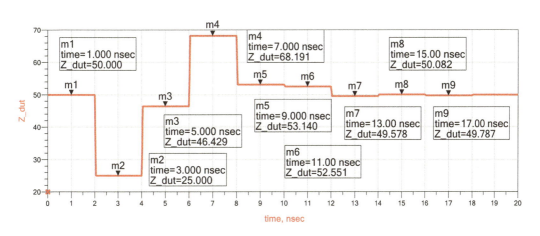

图 17.13　多条传输线串联仿真结果

好的，我们仍然回到图 17.4，先选中窗口上侧代表扫描点的 5 行数据（此时应高
亮显示，）表示将要图形化显示这 5 个点对应的仿真数据。然后单击上方代表"TDR"
的图标即可弹出另一个窗口，其中展示的阻抗变化 TDR 曲线如图 17.14 所示（为方便
显示已延时 0.5ns）。可以看到，过孔阻抗最小值均低于 50Ω，说明当前设计的走线过孔
相当于一个容性负载（过孔阻抗最低降到了 47.6Ω 以下）。更进一步，在缝合过孔与走
线过孔之间的距离变化过程中，虽然走线过孔阻抗的变化是非线性的，但是当距离为
最小值（30mil）时，过孔阻抗相对比较低，说明对应添加的缝合过孔并未给过孔阻抗
带来好处（至少对于当前设计是如此），因为缝合过孔的存在使得过孔阻抗更低了（进
一步偏离了理想阻抗值 50Ω）。

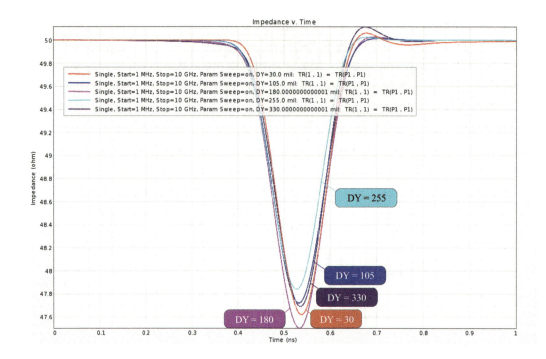

图 17.14　走线过孔阻抗变化 TDR 曲线

第 18 章 多负载拓扑端接方案：万变不离其宗

到目前为止，我们已经讨论了很多与传输线信号反射相关的问题，也几乎总是假设发送方与接收方都各仅有一个。但是在高速数字系统中，一个发送方驱动多个接收方是很常见的，相应连接形式也称为"点对多"拓扑。比较典型的"点对多"拓扑应用便是存储器扩展（由多个存储器 IC 并联获得所需存储容量），其中的地址线、数据线、控制线驱动的负载都不止一个，类似如图 18.1 所示。很明显，"点对多"拓扑中出现了多个布线分支，处理不当就很可能产生信号完整性问题，为此应运而生了不少"点对多"拓扑 PCB 布线及端接方案。

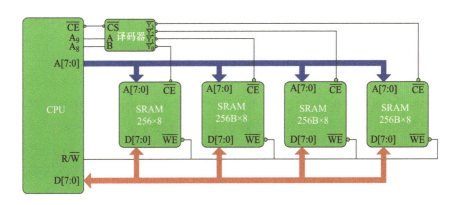

图 18.1　存储器扩展应用

"拓扑"一词来源于拓扑学，也称为位置分析（Analysis Situs），即仅考虑对象间的位置关系（而不考虑形状与大小）。简单地说，拓扑就是各节点之间的连接形式与方法。网络拓扑是网络结构的一种描述方法，是指网络节点之间的连接关系与方式。例如，计算网络各节点之间就有环形、星形、树形、总线型、分布型等拓扑结构，如图 18.2 所示。

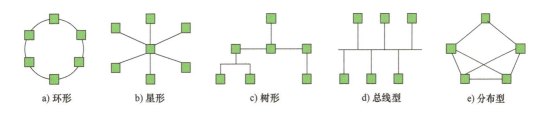

a) 环形　　b) 星形　　c) 树形　　d) 总线型　　e) 分布型

图 18.2　计算机网络常用拓扑结构

相似地，高速数字系统中的布线拓扑结构通常是指多个负载之间的布线顺序与结构。良好的拓扑结构能够在优化信号质量的同时降低成本，而在众多负载拓扑方案中，基本星形（Star）应用最为广泛，其要求多个接收方同时获得信号，因此每个分支的长度应该尽量保持一致。图 18.3 展示了两个负载的基本星形拓扑连接（为简化作图，仅展示传输线的信号路径）。

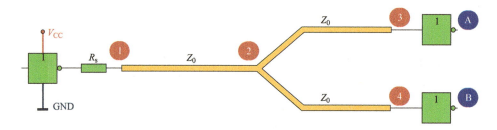

图 18.3　星形拓扑的基本结构

为方便描述，我们将发送方到分支处的传输线称为主传输线（如图 18.3 中的①—②段），而分支处到各负载之间的传输线称为分支传输线（如图 18.3 中的②—③、②—④段）。另外，很多"点对多"拓扑涉及双向数据传输，本书为简化描述均假设为单向数据传输。

基本星形拓扑的主传输线与分支传输线长度均不能忽略，假设主传输线与分支传输线的阻抗相同，当信号经主传输线传播至分支时，其感受到的阻抗为两个分支传输线阻抗的并联，也就会产生信号反射。我们可以使用 ADS 软件平台仿真观察一下，相应的仿真电路如图 18.4 所示，其中**主传输线近端**（节点 **V_n**）并未匹配，两个分支传输线的终端都是空载（1MΩ 大电阻），相应的仿真波形如图 18.5 所示（由于各支路负载两端的波形均相同，因此仅显示其中一个负载波形即可）。从**主传输线近端波形**可以看到，由于信号经过分支处时阻抗是下降的（相当于容性负载），因此在 2ns 时刻开始产生回沟（正如同图 10.10 所示波形）。

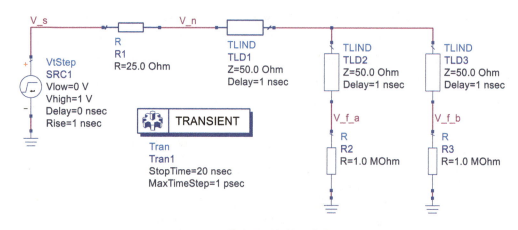

图 18.4　基本星形拓扑仿真电路

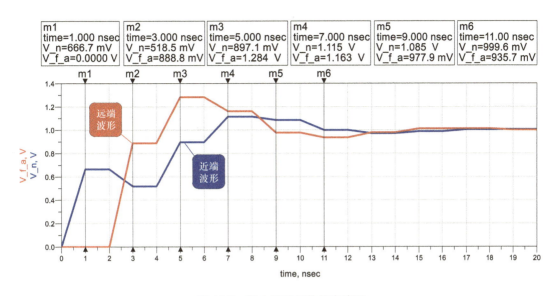

图 18.5　基本星形拓扑仿真波形

优化基本星形拓扑信号完整性的手段之一是：**将所有分支传输线的阻抗都调整为主传输线的 2 倍，并且在各个分支传输线远端进行端接**，相应的布线与端接示意如图 18.6 所示。如此一来，信号传输到分支处时感受到的阻抗并未发生变化，而信号到达各个分支传输线远端亦是如此。如果我们将图 18.4 所示分支传输线（TLD2 与 TLD3）及负载电阻（R2 与 R3）均更改为 100Ω，相应的仿真波形将非常类似于图 14.3，此处不再赘述。

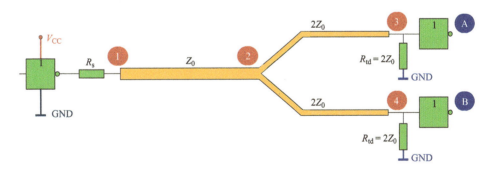

图 18.6　调整分支传输线阻抗并在分支终端进行端接

"**调整分支传输线的阻抗**"看起来是个不错的方案，但是当负载与信号线数量比较多时，布线会变得比较困难（有时甚至根本无法实现）。以表 13.1 所示 PCB 微带线为例（$H = 4\text{mil}$），假设主传输线所需阻抗为 50Ω，相应的线宽约为 6mil（算是正常宽度），那么分支传输线所需要阻抗为 100Ω 时，相应的线宽则小于 1mil，目前的 PCB 制造工艺很难实现如此小的线宽（即便提升介质厚度，在同一 PCB 上实现阻抗差距如此大的走线也并不容易，布线密度更是会受到严重影响）。

在实际应用中，基本星形拓扑更常用的设计方案是：保持主传输线与分支传输线

165

阻抗一致，并且仅使用源端匹配（终端不需要匹配）。我们将图 18.4 所示源端串联电阻 R1 修改为 50Ω，相应的仿真波形如图 18.7 所示。可以看到，**传输线近端波形**存在较大的回沟，但是由于传输线近端并没有连接负载，所以对信号的完整性并没有影响，而**传输线远端波形**则可以接受。

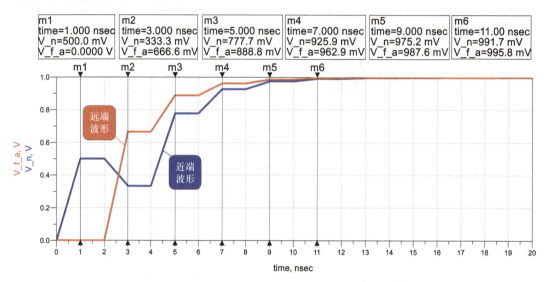

图 18.7　仅使用源端匹配方案的仿真波形

"基本星形拓扑中仅使用源端匹配"方案要注意 3 点：

1）**传输线的长度不能太长**。传输线太长会导致反射信号需要的传播时间太长，无法使信号在较短的时间内上升到足够的幅值。换句话说，对于特定的传输线长度，时钟周期不能太短。因此，基本星形拓扑主要适用于低速场合，当信号的速度足够高（或者说，传输线足够长）时，信号反射将很不容易控制。我们将图 18.4 中的 TLD1、TLD2、TLD3 的传播延时（TD）同时等值提升进行线性扫描（扫描范围为 1～10ns，步长为 3ns），相应的仿真波形如图 18.8 所示，很明显，传输线越长，到达相同幅值所需的时间越长。

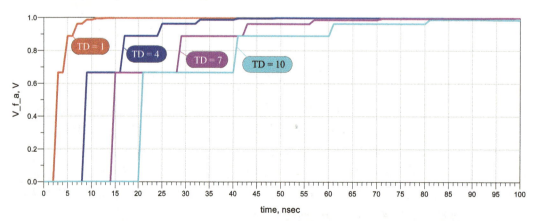

图 18.8　传输线长度扫描仿真波形

2）**分支的数量不能太多**。我们使用 ADS 软件平台仿真 4 个负载的基本星形拓扑（仅源端匹配方案），相应的仿真电路与波形分别如图 18.9 与图 18.10 所示。可以看到，负载数量越多，信号需要更长时间才能达到较高电平（相对于图 18.7 所示波形），所以只能应用在低速场合。

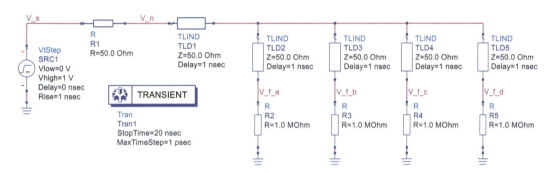

图 18.9　4 个负载的基本星形拓扑仿真电路

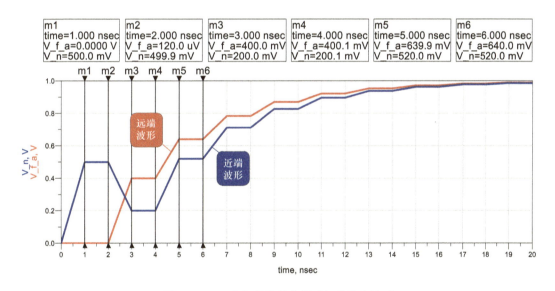

图 18.10　4 个负载的基本星形拓扑仿真波形

3）**所有分支传输线的长度应该相等，也就是一种平衡结构（非平衡基本星形拓扑会破坏信号完整性）**。以两个传输线分支为例，在图 18.9 所示仿真电路的基础上仅保留两个分支，并且将两个分支传输线的传播延时分别设置为 1ns 与 0.8ns，相应分支传输线远端（负载两端）的仿真波形如图 18.11 所示。可以看到，分支传输线远端的信号波形已经受到一定的影响，因为两个分支传输线远端的反射信号到达分支处所需的时间不同。只有当分支传输线长度相同时，反射信号才会因互补而抵消（至少是部分）。

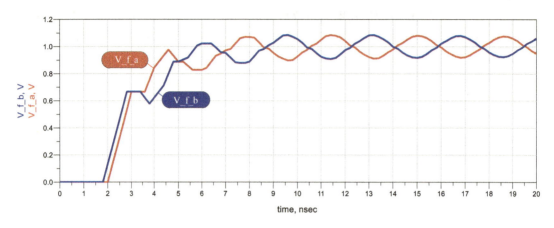

图 18.11　非平衡基本星形拓扑中负载两端的仿真波形

有人可能会想：两条分支传输线上的反射信号不应该是完全一样的吗？怎么会是互补呢？

在平衡星形拓扑中，当信号到达分支传输线未端时，它们的反射系数都相同（约为 1），再次返回到分支处的反射电压自然也是完全一样的。由于三条传输线（一条主传输线，两条分支传输线）的阻抗完全相同，两条分支传输线远端的反射电压到达分支后遇到的阻抗也相同（此例为 25Ω），反射系数也相同（即 –1/3）。以分支 A 为例，其**负载反射电压 V_A** 的 1/3 在分支处被反射回来（负电压），但同时 V_A 的 2/3 也在分支 B（以及主传输线，两者是并联关系）上继续前行（正电压），如图 18.12 所示（分支 B 也同样如此）。也就是说，对于任何一个分支，（来自分支传输线远端的）反射电压在分支处再次反射回来的负电压与另一条分支传输线过来的正电压抵消了（仅剩下正电压）。也正因为如此，平衡星形拓扑中分支传输线远端的波形都是逐步上升的（不存在"时而上升，时而下降"的现象）。但是当分支传输线长度不一样时，由于分支处产生的负反射电压没有被抵消，再加上信号后续在分支传输线上来回反射，继而形成了类似振荡的波形。

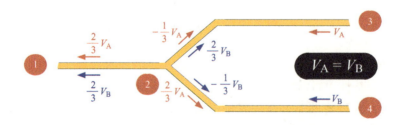

图 18.12　平衡基本星形拓扑分支处的反射电压

前面已经提过，基本星形拓扑的共同特点是：**主传输线与分支传输线的长度都不能忽略**。如果希望获得更好的信号完整性，可以尝试从两种角度去考虑：其一，让主传输线足够短，而在每个较长的分支传输线近端进行端接，也称为近端星形拓扑，相应的端接示意如图 18.13a 所示；其二，让主传输线足够长，并在主传输线近端进行端接匹配，相应的端接示意如图 18.13b 所示。

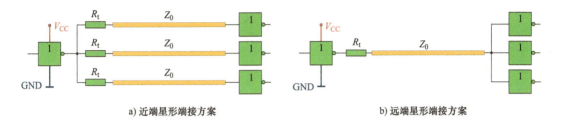

a) 近端星形端接方案　　　　　　　　　　　　　b) 远端星形端接方案

图 18.13　近端与远端星形拓扑端接方案

近端星形拓扑的主传输线长度可以忽略，因此信号在传播到分支时的反射可以忽略，而"在各个分支传输线进行源端匹配"使得"每个分支传输线远端的信号波形都很理想"。需要注意的是：**近端星形拓扑对源端串联端接匹配电阻有一定的限制**。假设分支数量为 N，发送方的输出阻抗为 R_s，则串联匹配电阻 R_t 应该满足式（18.1）：

$$R_t = Z_0 - N \times R_s \qquad (18.1)$$

例如，当分支传输线阻抗为 50Ω 时，如果 $R_s = 5\Omega$、$N = 4$ 时，相应的端接电阻应该为 30Ω。很明显，近端星形拓扑的分支数量超过一定值将无法完成端接。再如，当 $R_s = 15\Omega$、$N = 4$ 时，计算出来的端接电阻值为负数，此时不应该使用近端星形拓扑方案。

我们使用 ADS 软件平台对"**近端星形拓扑端接方案的主传输线传播延时（TD）**"进行线性扫描（扫描范围为 0.01 ~ 1.21ns，步长为 0.4ns），相应的仿真电路与波形分别如图 18.14 与图 18.15 所示。可以看到，当主传输线的传播延时越大（越接近基本星形拓扑）时，信号完整性也就越差。

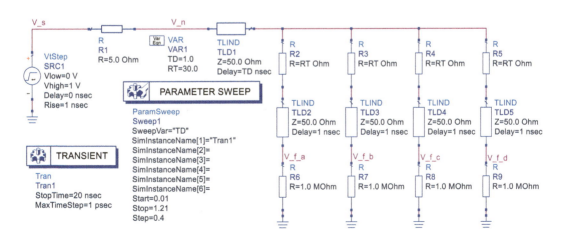

图 18.14　近端星形拓扑中主传输线传播延时扫描仿真电路

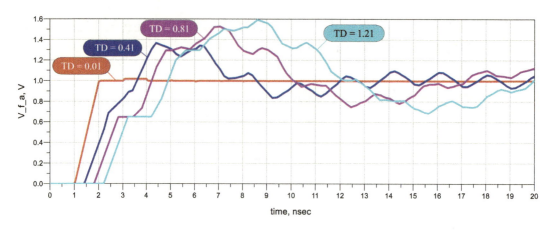

图 18.15　近端星形拓扑中主传输线传播延时扫描仿真波形

与近端星形拓扑恰好相反，远端星形拓扑将基本星形拓扑中的分支节点移到接收方附近，这样能够保证分支线足够短，并且只需要在源端进行串联匹配即可，使用的元件数量也比较少。我们可以使用 ADS 软件平台对所有分支传输线的传播延时（TD）同时进行线性扫描（扫描范围为 0.01 ~ 1.21ns，步长为 0.4ns），相应的仿真电路与波形分别如图 18.16 与图 18.17 所示。很明显，当分支传输线的传播延时最小时（此例为0.01ns），相应的信号完整性是最佳的。

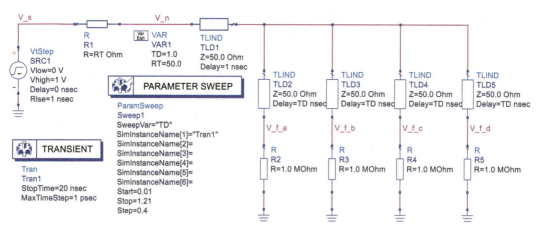

图 18.16　远端星形拓扑仿真电路

星形拓扑一般应用在对信号同步要求较高的应用场合，其要求所有接收方能够在同一时刻收到来自发送方的信号，由此带来的问题之一是"**布线难度比较大**"，很多时候都需要大量蛇形线（Serpentine）做等时布线，后续有机会再来详细讨论。此外，当负载数量比较多（如超过 4 个）时，"**分支足够短**"的目标很可能无法达成，也就使得反射无法控制到合理的范围。因此，在负载比较多时，常采用菊花链（Daisy Chain）拓扑，其通过主传输线与分支传输线依序跟多个负载相连，相应典型拓扑示意如图 18.18 所示（以 4 个负载为例），其中，$Z_m(Z_s)$ 与 $L_m(L_s)$ 分别为主传输线（分支传输线）的特性阻抗与长度。

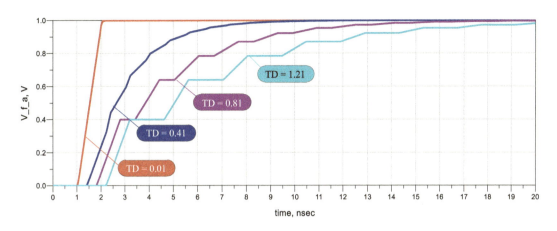

图 18.17　远端星形拓扑仿真波形

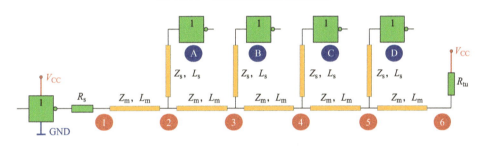

图 18.18　菊花链拓扑的基本结构

菊花链拓扑常采用终端端接方案（很少采用源端端接方案），因为根据前面的描述可知，源端串联端接方案不可避免会导致台阶（甚至回沟），这在"点对点"或星形拓扑中并不是问题（因为源端并没有连接负载），但是很明显，菊花链拓扑中主传输线的近端与远端都存在负载，也就需要避免台阶或回沟。

在菊花链拓扑中，分支传输线越接近发送方，相应负载两端波形的信号完整性越差，因为其受到反射信号干扰的数量越多。因此，在菊花链拓扑的具体 PCB 布线中，我们应该优先关注"最靠近发送方的负载（图 18.18 中对应负载 A）"的信号完整性。换句话说，如果能够将第一个分支负载的信号完整性优化到合理范围，其他分支负载的信号完整性通常也不难满足。

我们使用 ADS 软件平台仿真观察一下。同样以 4 个负载为例，相应的仿真电路与波形分别如图 18.19 与图 18.20 所示。很明显，第一个分支负载的过冲最大，第二个负载的欠冲最大。

基本菊花链拓扑一般适用于低速应用场合，主要原因是分支长度太长。为了适应高速系统的应用需求，需要限制分支的长度（越短越好），继而衍生出了基本菊花链改进拓扑，也就是应用非常广泛的 Fly-by 拓扑。此处对图 18.19 所示仿真电路中的所有分支传输线的传播延时（TD）同时进行线性扫描（扫描范围为 0.01 ~ 1.21ns，步长为 0.4ns），相应的波形如图 18.21 所示（仅展示第一个分支负载两端的波形，因为其波形最差，也最具代表性）。很明显，分支传输线的长度越小，相应的波形越好。

171

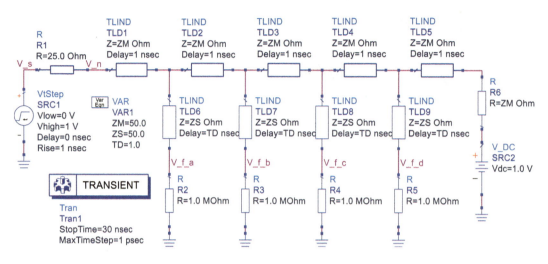

图 18.19　基本菊花链拓扑仿真电路

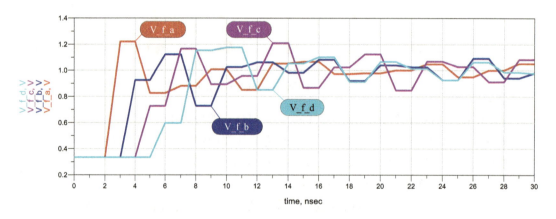

图 18.20　基本菊花链拓扑仿真波形

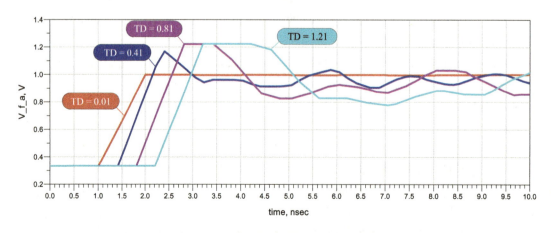

图 18.21　分支传输线传播延时扫描仿真波形

菊花链拓扑占用的布线空间较小，端接匹配方案也简单。但是很明显，菊花链拓扑中的信号从发送方到达每个接收方的传播延时并不相同，为了保证数据能够被正确接收到，要求发送方具备时序补偿能力，后续有机会再来详细讨论。

值得一提的是，为简化仿真分析过程，以上案例均假设负载均为纯阻性，而实际逻辑门输入总会存在一些寄生电容，它们肯定也会对接收方的信号完整性带来一定的影响，有兴趣的读者可自行分析，此处不再赘述。

第19章 邻近线路的攻击: 飞来横祸

前面在讨论信号反射及相应解决方案的过程中, 我们主要考虑信号从传输线本身看到的阻抗突变因素, 其中包括但不限于传输线宽度变化、拐角、过孔、分支、返回平面切换等, 影响信号完整性的因素似乎已经足够多了。然而, 在一个稍显复杂的高速数字系统中, 传播信号的网络都不会是单独的, 更多是在有限空间同时完成多个信号的传播 (如对存储 IC 进行数据写入或读取操作时, 需要配合大量线路才能完成)。换句话说, 在绝大多数情况下, 相邻网络 (传输线) 的间距总是有限的, 而当其中一条网络中的信号发生变化时, 部分能量就会 "飞" 到相邻网络, 继而表现为另一种形式的噪声, 通常称为**串扰 (Crosstalk)**。更进一步, 我们将能量的传递称为耦合 (Coupling), 相邻网络之间产生能量耦合的总长度也称为耦合长度。

那么, 相邻网络之间的串扰具体是如何产生呢? 答案便是网络之间的 "互感" (L_M) 与 "互容" (C_M)! 其本质上与 "传输线信号路径及返回路径之间存在的 (单位) 电感与电容" 相同, 只不过导致串扰的 "互感" 或 "互容" 存在于两个网络之间, 如图 19.1 所示。

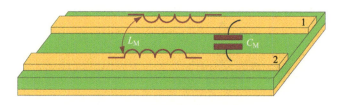

图 19.1 两个网络之间的互感与互容

网络串扰产生的原因之一便是 "互感", 其如同变压器一样将能量从一个网络耦合到另一个网络。虽然相邻网络之间的 "互感" 也许并不大, 但是只要信号的速度足够快 (电平变化速率足够大), 也就能够在相邻网络感应出变化的电流, 相应称为感性耦合电流。感性耦合电流最终会产生一定的感应电压 (也就破坏了信号的完整性), 可由式 (19.1) 表达:

$$v = L_M \frac{\Delta i}{\Delta t} \qquad (19.1)$$

从磁场的角度来看, 流过电流的网络周围肯定会产生一定的磁场, 只要相邻网络位于该磁场范围内并接收到一定磁场, 也就相当于两个网络之间存在一定的 "互感", 如图 19.2 所示。

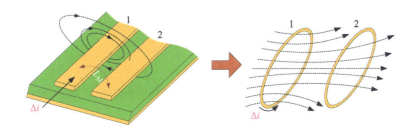

图 19.2　从磁场的角度看待互感

也就是说，某网络（由信号路径与返回路径构成）收到"由相邻网络产生的磁场"越多，两者之间的"互感"就越大。更确切地说，两个网络之间的"互感"与网络"自感"及网络之间的耦合度 K 相关，可由式（19.2）表达：

$$L_M = K\sqrt{L_1 L_2} \qquad\qquad (19.2)$$

式中，K 的取值范围为 0 ~ 1，而两条网络之间的"互感"与网络的匝数（PCB 走线通常为 1）、几何尺寸、相互位置及介质材料的磁导率相关（关于电感与互感的更多详情可参考作者的另一本图书《电感应用分析精粹：从磁能管理到开关电源设计》，此处不再赘述）。

网络串扰产生的另一个原因便是互容（Mutual Capacitance）。相信大家都知道"电容"的概念，那么什么是"互容"呢？与"互容"对应的是"自容"，那么"自容"又是什么呢？

所谓"自容"，是指一个导体（平行板）自身具备的"储存电荷的能力"，"互容"则是指两个导体之间具备的"储存电荷的能力"。如图 19.3a 所示，假设导体 1 周围没有其他任何导体，并假设其电位为 V，此时该导体与参考平面（0V）上的电荷量 Q_1 相等（电荷极性相反），那么其与参考平面之间就存在一定的"自容"，相应值为 Q_1/V。假设导体 1 附近多了另一根导体 2，并且其电位也为 0V（与参考平面电位相同），那么"部分原来储存在参考平面的"电荷量 Q_2 会转移到导体 2，如此一来，两根导体之间就存在一定的"互容"，其绝对值可表达为 Q_2/V，如图 19.3b 所示。

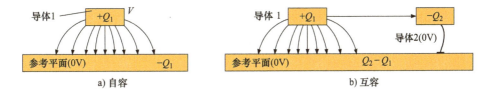

图 19.3　自容与互容的定义

由于"互容"是"自容"中电荷转移导致的，因此也常称为泄漏电容（Leakage Capacitance）。很明显，没有"自容"就没有"互容"，它们分别与"自感"及"互感"是对应的。实际上，"自容"与"互容"都是我们通常意义上所理解的"电容"或"寄生电容"，都是指两个导体之间的电容（参考平面本身也是一个导体），但为了方便描述网络之间的串扰，我们仍然使用"互容"的概念。

前面已经提过，PCB 走线与返回平面之间可以等效为一个电容器，而相邻 PCB 走线之间也会存在一定的"互容"。网络之间的"互容"也许并不大，但是如果网络中信号的速度足够快（变化速率足够快），也就能够往相邻网络中注入一定的电流，相应称为容性耦合电流，可由式（19.3）表达。

$$i = C_\mathrm{M} \frac{\Delta v}{\Delta t} \tag{19.3}$$

从电场的角度来看，当信号沿传输线传播时，信号路径与返回路径之间将产生电场，但这些电场并不都被限制在"信号路径与返回路径之间的空间内"，而是会延伸到周围的空间。我们把这些延伸出去的电场（或磁场）称为边缘场（Fringe Field）。距离传输线越远的地方，边缘场的强度就会下降，如图 19.4 所示。也就是说，某网络（由信号路径与返回路径构成）被"由相邻网络产生的电场"更密集地覆盖，两者之间的"互容"就越大。

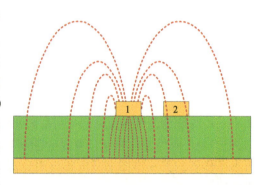

图 19.4　从电场的角度看待互容

总的来说，网络串扰就是"互感"与"互容"共同作用的结果，在其他条件不变的前提下，网络之间的"互感"与"互容"越大，由此产生的串扰也更严重，对信号完整性的破坏也就越严重。值得一提的是，在相邻网络间距保持不变的前提下，如果同时改变网络的物理结构（如线宽、介质厚度等），"互感"随"自感"成正比变化（如果线圈用来产生磁场，"自感"越大表示产生磁场的能力越强，如果线圈用来接收磁场，"自感"越大表示接收磁场的能力越强），而"互容"随"自容"成反比变化，因为"自容"储存电荷的能力越强（更多的电场集中在信号路径与返回平面之间，边缘场就越小），泄漏到附近导体的电荷就越少（更多电荷被"抢"到"自容"里），这一点对于理解"传输线物理特性对串扰的影响"非常重要。

虽然导致网络串扰的原因可以简单理解为"互感"与"互容"，但是两者产生的串扰特征并不相同，相应的优化方案也不一样。在实际应用中，网络之间的串扰很可能是相互的（网络 1 可能会往网络 2 中注入能量，反之也是如此）。为简化分析过程，此处仅以"分析一根网络对另一根网络产生的单向串扰"为例。图 19.5 展示了两条相邻网络（两端都进行了恰当端接以避免信号反射），其中一条网络称为动态网络或攻击网络（Aggressor），用于注入数字信号以产生串扰源；另一条网络称为静态网络或受害网络（Victim），其中没有外部注入的信号，用于观察由攻击网络导致的串扰。更进一步，我们将受害网络中"靠近攻击网络信号源那一端的串扰"称为近端串扰（Near-End Crosstalk，NEXT）或后向串扰（Backward Crosstalk），而将受害网络另一端的串扰称为远端串扰（Far-End Crosstalk，FEXT）或前向串扰（Forward Crosstalk）。

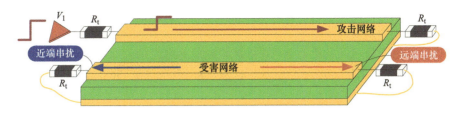

图 19.5　存在串扰的两条网络

我们先来看看感性耦合产生的串扰。假设传输线的传播延时为 t_{pd}，并且将其分为 10 个单位长度来分析（注意：串扰的产生是连续的，此处只是将传输线分为 10 个单位长度以简化分析），当阶跃信号刚注入到攻击网络时（第 1 个单位长度），（仅在）攻击网络的信号上升沿期间存在感性耦合电流注入到受害网络，相应会同时产生前向串扰与后向串扰脉冲（相应编号均为 1）。但是请特别注意，后向串扰是正脉冲，前向串扰是负脉冲，如图 19.6a 所示。当阶跃信号到达第 2 个单位长度处时，同样也会产生相同的前向与后向串扰脉冲（相应编号均为 2），前者与之前产生的前向串扰脉冲（编号 1）叠加并共同往受害网络远端传播。与此同时，之前产生的后向串扰脉冲（编号 1）已经传播到受害网络近端，如图 19.6b 所示。在阶跃信号不断往前传播的过程中，也不断在产生前向与后向串扰脉冲，图 19.6c 中已经产生了第 6 个脉冲，而最开始的 3 个后向串扰脉冲此时已经到达受害网络近端。当阶跃信号到达攻击网络远端时，10 个前向串扰正脉冲叠加并同时到达受害网络远端，相应的状态如图 19.6d 所示。之后第 10 个（也是最后一个）后向串扰脉冲才开始往受害网络近端传播，直到再次经过一定时间（t_{pd}）才到达受害网络近端，如图 19.6f 所示。

我们可以根据前述分析过程获得"因感性耦合而在受害网络产生的"远端与近端串扰的特征。由于所有前向串扰脉冲都会在同一时刻到达受害网络远端，它们会产生幅值叠加的效果，因此，受害网络远端串扰波形是一个负脉冲，其幅值会比较大，但持续时间等于阶跃信号的上升时间。受害网络近端串扰却不一样，由于所有后向串扰脉冲随时间陆续到达受害网络近端（到达时刻都不相同），它们不会产生幅值叠加效果，相应的幅值会比远端串扰更小，但是持续时间会比较长（约为 t_{pd} 的 2 倍），相应的波形类似如图 19.7a 所示。

容性耦合导致的串扰分析过程也是相似的，只不过其在受害网络上产生的前向与后向串扰都是正脉冲。之后的"剧情走向"与感性耦合是相似的，多个前向串扰正脉冲叠加形成了远端串扰脉冲，其幅值比较大（正脉冲），但持续时间较短，多个后向串扰正脉冲随时间陆续到达受害者近端，其幅值比较小（正脉冲），但持续时间比较长，大体的波形类似如图 19.7b 所示。

如果同时考虑感性与容性耦合串扰，那么很明显，受害网络近端串扰应该是一个持续时间比较长、幅值相对较小的波形，因为感性与容性耦合导致的近端串扰都是正脉冲，且持续时间都比较长，两者相互叠加起来就是增强的过程。然而，受害网络远端串扰却取决于两种耦合串扰的相对大小。如果感性耦合大于容性耦合，则远端串扰将会是一个负脉冲，反之则为一个正脉冲。如果感性耦合与容性耦合恰好相等，则远端串扰将不复存在。

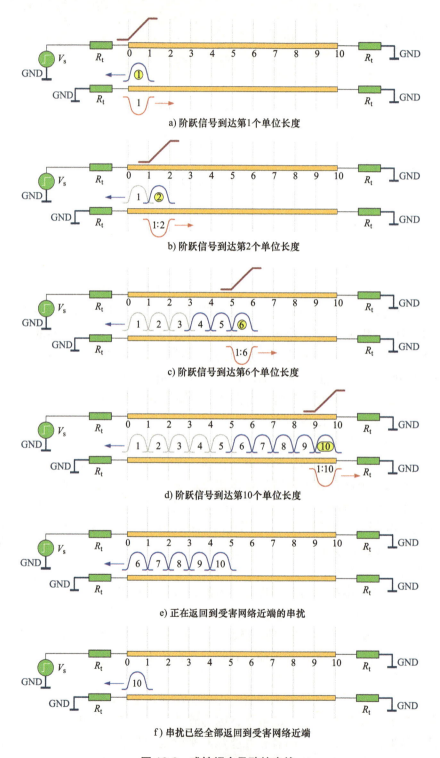

a) 阶跃信号到达第1个单位长度

b) 阶跃信号到达第2个单位长度

c) 阶跃信号到达第6个单位长度

d) 阶跃信号到达第10个单位长度

e) 正在返回到受害网络近端的串扰

f) 串扰已经全部返回到受害网络近端

图 19.6　感性耦合导致的串扰

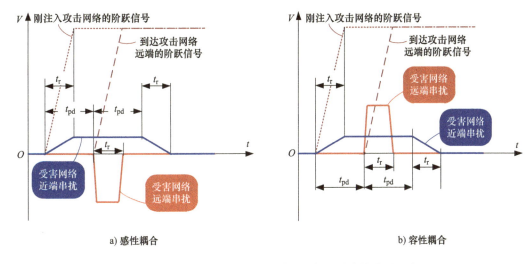

a) 感性耦合　　　　　　　　　　　　　　　b) 容性耦合

图 19.7　感性与容性耦合导致的远端与近端串扰波形示意

我们可以使用 ADS 软件平台直观感受一下串扰的波形，相应的仿真电路如图 19.8 所示。其中，CLin1 为微带耦合线（Microstrip Coupled Lines，MCLIN）元件，其宽度（W）、线距（S）及介质高度（H）是可调整的，相应的参数示意如图 19.9 所示。CLin1 需要指定叠层信息，这是由微带线叠层元件 MSub1 完成的。我们根据图 13.7 所示信息将微带耦合线阻抗设置为 50Ω（传播延时也同样约为 1ns），并且设置线距与线宽相同（此处均为 6.07mil），然后进一步在 CLin1 两端连接 50Ω 端接电阻以避免信号反射，相应的仿真结果如图 19.10 所示。可以看到，正脉冲为**受害网络近端串扰**（节点 **V_n_vctm**），其幅值约为 31mV，持续时间比较长（如果传输线长度进一步增加，脉冲宽度也会持续增加，在后续进一步分析过程中就可以看到），负脉冲为**受害网络远端串扰**（节点 **V_f_vctm**），其幅值约为 –27mV（也就意味着微带线的感性耦合大于容性耦合），持续时间相对比较短。

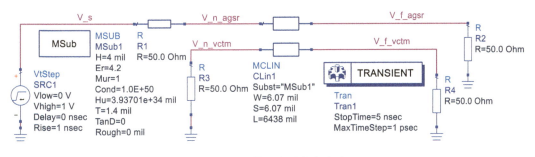

图 19.8　微带耦合线仿真电路

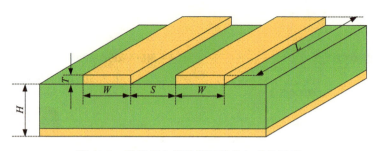

图 19.9　微带耦合线的叠层结构与参数示意

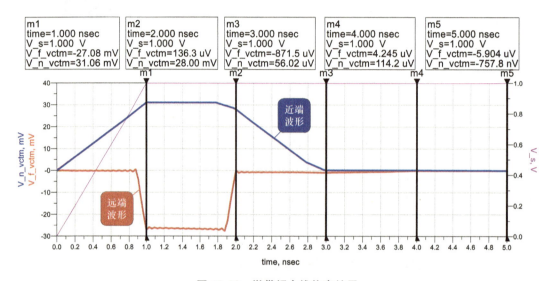

图 19.10　微带耦合线仿真结果

　　我们再来看看 PCB 带状耦合线的串扰波形，同样保持传输线阻抗为 50Ω，相应的 ADS 软件平台仿真电路如图 19.11 所示。其中，CLin1 是一个边缘耦合带状线（Edge-Coupled Lines in Stripline，SCLIN）元件，其可调参数与前述微带耦合线元件相同，相应的叠层信息由 SSub1 决定。我们同样将带状耦合线的阻抗设置为 50Ω（只需要参考图 13.9 中的信息即可长度仍然为 6438mil，相应的传播延时略大于 1ns），相应的仿真波形如图 19.12 所示。可以看到，带状耦合线的**近端串扰脉冲**幅值约为 38mV，与前述微带耦合线的近端串扰幅度相差不大，但是**远端串扰脉冲幅值**却非常小（不到 1mV），说明容性耦合略强于感性耦合（可以认为是平衡的）。

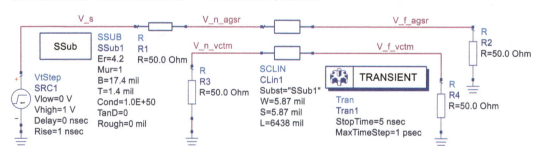

图 19.11　带状耦合线串扰仿真电路

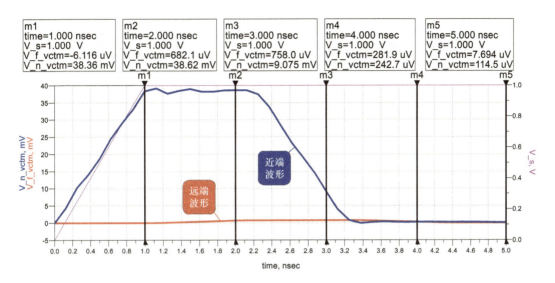

图 19.12　带状耦合线串扰仿真波形

第 20 章　优化传输线的串扰：
多管齐下

　　既然网络串扰会影响信号的完整性，当然需要进行相应的优化，具体应该怎么做呢？我们知道，噪声传播的三要素是噪声源、接收方与传播路径，从各要素入手都可以分别降低噪声。网络串扰也是一种噪声，自然也有相应的传播三要素，即攻击网络（噪声源）、受害网络（接受方）与耦合路径（传播路径），我们可以分别从三要素入手获得优化串扰的方案。

　　前面已经提过，对于给定的 PCB 布线方案，走线之间的"互容"与"互感"是一定的，根据式（19.1）、式（19.3）可知，耦合到受害网络的能量大小肯定与攻击网络中信号的强度有关，我们可以使用 ADS 软件平台仿真验证一下。在图 20.1 所示仿真电路中，CLin1 为非对称边缘耦合微带线元件（两条传输线宽度均可自由更改），并且还一次性定义了 8 个变量以方便后续进行参数扫描。由于我们需要观察"攻击网络信号强度与受害网络串扰的变化关系"，因此对阶跃信号源的幅值（VH）进行线性扫描（扫描范围为 1～5V，步长为 1V），相应的受害网络仿真波形如图 20.2 所示。很明显，无论受害网络的近端还是远端串扰，其幅值均随阶跃信号的幅值增大而增大。

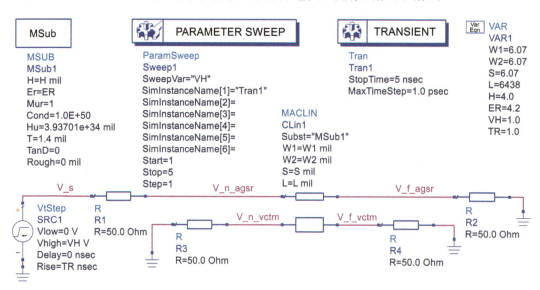

图 20.1　阶跃信号源幅值扫描仿真电路

　　同样根据式（19.1）、式（19.3）可知，阶跃信号的电平转换时间越小，相应的串扰幅值也应该会越大。我们可以对图 20.1 所示阶跃信号源的上升时间（TR）进行线性扫描（扫描范围为 1 ～ 3ns，步长为 0.5ns），相应的受害网络远端与近端串扰仿真波形如图 20.3 所示。很明显，随着上升时间的增加，受害网络近端与远端串扰的边沿变化越缓慢（越好），同时两者的幅值也越来越小，这也就意味着，**在满足信号完整性要求的前提下，如果能够让数字系统的信号上升时间尽量大一点，也就能够进一步削弱串扰。**

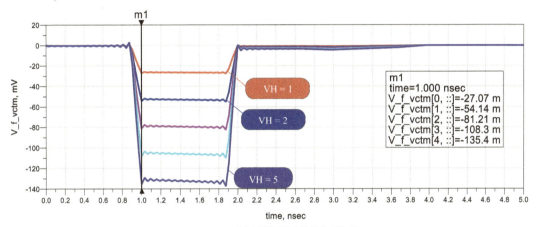

a) 受害网络远端串扰的仿真波形

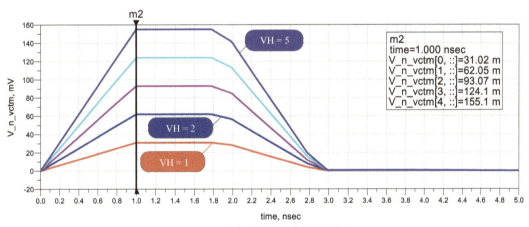

b) 受害网络近端串扰的仿真波形

图 20.2　阶跃信号源幅值扫描时的受害网络仿真波形

值得一提的是，当攻击网络中阶跃信号源的上升时间从 3ns 下降到约 2ns 期间，受害网络近端串扰（NEXT）的幅值提升得比较明显，但是再进一步降低上升时间后（准确地说，上升时间在略小于 2ns 后，后续以"2ns"方便行文），NEXT 的幅值不会再发生变化，为什么会这样呢？**因为能量耦合仅发生在信号转换期间！**如果信号边沿的延伸长度比传输线更长，说明只有部分能量从攻击网络耦合到受害网络。当信号边沿的延伸长度恰好等于传输线耦合长度时，由电平转换期间产生的能量将全部耦合到受害网络（当传输线耦合长度进一步提升时，耦合的总能量不会再增加），如图 20.4 所示。

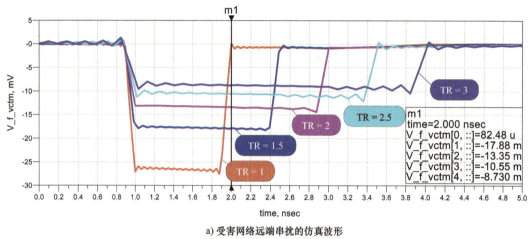

a) 受害网络远端串扰的仿真波形

b) 受害网络近端串扰的仿真波形

图 20.3　阶跃信号源上升时间扫描时的受害网络串扰波形

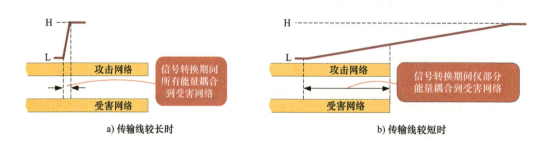

a) 传输线较长时　　　　　　　　　　　b) 传输线较短时

图 20.4　传输线长度不同时的耦合总能量

　　那么，为什么受害网络近端串扰（NEXT）的幅度达到最大值时，对应的攻击网络信号源上升时间是 2ns（而不是传输线的传播延时 1ns）呢？一个典型的"由攻击网络信号转换期间导致的"受害网络串扰脉冲如图 20.5 所示，其最大值可以简单理解为在信号转换正中间（对应 1ns 时刻），这也就意味着，只有当传输线的传播延时不小于"攻击网络信号源的电平转换时间的一半"时，NEXT 才有可能达到最大值。

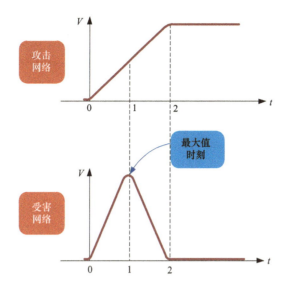

图 20.5　受害网络脉冲到达最大值的时刻

我们把受害网络近端串扰（NEXT）的幅度刚达到最大值时对应的传输线耦合长度称为饱和长度（第 9 章提到过此概念），而相应 NEXT 的幅值称为近端串扰系数，其值会在"传输线的传播延时恰好等于信号转换时间的一半"时出现。在图 20.3 所示波形中，当 TR 约为 2ns 时 NEXT 的幅度达到最大值，由于微带线传播延时约为 155.337ps/in（见表 13.1），可得相应的饱和长度约为 3219mil（即 6438mil 的一半）。

很容易可以预料到，攻击网络上的信号传播速度越快，相应耦合的总能量也会越大，因为攻击网络信号边沿的延伸长度越大，单位互容与互感就越大，这也就意味着，在其他条件保持不变的前提下，带状线比微带线的串扰要小一些（同理，嵌入式微带线的串扰比普通非嵌入式微带线也要小一些），因为前者的单位长度传播延时更大。

值得一提的是，串扰耦合的总能量与攻击网络中信号源的转换时间无关。虽然转换时间越短，信号的变化率越快，根据式（19.1）与式（19.3），似乎耦合的能量越大。但是转换时间越短，传输线的有效耦合长度也越短，单位互感与互容就下降了，最终总的耦合能量其实并没有发生变化。

言归正传，调整攻击网络的阻抗是否也会影响串扰呢？我们对攻击网络的线宽（W_1）进行线性扫描（扫描范围为 6.07 ~ 46.07mil，步长为 10mil），相应的仿真结果如图 20.6 所示。很明显，随着攻击网络线宽的提升，远端与近端串扰会越来越小。需要注意的是，传输线阻抗会随线宽变化而变化，而此处为了简化仿真过程，端接电阻并没有随之改变，因此仿真波形中出现了信号反射，但是正如你看到的，即便没有进行恰当端接，串扰的幅值仍然还是变小了。

从前述"攻击网络线宽与串扰的变化关系"似乎能够获得"降低传输线阻抗能够优化串扰"的结论，这是否意味着：降低信号路径与返回平面的距离（介质厚度）或提升介质材料的介电常数也都能够降低串扰呢？不要想当然！实践是检验真理的方法，我们还是使用 ADS 软件平台验证一下吧！

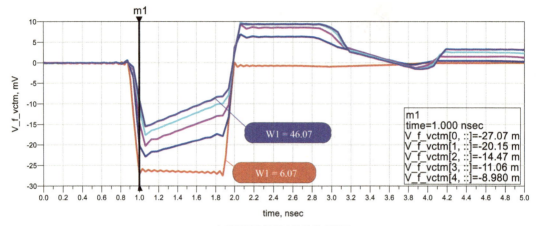

a) 受害网络远端串扰的仿真波形

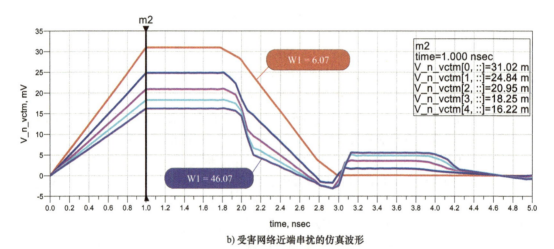

b) 受害网络近端串扰的仿真波形

图 20.6　攻击网络线宽扫描时的串扰波形

图 20.7 是对介质厚度（H）进行线性扫描（扫描范围为 4 ~ 24mil，步长为 5mil）的仿真结果，很明显，介质厚度越小（阻抗越小），相应的受害网络远端与近端串扰也越小。

图 20.8 是对介质材料的介电常数（ε_r）进行线性扫描（扫描范围为 2 ~ 10，步长为 2）的仿真结果，从中可以看到，受害网络近端串扰（正脉冲）的确随介电常数上升而下降，但远端串扰（负脉冲）随介电常数上升反而增加了，这是为什么呢？因为网络的"自容"随介电常数上升而上升（阻抗下降了），网络间的"互容"却因此而下降了（削弱了容性耦合能量），但感性耦合能量却并没有发生变化（因为其与介电常数无关），继而使感性耦合能量进一步占主导位置（因为容性耦合抵消感性耦合的那部分能量更小了）。

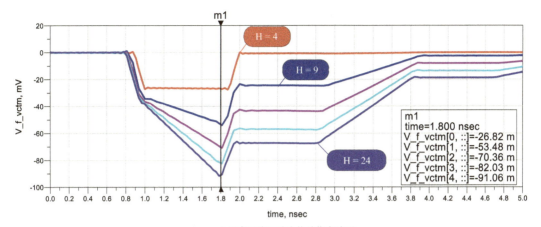

a) 受害网络远端串扰的仿真波形

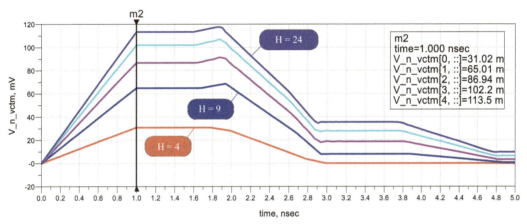

b) 受害网络近端串扰的仿真波形

图 20.7　介质材料的厚度扫描仿真结果

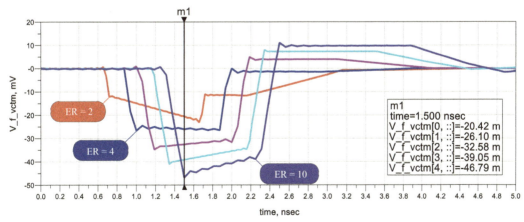

a) 受害网络远端串扰的仿真波形

图 20.8　介质材料的介电常数扫描仿真结果

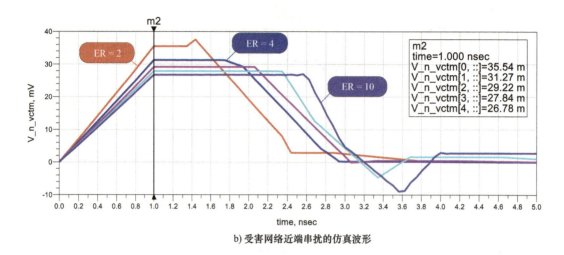

b) 受害网络近端串扰的仿真波形

图 20.8　介质材料的介电常数扫描仿真结果（续）

也就是说，"降低传输线阻抗可以优化串扰"只是一种表面现象，串扰被优化的真正原因是：通过"互感"与"互容"耦合到受害网络的能量更少了（如果传输线阻抗的下降并没有同时削弱容性与感性耦合能量，反而可能会使串扰更严重）。例如，当攻击网络（受害网络亦是如此）的线宽增大（或介质厚度减小）后，其自感下降而自容增加了，前者导致互感下降了，后者导致互容下降了（"互容"与"自容"呈反比变化），这才使串扰真正得到了优化！

从能量耦合路径入手也可以优化串扰，直观上容易理解的方案便是"拉开两条网络的间距"，因为网络间距一旦增加，相应的耦合度就降低了。同样使用 ADS 软件平台验证一下，只需要对图 20.1 中的网络间距（S）进行线性扫描（扫描范围为 6.07 ～ 30.35mil，步长为 6.07mil），相应的远端与近端串扰波形如图 20.9 所示。很明显，当网络间距越来越大时，串扰也会越来越小。例如，当 S 由原来的 1 倍线宽增加到 2 倍线宽时，近端串扰幅值由原来的 31.02mV 下降到 13.61mV（下降幅度超过 50%），远端串扰幅值的下降幅度也超过 40%。当 S 增加到 3 倍线宽时，近端串扰幅值更是由原来下降到约 7.9mV（下降幅度超过 70%）。因此，PCB 设计过程中常通过"拉开相邻网络的距离"以优化串扰。当然，网络间距越大，PCB 走线密度也会越低，成本也会相应提升，需要折中考虑。

我们还可以通过调整网络长度来优化串扰，因为串扰的来源就是存在能量耦合的网络，如果将网络耦合长度减小，自然也就能够优化串扰。使用 ADS 软件平台验证一下，只需要对图 20.1 中的网络长度（L）进行线性扫描（扫描范围为 100 ～ 6430mil，步长为 1055mil）即可，相应的远端与近端串扰仿真波形如图 20.10 所示。可以看到，随着网络长度的提升，近端串扰与远端串扰也会越来越严重。值得一提的是，当传输线长度约为 3625mil 时，近端串扰几乎已经达到最大值（也就是前面提过的近端串扰系数），其不再随传输线增长而有较大变化。

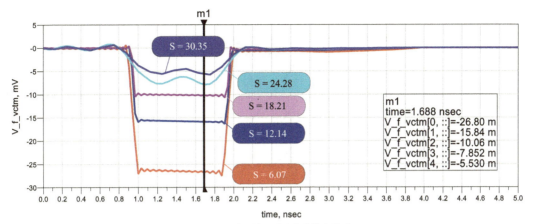

a) 受害网络远端串扰的仿真波形

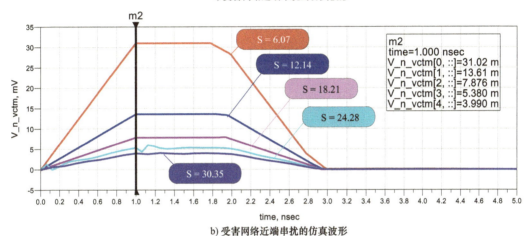

b) 受害网络近端串扰的仿真波形

图 20.9　网络间距扫描后的近端与远端串扰

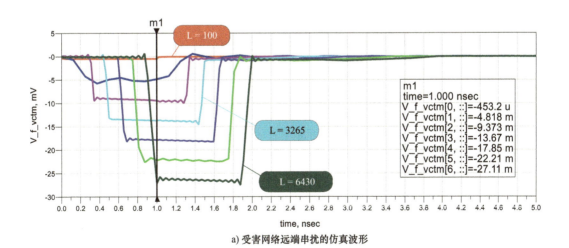

a) 受害网络远端串扰的仿真波形

图 20.10　传输线长度扫描时仿真波形

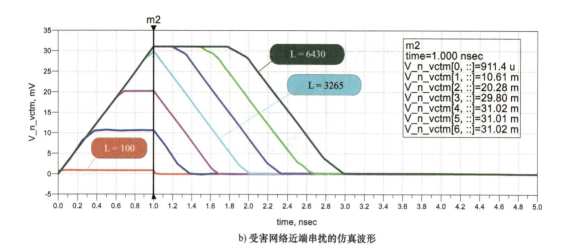

b) 受害网络近端串扰的仿真波形

图 20.10　传输线长度扫描时仿真波形（续）

实际上，网络耦合长度与阶跃信号源上升时间的扫描结果是相似的，因为它们都分别仅改变网络长度或阶跃信号源上升时间，从电长度的角度来看并没有本质不同。之所以将两者分开讨论，是因为"信号源上升时间的调整"只能从电路系统设计层面考虑，而"网络耦合长度的调整"则可以从 PCB 设计层面入手。换句话说，我们在PCB 设计时无法改变信号转换时间，但却可以下意识地拉开网络之间的距离以降低有效耦合长度，类似如图 20.11 所示。同样，如果多层 PCB 中存在相邻布线层，布线时应该尽量相互垂直，这样也是为了降低有效耦合长度。

a) 不推荐　　　　　　　　　　　　　　　b) 推荐

图 20.11　降低耦合长度的 PCB 布线设计

在实际 PCB 设计过程中，我们还可能会在不同产品中看到"往相邻网络之间添加防护布线"的现象，有的防护布线两端是悬空的，有的防护布线两端各添加了一个公共地属性的过孔（后续简称"接地过孔"），还有一些则在防护布线上添加了很多接地过孔。那么，哪一种防护布线方案的串扰优化效果相对更好呢？使用 ADS 软件平台对比一下就清楚了。

此处对如图 20.12 所示 4 种防护布线案例进行验证（为简化作图，假设攻击网络与受害网络两端都已经恰当端接），为了使仿真结果具有可比性，所有案例的攻击网络、防护网络以及受害网络的线宽与间距均一致（ W ），差别只是防护布线的处理。

图 20.12a 中添加的防护布线两端是悬空的，图 20.12b 中添加的防护布线两端已经被恰当端接，图 20.12c 中添加的防护布线两端各存在一个接地过孔，图 20.12d 中添加的防护布线被均匀添加 11 个接地过孔（防护布线被均匀分隔为 10 小段）。

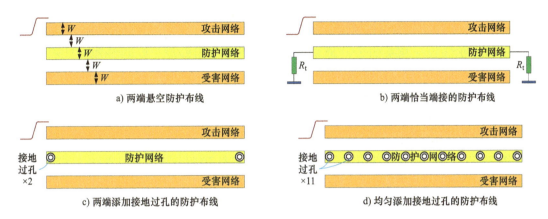

图 20.12　不同防护布线方案

我们准备的 ADS 软件平台仿真电路如图 20.13 所示，其中，CLin1 为三导体非对称耦合微带线（Microstrip 3-Conductor Asymmetric Coupled Lines），此处将外面两根导

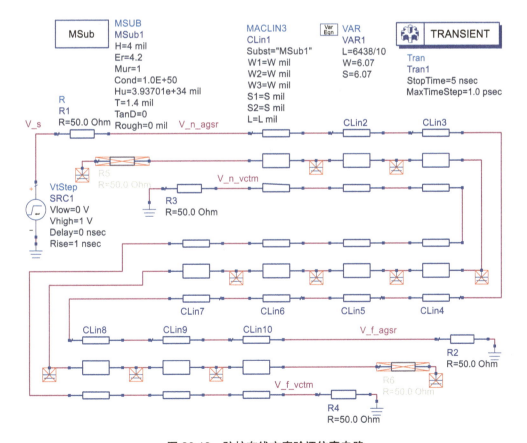

图 20.13　防护布线方案验证仿真电路

体分别作为攻击网络与受害网络，而将中间导体作为防护布线（所有耦合线的配置均相同，为简化仿真电路图仅显示 CLin1 的配置参数）。为了方便在同一个仿真电路中验证 4 种不同防护布线方案的效果，我们按照图 20.12d 所示案例进行仿真电路的搭建。具体来说，将 10 个耦合线元件串联起来，每个耦合线元件长度均为 $L = 6438/10 = 643.8$mil，这样传输线的总传播延时仍然约为 1ns。如果需要验证图 20.12a 所示方案，只需要将防护布线上相关的公共地与端接电阻符号禁用即可（此时符号上显示一个"×"），这正是图 20.13 所示电路的状态。如果需要验证图 20.12b 所示方案，只需要将 R5 与 R6 及与之相连的接地符号激活即可。如果需要仿真图 20.12c 所示方案，只需要将 R5 与 R6 短路并激活与之相连的接地符号即可。如果需要仿真图 20.12d 所示方案，只需要将禁用的元件全部激活即可。

图 20.13 中不同防护布线方案的仿真波形分别如图 20.14a、b、c、d 所示（无防护布线方案见图 20.9 中 $S = 18.21$mil 时对应的仿真波形，其远端与近端串扰幅值分别约为 −10mV 与 7.9mV）。可以看到，两端悬空防护布线方案的串扰更严重了，而且还伴随着尖峰，这主要是由于防护布线上的串扰来回反射（继而耦合到受害网络）造成的。当对防护布线两端采用"50Ω 端接电阻"或"接地过孔"方案后，串扰整体上仍然没有明显改善。只有当我们在防护布线上均匀增加 11 个接地过孔后，受害网络远端与近端串扰才下降到了较低的水平。也就是说，最佳的防护布线方案是"在防护布线上均匀添加数量足够多的接地过孔"，如果使用其他防护布线方案，那还不如"直接不添加防护布线（即仅拉开网络间距）"。

值得一提的是，虽然仿真结果中的串扰幅值都不大，但我们主要的观察对象是变化量，你也可以降低阶跃信号源上升时间重新仿真。另外，还可以更改带状耦合线重新仿真以对比各种防护布线方案的效果，此处不再赘述。

总的来说，从 PCB 设计的角度来看，"增加网络间距""（在网络间距保持不变的前提下）降低介质厚度或提升走线宽度""添加（带均匀且数量足够多接地过孔的）防护布线"对近端与远端串扰的优化都是有效的。除此之外，"缩短耦合长度"与"将传输线以带状线的形式落实在 PCB 上"也将非常有助于优化远端串扰（后者主要是由于带状线对应的感性与容性耦合能量大致相同，继而起到了相互抵消的效果），但是它们对优化近端串扰的实际意义并不太大。

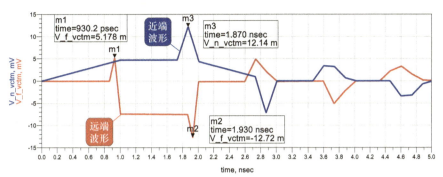

a) 两端悬空的防护布线方案

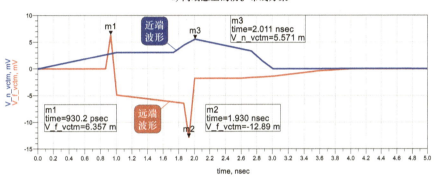

b) 两端被恰当端接的防护布线方案

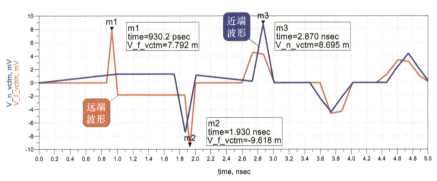

c) 两端添加接地过孔的防护布线方案

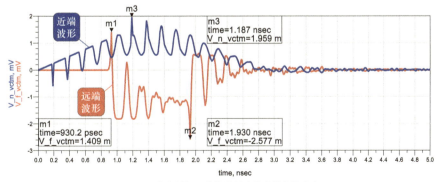

d) 均匀添加11个接地过孔的防护布线方案

图 20.14　各种防护布线方案对应的仿真波形

第21章 独领风骚的差分传输：反客为主

到目前为止，我们讨论了"**影响数字信号完整性的噪声**"的三种来源（即数字 IC 内部的瞬间开关切换、信号反射、网络串扰），而**降低噪声源**便是共同的优化思路，因为噪声相对信号越小，对信号完整性的影响自然也就相对更小。例如，去耦电容可以降低开关噪声，端接匹配方案可以降低信号反射，降低介质厚度（或增加线距等手段）能够降低网络间的耦合噪声。

现在换一个思路：假设在"**耦合到传输线的噪声不变**"的前提下，存在一种"从传输结构上就能够优化噪声"的信号传输方案，也就能够更进一步改善高速信号的完整性，岂不快哉？！问题的关键在于，这种看似"异想天开"的传输方案是否存在呢？答案当然是肯定的！但是在正式讨论之前，还是先来了解一下共模信号（Common-Mode Signal）与差模信号（Differential-Mode Signal）的概念。

所谓"差模信号"，是指两个**数值相等**而**极性相反**的信号，其也常被称为"**差分信号**（Differential Signal）"。例如，两个幅值相同而相位相差 180° 的正弦波就是差模信号。当然，差模信号的具体波形不必一定是很多资料上给出的正弦波，只要符合其特性即可，图 21.1 给出了几种差模信号。

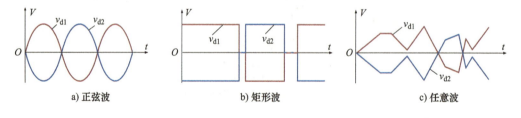

图 21.1　差模信号

共模信号则是两个**数值相等**且**极性相同**的信号。例如，两个幅值相同且相位相等的正弦波就是共模信号，图 21.2 也给出了几种共模信号。

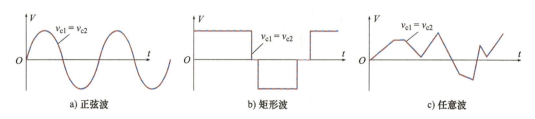

图 21.2　共模信号

需要注意的是，即便两个信号不是严格的差模或共模信号，我们也可以将其理解为"差模信号与共模信号的叠加"。举个简单的例子（更复杂的信号也是相似的），图 21.3a 展示了由基本逻辑门输出的两个互补方波数字信号（占空比均为 50%，当 v_1 为高电平时，v_2 为低电平，反之亦然），其可以分解为图 21.3b 所示的差模信号 v_{d1} 与 v_{d2}（峰峰值与 v_1 或 v_2 相同）及图 21.3c 所示的共模信号 v_{c1} 与 v_{c2}（幅值均为 v_1 或 v_2 的一半）。很明显，v_1 为 v_{d1} 与 v_{c1} 的叠加，v_2 为 v_{d2} 与 v_{c2} 的叠加，相当于在交流信号（差模信号）的基础上增加了直流成分（共模信号）。

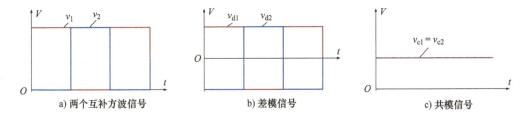

图 21.3　两个互补方波信号分解为差模信号与共模信号

以往我们将信号放在一条导线上传输，而另一条导线则作为参考（如公共地 0V），也称为单端传输（Single-Ended Transmission）或非平衡传输，相应的传输结构如图 21.4a 所示。也就是说，单端传输的对象是"导线上的电压与参考电压之间的差值"，这也是比较常见且简单的通信与控制方式（以前我们讨论的基本逻辑门输入与输出信号都是如此）。与单端传输对应的是双端传输（Double-Ended Transmission），也常称为差分传输或平衡传输，其信号（在传输前）首先会被分解为两个互补信号（差分信号），然后分别在两条导线上传输，而第三条导线（如公共地 0V）则作为参考，相应的传输结构图 21.4b 所示。

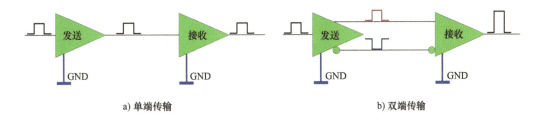

图 21.4　单端与双端传输

顺便提一下，严格来说，差分信号与差模信号是有区别的。例如，图 21.3a 就是差分信号（不是单纯的差模信号），图 21.3b 才是真正的差模信号。简单地说，差模信号必是差分信号，差分信号不一定是差模信号（其中很可能还包含共模信号）。

共模信号与差模信号都是针对两个信号而言，只要有两条导线就可能存在。对于双端传输结构来说，差模与共模信号很容易理解，两条导线传输两个信号，只需要观察两个信号的特征即可，我们也常把传输差分信号的两条信号线称为差分对（Differential Pair）。那么对于单端传输来说，差模与共模信号又是什么呢？其实抓住信号特征即可！假设从信号源往负载发送单端信号，这个信号发送过程就产生了差模信号。

有人可能会想：这不就只有一个信号吗？因为另一个是公共地（电位固定不变）呀！

不，存在两个信号！取决于从哪个角度去看待。如图 21.5 所示，如果把参考地也当作一根导线（本来就是如此），当电流 I_{d1} 从信号源传播到负载 R_L 的同时，也会存在"从负载流向信号源的"返回电流 I_{d2}，很明显，这两个电流数值相同而方向恰好相反，正符合差模信号的定义。

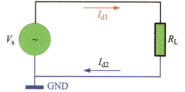

图 21.5　差模电流

当然，你也可以从电压的角度去看，但是请将公共参考电位取在负载电阻 R_L 正中间，如图 21.6 所示。现在无论信号源的电压幅值为多大，电阻上端与下端的电位总是数值相同而方向相反（如信号源幅值为 2V 时，电阻两端的电位分别为 +1V 与 –1V），这也正符合差模信号的定义。

图 21.6　差模电压

那么单端传输时的共模信号又是什么呢？例如，空间噪声耦合到电路系统后，出现在各个支路的噪声变化趋势是相同的，所以其也是共模信号，如图 21.7 所示。

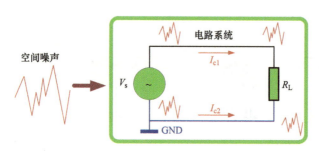

图 21.7　外加的共模信号

值得一提的是，从电路系统的角度来看，空间噪声是共模信号。但是，如果从大地（**不是**电路的公共地）的角度来看，空间噪声则是差模信号。因此，"两个信号属于差模还是共模"与选择的参照物有关，而**信号的传输方式并不影响共模与差模存在**（**并不意味着差模与共模信号仅存在于双端传输**）。

当然，**共模信号不必一定来源于电路外部噪声，电路本身也可能会产生共模信号**。举个例子，当电源电压发生变化时，整个系统中的电位都会呈现相同的变动趋势（都上升或都下降），这种变化电位等效在信号输入端就相当于共模信号。同理，环境温度变化、元器件老化等因素都可以认为是共模信号产生的来源（都是由不期望因素变动而导致，所以共模信号通常是有害的）。

总的来说，无论单端传输还是双端传输，共模信号通常是无用的（因为两条导线上的信号变化趋势完全相同，从接收方来看，其中并未包含有用的信息），甚至是有害的（幅值过大很可能会影响接收方正常判断逻辑），因此，实际应用时总会想办法将其抑制（或滤除）。有用的信号通常会以差模形式出现，但是有害的噪声也会以差模形式出现。例如，"通过电源分布网络耦合到信号线上的噪声"就是差模信号，"由于传输线阻抗突变导致的反射信号"是差模信号，"由攻击网络耦合到受害网络的串扰"也是差模信号。

讨论了那么多关于差模与共模信号的知识，其与信号传输结构有什么关系呢？单端传输结构的抗干扰能力比较差，当外部空间（或其他因素导致的）噪声耦合到信号线上时，接收方难以消除其影响，如图 21.8a 所示。双端传输结构则不一样，其两条信号线之间通常是紧耦合的（即靠得很近），这也就意味着，噪声会同时反应在两条信号线上（产生了共模信号），而接收方只需要使用减法操作就能够将噪声抵消，而差模信号经减法操作后幅值就翻倍了（有用的信号通常就在差模信号中），相应的传输噪声抑制基本原理如图 21.8b 所示。

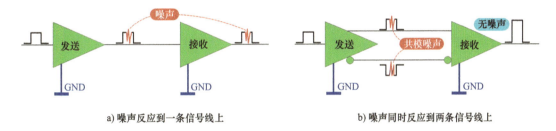

a）噪声反应到一条信号线上　　　　　　　　b）噪声同时反应到两条信号线上

图 21.8　双端传输抑制噪声的基本原理

也就是说，双端传输具备单端传输欠缺的两种能力：其一，差分对具备"将差模信号转换为共模信号"的能力；其二，接收方具备较强的共模信号抑制能力。这也就意味着，即便噪声原来的表现形式为差模，双端传输能够主动将其转换成共模噪声，并借助其优越的共模噪声抑制能力而将其削弱，因此其天生就具有较强的抗干扰能力。例如，攻击网络耦合到受害网络的串扰就是差模噪声，但是如果受害网络是双端（而不是单端）传输结构，串扰就会同时反应在两条信号上（差模噪声也就转换成了共模噪声，至少是一部分），而削弱共模噪声正是（差分）接收方的拿手好戏。

理论上，任意两条单端传输线即可构成差分对（通常还需要一个参考平面），常见的 PCB 差分对横截面如图 21.9 所示，其与单端传输线一样分为微带线与带状线，后者还可进一步分为边缘耦合（Edge-Coupled）与宽边耦合（Broadside-Coupled）两种。另外，共面差分对比较特殊，其仅有两条传输线（没有参考平面），后续有机会再来详尽讨论。

实际应用时只需要将差分信号分别注入两条单端传输线中即可，如图 21.10 所示。

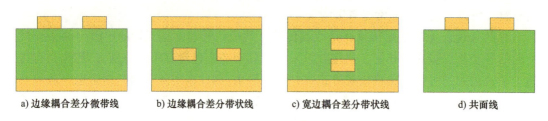

a) 边缘耦合差分微带线　　b) 边缘耦合差分带状线　　c) 宽边耦合差分带状线　　d) 共面线

图 21.9　常见的 PCB 差分对横截面

图 21.10　差分传输线

　　仍然需要注意的是，虽然差分信号中的差模成分才包含需要传输的信息，但其中通常也包含一定的共模成分，正如图 21.3 所示那样。假设差分对传输的信号分别为 v_1 与 v_2，差模信号 v_d 即为两者之差，共模信号 v_c 即为两者的算术平均值，见式（21.1）和式（21.2）：

$$v_d = v_1 - v_2 \qquad\qquad (21.1)$$

$$v_c = (v_1 + v_2)/2 \qquad\qquad (21.2)$$

　　由于差分信号通常包含差模与共模信号，相应也存在差模阻抗与共模阻抗的概念，通常分别使用 Z_d（或 Z_{diff}）与 Z_c（或 Z_{comm}）表示，它们分别是差模信号与共模信号感受到的特性阻抗，也称为双端阻抗，而以往单端传输线的特性阻抗则称为单端阻抗。

　　对于差模信号来说，两条信号路径上的电流恰好是相反的，差模阻抗就是两条信号路径之间的阻抗（从易于理解的角度来看，可以将其中一条信号线作为返回路径，而差模阻抗就是另一信号线与该返回路径之间的阻抗，正如同单端传输线那样），如图 21.11a 所示。对于共模信号来说，两条信号路径上的电流方向恰好相同，因此，共模阻抗可以理解为"两条单端传输线呈现的单端阻抗"的并联，如图 21.11b 所示。

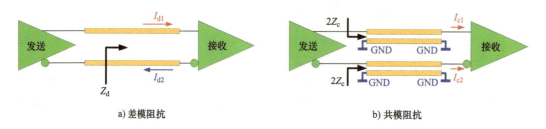

a) 差模阻抗　　　　　　　　　　　　b) 共模阻抗

图 21.11　差模阻抗与共模阻抗

与单端传输线相同，如果信号在差分对上传输时感受到的差模阻抗（或共模阻抗）发生变化，也会产生相应的反射现象。虽然差分传输线与前述单端传输线的结构有所不同，但是差模与共模阻抗仍然还是与传输线横截面结构有关。因此，保证差分对阻抗连续的关键仍然还是"保证传输线横截面不变"，也正因为如此，在差分对具体 PCB 设计过程中，通常都会遵循"平行、等长"的原则。典型的差分对布线方案如图 21.12 所示，其中，假设 U1 与 U2 分别为发送方与接收方，差分对首先会经过起始区（Start Zone），然后到集合点（Gathering Point）开始在阻抗受控间隙区域（Controlled Gap Area）进行布线，当到达目的地后会通过分离点（Split Point）过渡到结束区（End Zone）。

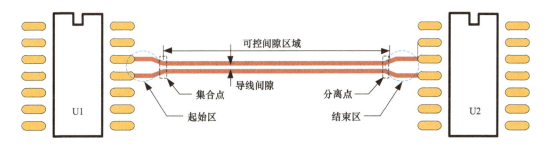

图 21.12　典型的差分对布线方案

值得一提的是，从差分信号传输原理的角度，虽然让差分对紧耦合（即尽量靠近）并不是必须的，但紧耦合设计能够增强抗干扰能力。另外，虽然从效果上来讲，差模信号可以将差分对的两条信号线分别视为信号路径与返回路径，看似不需要额外的参考（返回）平面，但是对于共模信号来讲，返回平面却是必须的，因此我们仍然还是要保证参考平面的连续性。图 21.13a 与 b 所示差分对经过了两个参考平面（间隙或边缘），并不是推荐的布线方案。

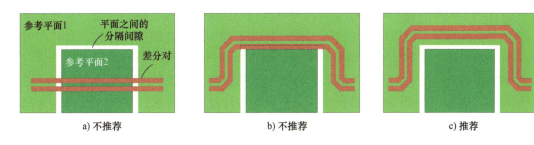

图 21.13　避免差分对经过两个参考平面

也就是说，现阶段的我们不必将差分对想得太复杂。前面已经提过了，差分对就是由两条单端传输线构成，这也就意味着，从单条传输线的角度来看，差分对上传输的共模信号其实就是由"两条单端传输线上的信号"构成，如图 21.14 所示。既然如此，那么接收方就不可能不考虑单端传输线上的信号完整性（因为差分对虽然可以抑制共模噪声，但能力并不是无限的）。

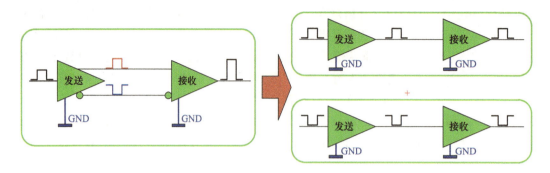

图 21.14 从单端传输线角度看待差分对

如果差分对的横截面不可避免需要进行更改（如走线宽度变化、过孔的添加、必要的分支等），也应该尽量保证差分对的对称（如果可能的话，尽量降低阻抗不连续的程度），这样即便差分对存在阻抗不连续的情况，相应产生的噪声也会同时反应在两条信号线上（即共模信号），只要其幅度没有超出接收方的能力，对差模信号的有效传输影响不大。图 21.15 给出了几种常见的对称布线方式。

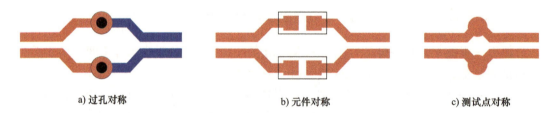

a) 过孔对称   b) 元件对称   c) 测试点对称

图 21.15 常见差分对的对称布线方式

请特别注意：**差分对上任何不匹配因素都会将差模信号转化为共模信号**。前面已经提过，两个信号总是可以看作是差模与共模信号的叠加，这也就意味着，只要差模信号由于任何原因（如传输线长度不匹配、宽度不相等、过孔数量不相同、过孔位置不对称、负载不相同等）而使得接收方看到的不再是严格意义上的差模信号（如存在时序偏移或波形不对称），就可以理解为产生了共模信号，也就从某种程度上削弱了差分传输的优势。图 21.16 展示了几种不推荐的差分对布线方案，其中，图 21.16a 仅在一条信号线上添加了过孔；图 21.16b 虽然在两条信号线上添加了过孔，但却并不是对称布线；图 21.16c 也不是对称布线；图 21.16d 虽然是对称布线，但却导致了额外分支。

a) 过孔数量不相同   b) 过孔布局不对称   c) 元件布局不对称   d) 测试点引入额外的分支

图 21.16 不推荐的差分对布线方案

当然，对称布线的最终目标是保证阻抗的连续性，如果对称布线反而得不到这个好处，也就没有必要盲目贯彻实施。图 21.17a 在阻抗受控间隙区域内放置了元件或过孔，虽然是对称布局与布线，但并不是推荐的布线方案。

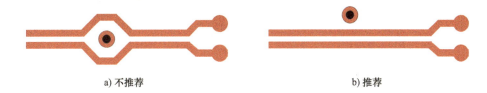

a) 不推荐　　　　　　　　　　b) 推荐

图 21.17　阻抗可控区域布线方案

很多情况下，按正常的"平行布线"原则设计的 PCB 差分对可能并不是等长的，此时就需要使用蛇形线进行补偿，而蛇形线应该尽量放置在"原本就存在不匹配的那一侧"。例如，图 21.18a 左侧本身就不对称，因此就应该放到左侧，这样可以避免破坏另一侧的匹配状态。图 21.19b 将蛇形线放在走线拐角附近也是同样的道理。

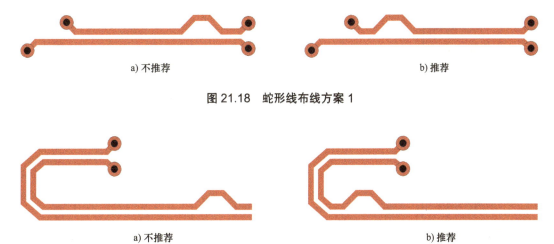

a) 不推荐　　　　　　　　　　　　　　b) 推荐

图 21.18　蛇形线布线方案 1

a) 不推荐　　　　　　　　　　　　　　b) 推荐

图 21.19　蛇形线布线方案 2

另外，当差分对在多个板层之间切换时，每一层 PCB 走线应该单独进行补偿，因为不同板层的介电常数是不一样的，信号的传播速度也会不一样，而我们使用蛇形线的最终目标并不仅仅是为了"等长"，而是为了"等时"。图 21.20a 的两层布线恰好都是一长一短，看似是对称布线且等长，但是却并不"等时"，应该如图 21.20b 那样在各自走线所在板层进行长度补偿（同样应该尽量靠近有拐角之处）。

当然，蛇形线肯定会对阻抗连续性有一定的影响，所以非必要的情况下，能不添加就尽量不要添加。图 21.21a 所示蛇形线的添加就是没有必要的。另外，在数字 IC 引脚越入（Break In，BI）或越出（Break Out，BO）区域，可以考虑采用一个小环代替蛇形线，类似如图 21.22 所示。

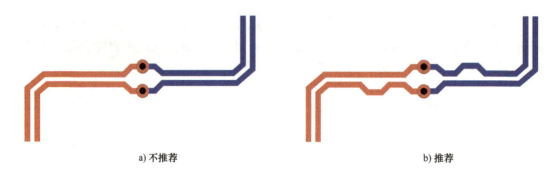

a) 不推荐   b) 推荐

图 21.20   在各走线所在板层进行长度补偿

a) 不推荐   b) 推荐

图 21.21   非必要蛇形线

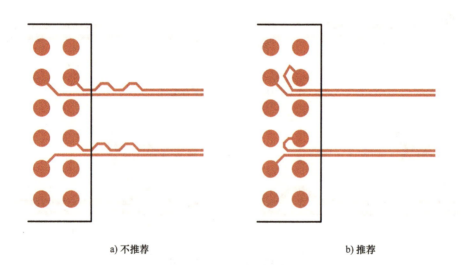

a) 不推荐   b) 推荐

图 21.22   小环代替蛇形线

第 22 章　PCB 差分传输线设计：旧调重弹

前面我们只是定性讨论了差分传输线的一些基本特征及其 PCB 布线时常见的注意事项，但是与单端传输线一样，高速数字系统也会对差模阻抗（或共模阻抗）有一定的要求，那么在 PCB 设计过程中，如何才能获得阻抗符合要求的差分对呢？ ADS 软件平台中的 CILD 工具仍然可以满足需求。

以边缘耦合微带线设计为例，在 CILD 工具中加载第 12 章中设计的叠层（叠层名称为"subst_4layer"），并选择"Type"列表中的"Microstrip-Edge-Coupled"项，"Spacing Type"下拉列表中选择"Edge-To-Edge"项，表示设计过程中涉及的线距（Space）是指两条走线边缘间距（这也是最常用的方式，当然，你也可以选择"Center-To-Center"表示走线中心距），信号层与参考平面的设置则与单端微带线相同，如图 22.1 所示。

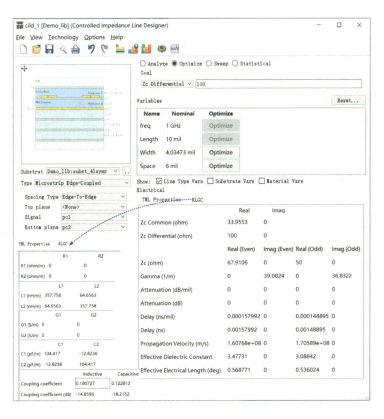

图 22.1　边缘耦合微带线设计

在图 22.1 中，叠层配置完后，就可以进入优化模式来获得所需阻抗对应的传输线设计参数。假设现在需要设计差模阻抗为 $100\,\Omega$ 的边缘耦合微带线，首先选择 "Goal" 组合框中的 "Zc Differential" 项，并在文本框填入 "100"，表示以差模阻抗 $100\,\Omega$ 作为优化目标（也可以选择 "Zc Common" 项，表示以共模阻抗作为优化目标，此处不赘述）。紧接着，在 "Variables" 表格中就会出现 "Width" 与 "Space" 两行，前者代表信号路径的宽度（两条传输线的信号路径宽度相等），后者代表两条信号路径的间距。也就是说，差分对的差模阻抗（或共模阻抗）不仅取决于线宽，还与差分对之间的距离有关。此处只需要先确定一个参数，然后再对另一个参数进行优化即可。在图 22.1 中设置 "Space" 为 6mil 进行优化，即可得到相应的 "Width" 为 4.03473mil（实际差模阻抗为 $100\,\Omega$，共模阻抗为 $33.9553\,\Omega$）。

值得一提的是，图 22.1 所示电气参数结果中还展示了 "Odd" 与 "Even" 相关数据，它们代表什么呢？它们是差模阻抗与共模阻抗的另一种表达方式。在第 19 章讨论网络串扰时，我们认为相邻网络之间会产生一定的串扰，那么，差分对包含两条网络（从实用的角度来看，通常都是紧耦合的），它们之间是否也会产生串扰呢？答案当然是肯定的！由于差分信号总是可以视为差模与共模信号的叠加，而这两种信号在差分对上传输时的电磁场分布是不一样的（导致串扰也不尽相同），继而对差模阻抗与共模阻抗的影响也不相同。为了方便后续描述，我们将差分对传输差模信号时的状态称为奇模（Odd Mode），而将差分对传输共模信号时的状态称为偶模（Even Mode），相应的电磁场分布大体如图 22.2 所示（实线为电场，虚线为磁场）。

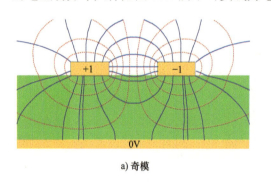
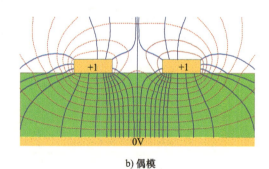

a) 奇模　　　　　　　　　　　　　　　　　　b) 偶模

图 22.2　奇模与偶模的电磁场分布

当定义了奇模与偶模这两种模态后，相应也就有了奇模阻抗与偶模阻抗的概念，并分别使用符号 Z_o（或 Z_{odd}）与 Z_e（或 Z_{even}）表示，它们是指在各自传输模态下单端传输线的单端阻抗。明确了奇模与偶模阻抗的概念，差模阻抗与共模阻抗就很容易理解。前一章早就提过，差模阻抗是两条信号线之间呈现的阻抗，共模阻抗则是"两条单端传输线呈现的单端阻抗"的并联，这其实就是在表达：（双端）差模阻抗就是（单端）奇模阻抗的两倍，（双端）共模阻抗就是（单端）偶模阻抗的一半，相应的关系可表达为

$$Z_d = 2Z_o \qquad\qquad (22.1)$$

$$Z_c = Z_e / 2 \qquad (22.2)$$

在图 22.1 中，偶模阻抗为 67.9106Ω，其值的一半正是共模阻抗值 33.9553Ω，而奇模阻抗为 50Ω，其值的两倍正是差模阻抗值 100Ω。

行文至此，很多人被差模、共模、奇模、偶模弄糊涂了，这都什么跟什么呀？怎么这么绕呀？其实，奇模阻抗与偶模阻抗的概念早在第 8 章就提过了，只不过当时没有使用这种称呼。前面已经提过，当两条导线（如电源分布网络中的电源线与地线）相互平行时，如果流过其中的电流方向相反，由于导线之间存在"互感"（当然，肯定也有"互容"，为简化讨论不涉及），总电感比"两条单独导线的自感之和"更小。相反，如果流过导线的电流方向相同，总电感会比"两条单独导线的自感之和"更大。而差分对中所谓的奇模阻抗与偶模阻抗其实都是"**单端传输线呈现的单端阻抗**"，但是请特别注意：**此处的"单端阻抗"并不是单纯指以往单端传输线的特性阻抗，它还考虑了两条单端传输线之间电磁耦合对阻抗的影响**（就如同图 8.15 中将电源线与地线之间的"互感"折算到各自的自感）。

也就是说，**如果差分对之间完全不存在耦合，奇模阻抗与偶模阻抗就是相等的，也就是各自单端传输线呈现的单端阻抗**。如果差分对之间存在耦合，那么奇模阻抗（折算了耦合）比单端阻抗（未折算耦合）要小，因为流过两条单端传输线的电流方向相反继而增强了耦合（可以用一个比喻来形容：两个人相互合作共同对抗困难，每个人承担的困难就小了），从差分对看到的差模阻抗就下降了，折算后的单端阻抗（奇模阻抗）自然就小了，如图 22.3a 所示。相反，偶模阻抗（折算了耦合）比单端阻抗（未折算耦合）要大，因为流过两条单端传输线的电流相同继而削弱了耦合（两个拒绝合作，每个人都面对比之前更大的困难），从差分对看到的共模阻抗就上升了，折算后的单端阻抗（偶模阻抗）自然就更大了，如图 22.3b 所示。

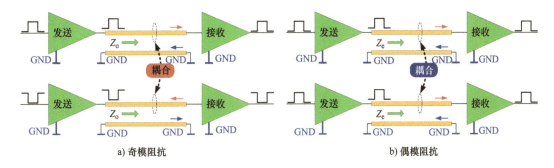

a) 奇模阻抗　　　　　　　　　　　　　　b) 偶模阻抗

图 22.3　从单端传输线看待奇模与偶模阻抗

综上所述，当我们需要设计差模阻抗为 100Ω 的差分对时，并不能简单通过"**设计两个 50Ω 单端传输线再组合**"的方案达成（除非网络间完全没有耦合），因为那样并没有考虑网络耦合对阻抗的影响。

可能有人又想问："共模阻抗是偶模阻抗的一半"比较好理解，但是为什么差模阻抗是奇模阻抗的两倍呢？我们可以将双端传输线分解为两个单端传输线结构，并各自并联一个电阻（其阻值等于差分对的奇模阻抗）代表传输线阻抗，用来观察差分对传输差模信号时的电流方向，如图22.4a所示，其中，传输线1传输高电平，电流通过电阻 R_1 流向返回平面，流过传输线2中的电流则恰好相反。由于两条单端传输线在返回平面上产生的电流大小相同且方向恰好相反，可以认为在返回平面没有产生电流，**从效果上**可以认为差模电流**仅**直接通过 R_1 与 R_2（而没有经过公共返回平面），如图22.4b所示。很明显，从差分信号的角度来看，其感受到的阻抗就是两个单端阻抗（即奇模阻抗）的串联。

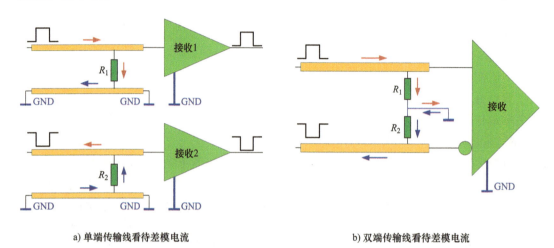

a) 单端传输线看待差模电流   b) 双端传输线看待差模电流

图22.4 奇模与偶模阻抗

图22.5可以清晰表达差模阻抗、共模阻抗、奇模阻抗、偶模阻抗之间的关系，只需要注意电流的关系即可，此处不再赘述。

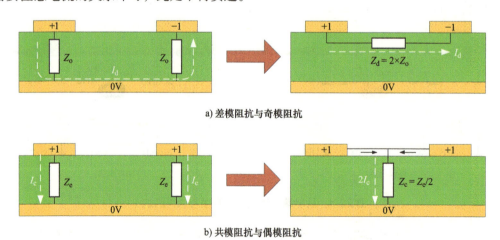

a) 差模阻抗与奇模阻抗

b) 共模阻抗与偶模阻抗

图22.5 差模阻抗、共模阻抗、奇模阻抗、偶模阻抗

表22.1为边缘耦合PCB微带线差模阻抗对应的线宽、线距及**单位长度传播延时**数据，其中的**单位长度传播延时**分别列出了奇模（O）与偶模（E）数据。

表 22.1　边缘耦合 PCB 微带线差模阻抗相关数据

介质高度 *H*/mil	差模阻抗 /Ω	线距 = 6mil		线距 = 10mil	
		线宽 /mil	E/O 单位长度 传播延时 /（ps/in）	线宽 /mil	E/O 单位长度 传播延时 /（ps/in）
4	80	7.0501	159.97/150.202	8.2046	160.187/152.021
	90	5.34977	158.921/149.422	6.44617	159.25/151.128
	100	4.03473	157.992/148.895	5.06991	158.427/150.423
	110	3.00333	157.186/148.597	3.97181	157.714/149.889
	120	2.1893	156.508/148.501	3.08396	157.107/149.51
8	80	12.5914	158.194/146.892	15.7087	159.358/148.492
	90	9.34396	156.835/146.125	12.2929	158.216/147.477
	100	6.89006	155.626/145.694	9.6462	157.194/146.712
	110	5.02522	154.588/145.55	7.55963	156.288/146.168
	120	3.60982	153.737/145.643	5.89633	155.497/145.815

我们同样使用 CILD 工具设计边缘耦合 PCB 带状线，以 100Ω 差模阻抗为优化目标时的配置如图 22.6 所示（奇模与偶模的 单位长度传播延时 均为 173.635ps/in）。表 22.2 为边缘耦合 PCB 带状线差模阻抗对应的线宽、线距及 单位长度传播延时 数据（表中并未列出奇模与偶模对应的 单位长度传播延时，因为它们均完全相同）。

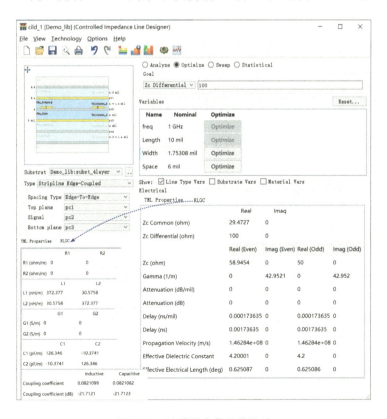

图 22.6　边缘耦合带状线设计

表 22.2　边缘耦合 PCB 带状线差模阻抗相关数据

平面间距 /mil	差模阻抗 /Ω	线宽 /mil		
		线距 = 6mil	线距 = 10mil	线距 = 14mil
9.4	80	3.4802	3.95762	4.07213
	90	2.49756	2.95769	3.0692
	100	1.75308	2.17552	2.28221
	110	1.17718	1.56756	1.66726
	120	0.733213	1.0833	1.17423
17.4	80	6.44239	8.19119	8.8907
	90	4.55842	6.20806	6.88574
	100	3.16147	4.6695	5.31377
	110	2.13258	3.46688	4.06609
	120	1.39812	2.52511	3.06948

　　细心的读者很快就会发现：微带线相关的奇模总是比偶模的单位长度传播延时更小（速度更快），这是为什么呢？第 11 章早就提过，信号的单位长度传播延时总是与其周围材料的介电常数有关，如果电磁场周围材料的有效介电常数越大，相应的单位长度传播延时就会越大。从图 22.2 可以看到，奇模传输对应的更多电磁场裸露在介电常数更小的空气中（因为更多电磁场用于差分对之间耦合，继而获得了更多暴露在空气中的机会），自然有效介电常数更小，相应的单位长度传播延时也就越小。

　　我们也可以从"奇模与偶模的单位长度传播延时存在差异"的角度理解相邻网络之间产生远端串扰的原因。假设攻击网络注入的阶跃信号源幅值为 1V，而受害网络的电位为 0V（相当于注入了直流信号源 0V），如图 22.7a 所示。如果将两个网络当成一个差分对，可以认为其中正在传播两路信号（即差模信号与共模信号，因为前面已经提过，两个信号总是可以分解为共模与差模信号）。更具体点说，共模信号都是从 0V 变化为 0.5V，而差模信号则分别为从 0V 变化到 0.5V（攻击网络）与从 0V 变化到 −0.5V（受害网络），它们都是同时注入两个网络，如图 22.7b 所示（攻击网络上的两路等效信号叠加正好是原来幅值为 1V 的阶跃信号源，受害网络上的两路等效信号叠加则相互抵消了，正好是 0V）。

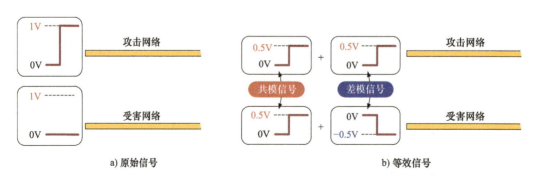

a) 原始信号　　　　　　　　　　　　　　　　　　　　b) 等效信号

图 22.7　单个原始信号等效为两路信号

　　也就是说，单独从受害网络来看，可以认为其中存在两路阶跃信号，其幅值分别为 0.5V 与 –0.5V。如果奇模与偶模信号传播速度相同，那么从受害网络远端来看，由于正负电压恰好抵消，也就不存在远端串扰（也正因为如此，将传输线设计成为边缘耦合带状线能够优化远端串扰），如图 22.8a 所示。边缘耦合微带线的奇模信号传播速度更快，差模信号因此率先到达受害网络远端，继而导致正负电压并没有完全抵消，也就出现了一定的负向远端串扰，如图 22.8b 所示。

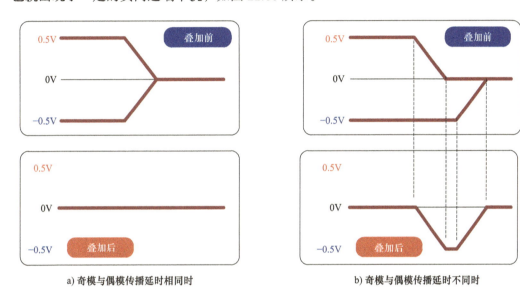

a) 奇模与偶模传播延时相同时　　　　　　　　b) 奇模与偶模传播延时不同时

图 22.8　从偶模与奇模传播延时看待远端串扰

　　另外，我们从图 22.1 左下角的耦合系数（Coupling coefficient）可以看到，边缘耦合 PCB 微带线的感性耦合系数为 0.180727，其值大于容性耦合系数 0.122812，也正因为如此，图 19.10 所示远端波形为负脉冲（因为容性耦合能量不足以抵消感性耦合能量）。而从图 22.6 左下角的耦合系数可以看到，边缘耦合 PCB 带状线的感性耦合系数为 0.0821099，其值非常接近容性耦合系数 0.0821082，因此图 19.12 所示远端串扰非常小。

第 23 章 差分传输线端接与 性能评估：鸟枪换炮

我们已经有能力设计满足阻抗需求的 PCB 差分传输线，自然也需要避免传输线因负载阻抗不匹配而产生的信号反射，相应也存在不少差分传输线端接方案，但基本原理与单端传输线是相通的。

差分传输线通常采用终端匹配方案，一种比较简单且常用的方案是：在差分对远端并联一个"与差模阻抗 Z_d 等值的"电阻 R_t，相应的端接示意如图 23.1 所示。

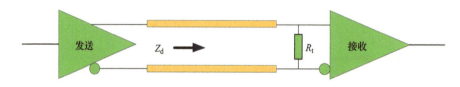

图 23.1　差分传输线的终端匹配方案

我们可以使用 ADS 软件平台仿真观察"差分传输线端接匹配前后的信号完整性"，相应的仿真电路如图 23.2 所示，其中，耦合微带线元件 CLin1 的差模阻抗被设置为 100Ω（见表 22.1），其被两个互补的阶跃信号（差分信号）驱动。R1 作为端接电阻连接在耦合线远端之间，我们将其阻值依次设置为 1MΩ（阻抗失配状态）与 100Ω（阻抗匹配状态），相应的仿真波形分别如图 23.3 与图 23.4 所示。

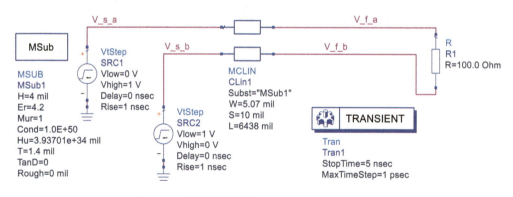

图 23.2　差分传输线终端电阻匹配方案仿真电路

终端电阻并联匹配方案不仅支持"点对点"拓扑，也适用于"点对多"拓扑，相应的端接示意如图 23.5 所示，多个负载之间的连接形式与菊花链拓扑相同，在 PCB 布线时尽量保证中途负载的分支最短化，而终端并联匹配电阻则靠近最远的负载。

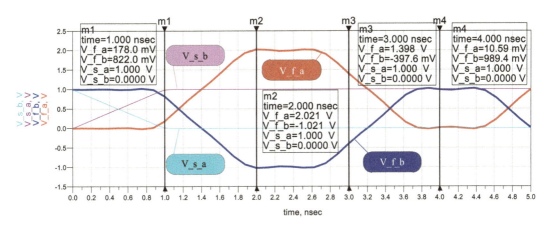

图 23.3　差分传输线终端并联 1MΩ 端接电阻时的仿真波形

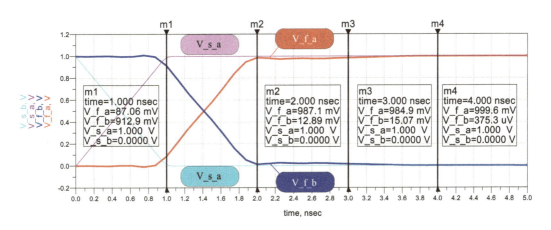

图 23.4　差分传输线终端并联 100Ω 端接电阻时的仿真波形

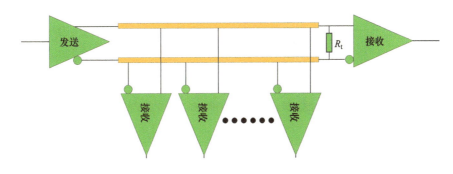

图 23.5　"点对多"拓扑端接示意

　　与单端传输线相似，终端并联电阻匹配方案肯定也会增加直流损耗，相应也有 RC 端接方案，如图 23.6 所示，其中，R_t 值应该与差分对的差模阻抗匹配。

　　双向差分传输线其实也是由两个差分对组合而成，与单端双向传输线相似，需要在两侧都进行端接匹配，常见的端接方案示意如图 23.7 所示。

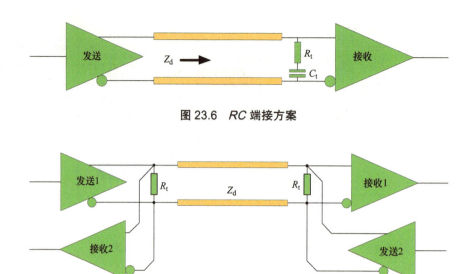

图 23.6　*RC* 端接方案

图 23.7　双向差分对端接方案

　　那么有人可能会想：**差分对之间并联电阻就是针对差模信号进行端接，难道共模信号不需要端接吗？** 视实际情况而定！我们已经提过，差分接收方具备一定的共模信号抑制能力，如果共模信号反射导致的噪声没有超过允许的范围，相应的端接处理并不是必须的。因此，正如刚刚描述的，很多差分传输线端接方案并没有对共模信号进行相应的处理。

　　然而，如果共模信号反射过于严重，我们也必须对其进行相应的端接处理，常用的 π 形与 T 形电阻网络端接方案分别如图 23.8a 与图 23.8b 所示。

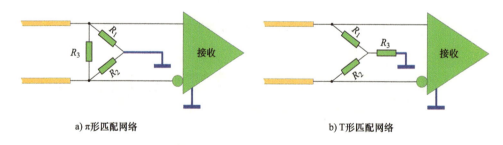

a) π 形匹配网络　　　　　　　　　　　　　　b) T 形匹配网络

图 23.8　对差模与共模信号同时进行端接匹配的方案

　　在 π 形端接方案中，R_1、R_2 用来端接共模信号，R_3 用来端接差模信号，需要分两种情况进行端接电阻的选择。当共模信号到来时，R_3 对共模信号是不可见的（其两端的电位相同，没有电流通过，相当于该电阻不存在）。因此，R_1、R_2 的阻值应该等于差分对的偶模阻抗，即有

$$R_1 = R_2 = Z_e \tag{23.1}$$

　　当差模信号到来时，需要 π 形网络呈现的阻抗就是差分对的差模阻抗（即奇模阻抗的两倍），但是 π 形网络的阻抗是多大呢？似乎不太明显！但是前面已经提过，差分

对上的差模电流方向是相反的，我们可以将 R_3 理解为两个串联的电阻 R_{31} 与 R_{32}（阻值均为 R_3 的一半），而公共地则在两个串联电阻之间（见图 22.4），相应的等效电路如图 23.9 所示。

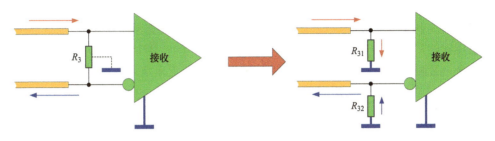

图 23.9　奇模传输时 π 形网络的等效电路

结合图 23.8a，差模阻抗很明显就是"R_1 与 R_{31} 并联"与"R_2、R_{32} 并联"的串联值，即有

$$(R_1 || R_{31}) + (R_2 || R_{32}) = 2Z_o \qquad (23.2)$$

再结合式（23.1），则有

$$R_3 = \frac{2Z_e Z_o}{Z_e - Z_o} \qquad (23.3)$$

T 形端接方案虽然看似有所不同，但基本端接原理仍然一样。当差模信号到来时，我们需要 T 形网络呈现的阻抗与差分对的奇模阻抗相同，由于此时 R_3 是不可见的（没有电流通过）。因此，R_1 与 R_2 的串联值应该等于差模阻抗（奇模阻抗的 2 倍），即有

$$R_1 + R_2 = 2Z_o \qquad (23.4)$$

当共模信号到来时，需要 T 形网络的阻抗与差分对的偶模阻抗相同，因此"R_1、R_2 的并联"再与 R_3 的串联值等于共模阻抗（即偶模阻抗的一半），即有

$$(R_1 || R_2) + R_3 = Z_e / 2 \qquad (23.5)$$

一般为了简便起见，R_1 与 R_2 都会选择阻值相同的电阻，那么 R_1 与 R_2 的阻值均为差分对的奇模阻抗，即有

$$R_1 = R_2 = Z_o \qquad (23.6)$$

此时，R_1 与 R_2 的并联值即为奇模阻抗的一半，结合式（23.5），即有

$$R_3 = (Z_e - Z_o) / 2 \qquad (23.7)$$

差分对端接方案已经足够多了，那么如何直观展现其对传输信号带来的影响呢？虽然理论上仍然可以采用"注入阶跃（或脉冲）信号源的方式"观察差分对端接前后的信号完整性，但是这种"原始"的验证方式对于差分传输系统却显得捉襟见肘，因为差分对传输数据的速度很可能非常快！

差分对常用于串行通信，而相应的数据传输速度通常使用**比特率（Bit Rate）**来衡量，其表示每秒能够传输的二进制位数，相应的单位是位每秒（bit per second，bit/s）。例如，当系统每秒传输 100 个二进制数据时，相应的比特率为 100bit/s。实际差分传输系统的比特率能够轻松超过 1Gbit/s，1s 内电平的变化可以超过 10 亿次（理论上），这也就意味着，我们很难通过"**逐个观察波形信号完整性的方式**"有效确定系统是否满足稳定传输的需求。换句话说，即便我们已经确定 1 个、10 个甚至 10 万个波形的信号完整性是符合要求的，但是这就一定说明 100 万个甚至更多波形的信号完整性能够得到保证吗？答案当然是否定的！因此，我们迫切一种"能够快速且直观地反映物理器件与传输媒介对数字信号的**整体影响程度**的"工具，眼图（Eye Diagram/Pattern）就是实践工程中常用的一种，它经常用于需要对电子设备、芯片中高速数字信号进行测试及验证的场合，工程师藉此可以预判可能发生的问题。

要详细讨论眼图，必然需要先了解数字通信中码元（Symbol）的概念。码元是数字信号传输数据的最小单位，它是携带了数据（信息）的信号波形，其在不同调制方式下对应的电平数量（即携带的比特信息数量）也会有所不同，而一个码元的宽度也称为单位间隔（Unit Interval，UI）。例如，二进制（二电平）码元的波形有两种，分别表示"0"与"1"，即一个码元代表一位数据。四进制（四电平）码元的波形有 4 种，分别表示"00""01""10""11"，即一个码元代表两位数据，如图 23.10 所示（**本书如无特别说明，所述码元均表示二进制码元**）。

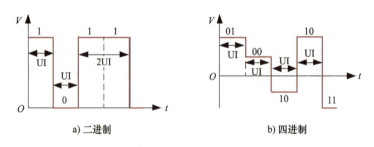

a) 二进制　　　　　　　　　　　b) 四进制

图 23.10　码元与单位间隔

眼图就是像眼睛一样的图形，它通过"**将一系列不同数字信号序列按一定规律注入到传输线，并在测量信号时按某个基准点（通常是时钟）对齐将所有码元叠加起来**"而形成。理想情况下，眼图的测试序列应该覆盖所有可能的情况。例如，串行三位数据存在 8 种组合，那么这 8 种序列都应该有机会注入到传输线中以观察相应的结果（如果缺少了某个序列，相应形成的眼图就是不完整的，这样可以判断测试数据是否完全覆盖），类似如图 23.11 所示。

第 1 章我们就提过，数字传输的最终目标就是，**让接收方能够在正确的时刻正确识别电平**。在理想情况下（信号传输过程中没有任何噪声），所有码元会高度重合在一起，眼图的轨迹线会很细很清晰，其开合度就会很大（就如同图 23.11 那样，有时候也称"眼皮很薄"）。反之，由于噪声的存在，不可能每一次信号幅值都是完全一模一样的，又由于不可避免出现的时钟抖动（上升沿与下降沿不可能总是在同一时刻出现），当多个被噪声"污染"的码元叠加之后，眼图的轨迹线将会变得更粗更模糊，其开合度就会越小（眼皮更厚）。

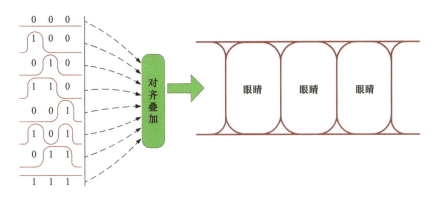

图 23.11　眼图的形成

为了方便衡量眼图的开合度，我们把码元在纵轴上的最小距离称为**眼高**（Eye Height），如果叠加在信号电平上的噪声越大，眼高就会越小，当超过噪声容限时，可能会导致数字逻辑误判逻辑电平。同样，我们把码元在横轴上的最小距离称为**眼宽**（Eye Width），如果时钟抖动越大，眼宽就会越小，这对于数字信号的稳定采样也是不利的。很明显，眼图的开合度越大，也就意味着传输系统的信号完整性越好（数据传输也会越稳定）。图 23.12 展示了眼图中的一些指标，从中也可以看到，实际眼图反应了以往讨论的"与信号完整性相关的"上升时间、下降时间、过冲、欠冲、抖动等交流特性参数，因为其本来就是动态信号波形的简单叠加。

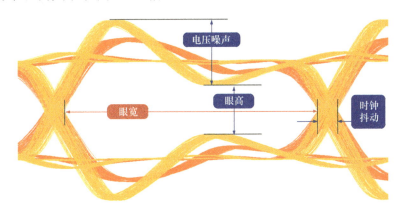

图 23.12　眼图的眼高与眼宽

对于既定的信号传输系统，满足数据传输要求的最小眼高与眼宽总是存在的，但是我们又不能逐个观察波形以确定其是否满足规范的要求，怎么办呢？为了提高测试效率，在实际应用时经常会使用**波罩测试**（Mask Testing），也就是根据信号传输的需求在眼图中定义一个多边形波罩，并且要求测试到的波形尽量出现在波罩区域之外（如果波罩区域内出现了波形，则认为出现了数据传输错误），图 23.13 展示了一个六边形波罩。

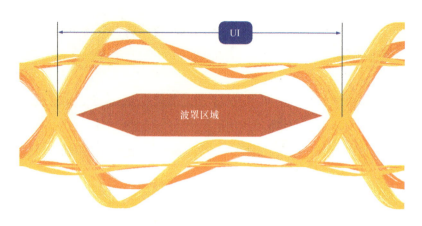

图 23.13　波罩测试

"眼图测试未通过"意味着接收方存在错误判断逻辑的可能，为了定量衡量数据传输系统性能的好坏，我们引入误码率（Symbol Error Rate，SER）的概念，它是指（一定时间内）"错误码元数"与"总传输信号码元数"的比值。误码率越小表示系统越稳定，其也是量化信号完整性的常用指标。当然，不同传输标准对误码率有不同的规定（不会是 0，高速串行通信通常会考虑误码的可能性，所以采用信息编码方法使"传输信道具备一定的数据纠错能力"是很常见的，只需要了解即可）。一般来说，眼图的开合度越大，相应的误码率也就越低。

值得一提的是，还有一个误比特率（Bit Error Rate，BER）的概念容易与 SER 混淆，因为对于大多数二进制码元，两者的值是相同的。

也就是说，在高速差分对的串行传输过程中，我们不再关注反射或串扰等噪声的具体波形（虽然这对于学习与理解高速数字系统是有用的），而是以误码率作为"传输系统合格与否的判定指标"即可（没有必要关注每个数据位的具体波形），因为我们的最终目标就是"尽量正确地传输数据"。

很多高端示波器本身自带的眼图测试功能可以用于测试实际的硬件系统，ADS 软件平台中也可以通过信道仿真（Channel Simulation）对数据传输系统进行眼图分析，我们可以来体验一下，相应的仿真电路如图 23.14 所示。其中，元件 Tx_Diff1 与 Rx_Diff1 分别用来发送与接收差分信号，元件 Eye_Probe1 为观察眼图的工具。请特别注意，此处的仿真控件不再是以往的瞬态仿真，而是信道仿真（相应的控件是"Channel-Sim"）。

所谓的"信道"，就是以传输媒介为基础的信号通路，而为了测量"以差分对作为传输媒介的信道"的性能，首先得产生将要传输的信号（数字序列），这是通过编辑 Tx_Diff1 的属性实现的（本例中只需要全部保持默认参数即可）。进入"PRBS"标签页设置测试序列的具体参数，如图 23.15 所示。"PRBS"为伪随机二进制序列（Pseudo-Random Binary Sequence）的英文缩写，那什么是伪随机呢？所谓"随机"，是指数字序列中的"0"与"1"是随机出现的，而"伪"的意思表示数字序列并不是真正的随机，而是在一个周期内是随机的，但是整个数据流有无数个周期，每个周期的数据流是完全一致的（简单地说，**如果进行多次仿真并且观察相同时间段的电平变化情况，它们肯定是一样的**）。也就是说，我们使用随机数据来测试差分传输信道才能模拟真实的数据流，也才能获得更接近实际情况的测试结果（也就更有实用价值）。例如，某个系统使用序列"00001111"的测试结果可能不错（因为仅存在一次电平变化），但是如果使用序列"10101010"的测试结果可能就不符合要求。

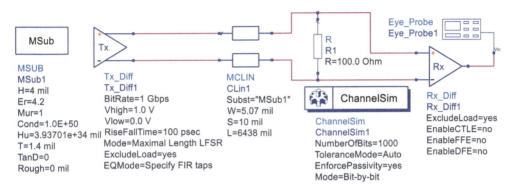

图 23.14　信道仿真电路

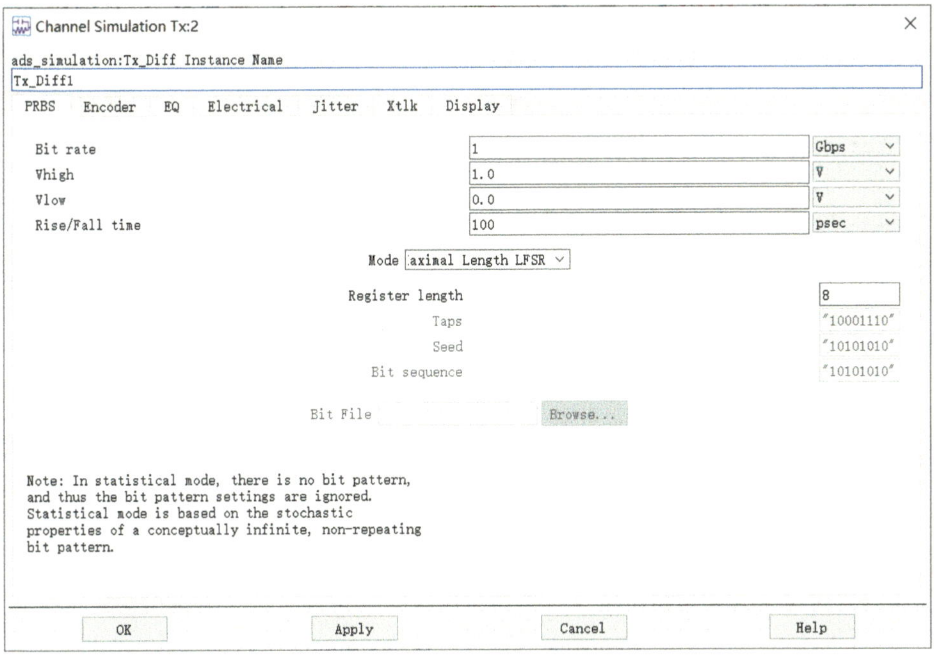

图 23.15　"PRBS"标签页

在"PRBS"标签页中，"Bit rate"项为"1Gbps"（即 1Gbit/s），这也就意味着，码元宽度为 1ns."Rise/Fall time"用于设置电平转换时间，此处取"100ps"（即码元宽度的 1/10）。"Vhigh"与"Vlow"项用于设置差分信号（单端信号）的电平幅值，实际需要根据具体的传输标准来修改，此处设置为"1.0"与"0.0"作为演示。"Mode"项用于设置序列的具体模式，对于现阶段的我们保持默认即可。

"Electrical"标签页可以设置发送方的阻抗，默认不指定阻抗，因此，Tx_Diff1的参数"ExcludeLoad"被设置为"yes"（表示不包含阻抗，需要的话可以自己在仿真电路中添加。此例未添加任何元件，表示信号源内阻为0）。"Jitter"标签页中可以用于设置信号抖动程度，此处为简化描述不涉及。

"Rx_Diff"元件的属性对话框中也有一个"Electrical"标签页用于负载阻抗，同样保持默认（不指定阻抗），因此，"ExcludeLoad"参数值也为"yes"，这也就意味着，差模阻抗的端接匹配电阻需要额外添加（图23.14正是这么做的，对应R1）。眼图探针（Eye_Probe）与"信道仿真"控件同样保持默认，然后分别将图23.14中的R1阻值依次修改为100Ω、90Ω、80Ω、60Ω，并运行仿真，相应的眼图如图23.16所示。很明显，当端接电阻与差模阻抗越不匹配时，眼图的开合度更小。需要注意的是，ADS软件平台的眼图波形叠加的不是线条，而是由多个标记（可以是点、正方形、圆等，此处设置为"圆"）组合而成的。

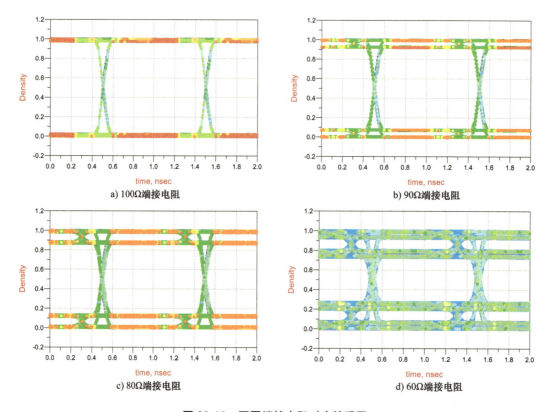

图23.16　不同端接电阻对应的眼图

当然，如果你仍然还想观察信号的瞬态波形也完全没有问题，只需要进入到眼图探针的属性对话框，再切换到"Measurement"标签页中，并将"Waveform"项添加到右侧"Selected"列表即可，如图23.17所示。图23.18为图23.16对应的瞬态波形（观察时间段均一致，相应的电平也相同，这就是"伪随机"的意思），读者自行观察即可。

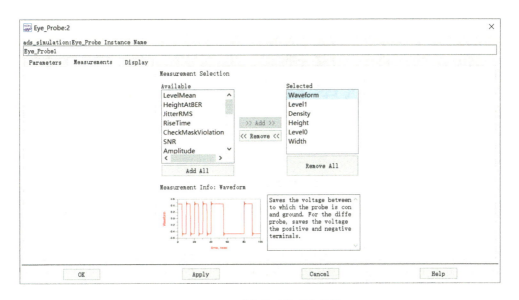

图 23.17 瞬态波形的观察设置

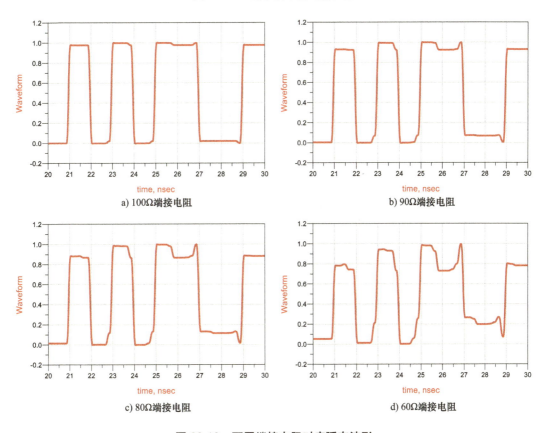

a) 100Ω端接电阻

b) 90Ω端接电阻

c) 80Ω端接电阻

d) 60Ω端接电阻

图 23.18 不同端接电阻对应瞬态波形

　　有关信道仿真与眼图工具相关的很多细节暂时并未详述，但是对于现阶段的我们来说，只要对其有一定的认识即可，后续有机会再详尽讨论。

第 24 章　传输线上的信号衰减：
不患寡而患不均

前面一直认为传输线本身是由无数个单位电容与单位电感构成的（正如图 11.7 所示那样），而理想的电容与电感属于储能元件，本身并不会损耗能量。也就是说，我们假定传输线是理想的（不会损耗能量），相应也称为无损传输线（Lossless Transmission line）。然而，实际传输线却存在损耗能量的电阻成分，它们可以等效为"与单位电感串联的"单位电阻 R 及"与单位电容并联的"单位电导 G，相应也称为有损传输线（Lossy Transmission Line），通常使用多节 RLGC 模型表达，3 节 RLGC 模型串联等效电路如图 24.1 所示。

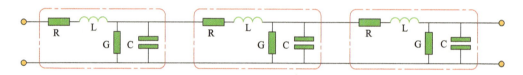

图 24.1　有损传输线等效电路

以往我们将传输线当成理想来考虑，其不会损耗任何能量，因此在图 13.1、图 13.3、图 13.4、图 22.1、图 22.6 中"RLGC"标签页展示的"R"与"G"数值均为 0。需要注意的是，RLGC 模型中"R"与"G"指的都是等效值（包含直流与交流应用下的电气参数），正是它们的存在使得传输线也会损耗一定的能量。

前面已经提过，导体本身存在一定的寄生电感，但是其也存在一定的电阻。假设导体的长度为 l、横截面面积为 A，如图 24.2 所示，则该导体呈现的电阻可表达为

$$R = \frac{\rho l}{A} = \frac{l}{\sigma A} \tag{24.1}$$

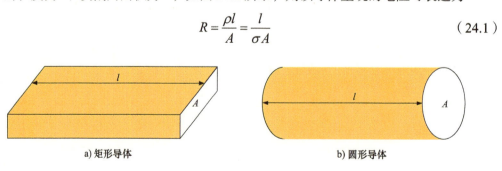

a) 矩形导体　　　　　　　　　　　　b) 圆形导体

图 24.2　导体的几何尺寸

式中，电阻率 ρ 表示单位长度电阻的大小，其国际单位为欧姆·米（$\Omega \cdot m$）；电导率 σ 的国际单位为西门子 / 米（S/m），其与 ρ 互为倒数关系。也就是说，导体的电阻

率越大（电导率越小），其导电能力越差。当温度为 20℃时，铜的电阻率约为 $1.724 \times 10^{-8} \Omega \cdot m$，相应的电导率约为 $5.8 \times 10^{7} S/m$。很明显，材料的长度越大（电流受到的阻力路径越长）、横截面面积越小（电流能够通过的路径越少）、电阻率越大或电导率越小（单位长度材料对电流的阻力越大），则相应呈现的电阻也越大，损耗的能量自然也越大。

导体的另一个损耗便是交流电阻，其主要原因源于趋肤效应（Skin Effect），它是指当导体中存在交流成分时，电荷会随着频率上升而出现"往导体表面附近集中"的趋势。在直流应用中，我们认为整个导体的横截面都会用来传输电荷，从宏观上认为电流均匀分布在导体整个横截面。换句话说，此时导体的横截面面积就是式（24.1）中的参数"A"。但是在交流应用中，随着信号的频率越来越高，趋肤效应也越来越明显，此时导体表面通过的电荷量比中心更多，相应的电流密度也更大，如图 24.3 所示。

图 24.3　趋肤效应随信号频率上升而更明显

在 PCB 微带线中，信号路径的高频电流集中在"与返回平面靠近的那一面"，如图 24.4a 所示，而在 PCB 带状线中，高频电流集中在信号路径的上面和下面，它们的电流密度取决于"返回平面与信号路径的接近程度"。例如，在对称带状线中，电流密度在信号路径上下两侧是相同的，如图 24.4b 所示。而在非对称带状线中，"信号路径与返回平面越近的那一面"对应更大的电流密度。

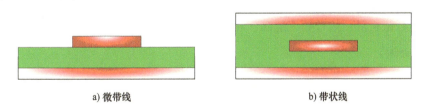

a) 微带线　　　　　　　　　　　b) 带状线

图 24.4　PCB 走线的趋肤效应

工程上将"电流密度下降到导体表面电流密度的 37%（即 $1/e$）处"到"导体表面"的距离定义为趋肤深度，并使用符号 δ 表示，如图 24.5 所示。

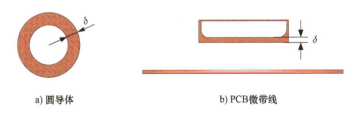

a) 圆导体　　　　　　　　　　　b) PCB微带线

图 24.5　趋肤深度

趋肤深度主要与交变电流的频率 f 以及导体的物理性质有关，可用式（24.2）表示。

$$\delta = \sqrt{\frac{2k\rho}{\omega\mu}} = \sqrt{\frac{k\rho}{\pi f\mu}} \qquad (24.2)$$

式中，ω 为交变电流的角频率（$\omega = 2\pi f$）；μ 为导体的磁导率；ρ 为导体的电阻率；k 为导体电阻率的温度系数。

前面已经提过，数字信号在电平切换期间会产生频率很丰富的谐波，这也就意味着，**当使用导体来传输数字信号时，其有效横截面就会下降**，从式（24.1）可以看到，此时的交流电阻就会上升，相应的能量损耗也就更高了。

除了降低导体的有效横截面面积外，趋肤效应还会增加导体的总有效长度，从而使有效电阻更大。前面我们一直认为 PCB 走线的横截面是矩形，并且其表面也都是光滑的。然而，PCB 走线表面在微观上却是坑坑洼洼的结构，我们称为梳齿结构（Tooth Structure），而其表面起伏的幅度则称为齿高（Tooth Size）。一般我们使用表面粗糙度（Surface Roughness）衡量走线铜箔的平均齿高，也称为平均粗造度（Roughness Average，RA），其典型值约在数微米。以最常见的电解铜箔为例，与 PCB 基材结合的那一面通常比较粗糙，也称为毛面（Matte Side），而另一面相对光滑一些，也称为光面（Drum Side）。基板上铜箔的毛面与光面如图 24.6 所示。

图 24.6 基板上铜箔的毛面与光面

当信号的频率提升时，趋肤效应也会进一步加强，电荷会因此更多地集中在梳齿结构中，如此一来，信号的实际传输路径会更加迂回，也就间接增加了有效电阻的长度（导体表面越粗糙，信号频率越高，相应的影响也越大），如图 24.7 所示。

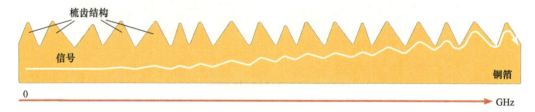

图 24.7 PCB 走线粗糙程度对有效电阻的影响

传输线损耗能量的另一个来源便是非理想的介质材料。我们知道，对于一个理想的电容器而言，仅在其两端施加交流电压时才会产生电流，由于该电流超前电压 90°，电容器本身并不消耗能量。那么，为什么两个互相不接触的平行板之间会存在电流呢？其实答案很简单，**电流是由电荷的定向运动而形成**。当交流电压施加在电容器两端时，电容器会不断地进行充电与放电，电荷就会不断在闭合回路中做定向运动，继而形成了电流（而不是因为电荷穿过了平行板），物理学上称之为位移电流（Displacement Current），如图 24.8 所示。

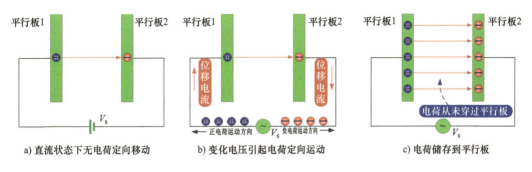

a) 直流状态下无电荷定向移动　　b) 变化电压引起电荷定向运动　　c) 电荷储存到平行板

图 24.8　位移电流的产生

　　理想电容器产生的位移电流并不消耗能量，但非理想电容器中的介质材料却会产生另外两种能够消耗能量的电流。前面已经提过，PCB 信号路径、返回路径及介质材料形成了一个平行板电容，虽然介质材料存在的目的之一就是绝缘，但是其电阻率并非无穷大，相应呈现的电阻也称为漏电阻（Leakage Resistance）。当信号路径与返回路径之间存在一定电压（无论直流还是交流）时，自然也就有一定的电流（与前述流过导体的电流原理相似，都是由于电子穿过介质做定向移动而产生）通过漏电阻，相应也就损耗了一些能量。

　　PCB 基材规格书中一般会提供表面电阻率（Surface Resistivity）与体积电阻率（Volume Resistivity），它们都是反应材料本身特性的参数（与物理几何尺寸无关），前者是在材料表面测量得到的，后者是在材料的两个相对面测量得到的（也就是我们通常所说的电阻率），相应的测量示意如图 24.9 所示，其中，表面电阻率测量电极 2（及体积电阻率测量中与地线连接的电极）通常是一个圆环，我们只需要了解即可。

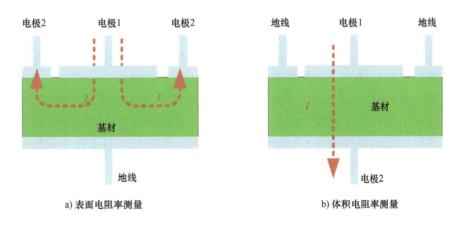

a) 表面电阻率测量　　　　　　　　b) 体积电阻率测量

图 24.9　表面电阻率与体积电阻率的测量

　　介质材料的漏电阻在低频时是常数，但是随着频率的提升，漏电阻会越来越小，相应产生的交流损耗也就越来越大。值得一提的，介质材料产生交流损耗的另一个原因是其中的电偶极子重取向。我们知道，组成物质的分子或原子由原子核与核外电子组成，原子核带正电，电子带负电。在正常情况下，原子核与电子的带电数是一样的，由于正负抵消，整个原子呈现电中性（即对外不显电性），如图 24.10 所示。

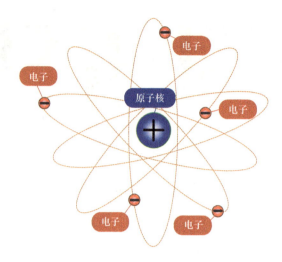

图 24.10　原子核与核外电子

但是从宏观角度来看，"电子围绕原子核运动的"轨迹重心与原子核未必是重合的（即便重合，在外电场作用力下也会存在一定的偏离）。也就是说，原子核与核外电子对外可以等效为一个"由等量正电荷与负电荷构成的"电偶极子，如图 24.11 所示。

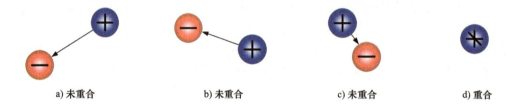

a) 未重合　　　　　　b) 未重合　　　　　　c) 未重合　　　　　d) 重合

图 24.11　电偶极子

在没有外电场的作用下，介质材料内部的电偶极子处于杂乱无章的状态，正负电荷相互抵消处于平衡状态，电偶极子处于未极化状态，如图 24.12a 所示。当我们将介质材料放置在外电场中时，由于"异名电荷相互吸引、同名电荷相互排斥"的原理，电偶极子在外电场作用下宏观上沿电场方向排列，也称为极化状态，介质材料因而整体对外呈现出一定的极性（与平行板储存正负电荷是相似的，只不过介质材料的电荷不能离开介质而自由运动，也称为束缚电荷），如图 24.12b 所示。

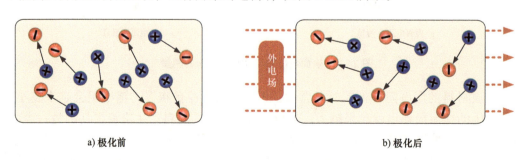

a) 极化前　　　　　　　　　　　　b) 极化后

图 24.12　极化前后的介质材料

如果我们把介质材料插入到储存有一定电荷量的平行板之间时，介质材料中的电偶极子受外电场的作用移动而重新排列，由于其电场方向与外电场方向是相反的，在一定程度上抵消了外电场的强度，对外的表现就是电容器的容量增加了（能够储存更多电荷）。高介电常数的介质材料更容易被极化，相应能够更大限度地提升容量，这就是介质材料提升容量的基本原理，如图 24.13 所示。

图 24.13　介质插入到平行板之间

更进一步，当交变电压施加到电容器两端时，电偶极子会随电场方向的变化而来回摆动（电偶极子的负极向电场正极运动，电偶极子的正极向电场负极运动），就如同持续时间很短的电流流过介质材料（因为前面已经提过，电荷定向运动就会产生电流），如图 24.14 所示。

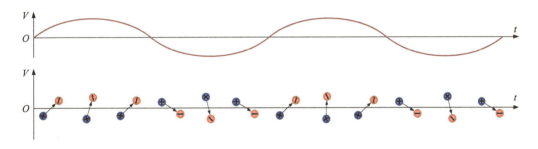

图 24.14　电偶极子随交流电压来回摆动

"由电偶极子回来摆动而形成的电流"也是位移电流，但是其与介质材料两端的电压是同相位的（与理想电容器形成的位移电流不同），因此会在介质材料上消耗一定的能量。当介质材料两端施加的交流电压频率越来越高时，电偶极子来回摆动的速度越快，产生的能耗也越大。

现在的问题是，如何具体衡量实际电容器的耗能大小呢？这就不得不提到介质损耗因数（Dielectric Loss Factor，D_f）的概念！刚刚已经提过，流过理想电容器的电流 i 超前其两端的电压 $\dot{V}$ 的相位为 90°，相应的相量表达如图 24.15a 所示（元件 "C" 表示理想电容器），而实际电容器相应的相量表达则如图 24.15b 所示，其中，电阻 "R" 表示电容器的总损耗电阻（因为无论实际电容器产生能量损耗的原因是什么，它们都可以等效为一个与理想电容器并联的电阻或电导），当该电阻越来越小时，流过其中的电流 i_R 就会越来越大，损耗的能量也就越来越大。我们将总电流 i 与 "流过理想电容器

的电流 $\dot{i}_\text{C}$" 之间的夹角称为损耗角，并使用符号 δ 表示（与代表趋肤深度的符号相同，但两者并无关系），其值越大则表示损耗越大。

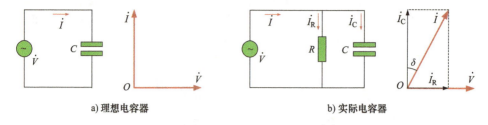

a) 理想电容器　　　　　　　　　　　　　b) 实际电容器

图 24.15　理想与实际电容器

从电容器的角度来看，所谓的损耗就是储存与释放能量的差，为了衡量电容器的损耗大小，我们引入介质损耗因数（D_f）的概念，它是图 24.15b 中 "流过电阻的电流 $\dot{i}_\text{R}$" 与 "流过理想电容器的电流 $\dot{i}_\text{C}$" 的比值（通俗来说，就是 "已经消耗在介质材料中的能量" 与 "储存在理想电容器中的能量" 的比值）。很明显，D_f 值就是损耗角 δ 的正切函数计算结果，也正因为如此，介质损耗因数也常称为损耗正切（Loss Tangent），并表达为 "$\tan(\delta)$"。

从前述对有损传输线的描述可以获得其损耗能量的共同点：无论是导体损耗还是介质损耗，其对高频信号的损耗更大（直流或低频的损耗相对小很多），就相当于一个低通滤波器。我们早已经提过，数字信号的电平转换时间越短，高频谐波成分就越多，这也就意味着，数字信号经过有损传输线后，电平转换时间会变长（变差）。另一方面，直流或低频损耗则会对信号的幅度有所削弱。

我们可以使用 ADS 软件平台直观感受一下有损传输线对信号带来的影响。由于电导率与介质损耗因数对阻抗也有些影响（尽管不大），但为了使整个仿真过程更完整，还是得先调整叠层配置数据，只需要在图 12.11 中，将代表介质损耗因数的 "Permittivity（Er）" 列中 "TanD" 项更改为 "0.02"（参考表 12.1），同时将代表铜箔电导率的 "Loss Parameters" 列中 "Real" 项更改为 "$5.8 \times 10^7 \text{S/m}$" 即可（叠层名称更改为 "subst_4layer_lossy" 以示区别），如图 24.16 所示（如果有需要，你也可以在 "Surface Roughness" 标签页中添加铜箔粗糙度，此处为简化描述而省略）。

之后使用 CILD 工具加载该叠层，并获取目标阻抗相应的传输线设计数据即可。图 24.17 为 50Ω 单端有损微带线对应的设计数据，其中的电气参数有两点需要注意：其一，有损传输线的衰减（Attenuation）不再为 0；其二，"RLGC" 标签页中的 "R" 与 "G" 列数据均不再为 0。

顺便提一下，衰减量的常用单位是分贝（dB），工程应用中常用其代表 "两个数的比值的对数"。例如，两个电压或功率值之间的分贝数就可以表达为 $20\lg(V_1/V_2)$ 或 $10\lg(P_1/P_2)$。一般来说，经过有损传输线衰减后的信号幅度总是会有所下降（不可能大于原始信号的幅度），而衰减量的分贝数通常代表 "衰减后与衰减前的信号幅度（或功率）之比"，其计算结果为负值，但我们通常会使用正值表达 "呈下降趋势的参量的"

衰减量。例如，当信号幅值从 1V 衰减到 0.7V 时，相应的分贝数为 20lg(0.7V/1V) ≈ –3dB（**负值**），从衰减量的角度可以认为其分贝数为 3dB（当然，从放大量的角度可以认为其分贝数为 –3dB）。

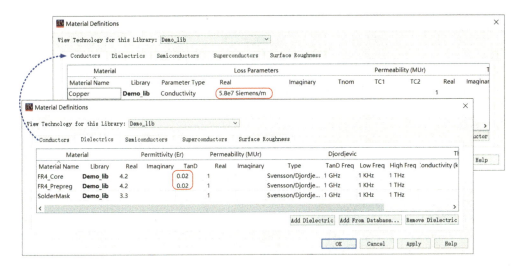

图 24.16　实际叠层结构

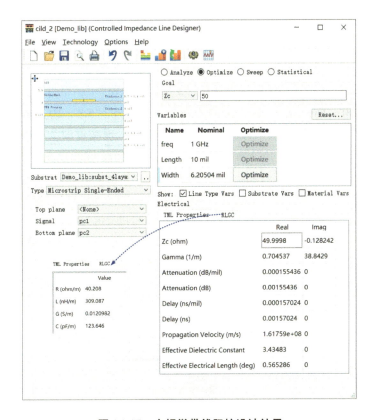

图 24.17　有损微带线阻抗设计结果

227

表 24.1 与表 24.2 分别为部分单端与双端有损传输线阻抗对应的数据（介质材料的介电常数均为 4.2）。请特别注意，无论是微带线还是带状线，其中的单位长度传播延时都不相同，这主要是由于有损传输线有限的电导率引起的。

表 24.1 PCB 单端有损传输线阻抗对应的数据

传输线类型	介质高度或平面间距 /mil	特性阻抗 /Ω	线宽 /mil	单位长度传播延时 /（ps/in）
微带线	4	50	6.20504	157.024
	8	50	13.7368	155.034
带状线	9.4	50	2.42385	176.209
	17.4	50	5.98704	175.050

表 24.2 PCB 双端有损传输线阻抗对应的数据

传输线类型	介质高度或平面距离 /（mil）	差模阻抗 /Ω	线距 6mil		线距 10mil	
			线宽 /mil	E/O 单位长度传播延时 /（ps/in）	线宽 /mil	E/O 单位长度传播延时 /（ps/in）
微带线	4	100	4.17969	159.761/150.779	5.20699	160.016/152.153
	8	100	7.07178	156.644/146.945	9.80456	158.154/147.742
带状线	9.4	100	1.85997	176.280/176.406	2.28004	176.243/176.229
	17.4	100	3.29412	175.148/175.547	4.78985	175.095/175.177

获得了 PCB 有损微带线相关设计数据后，我们可以在图 13.7 所示仿真电路的基础上调整参数，相应的仿真电路如图 24.18 所示，具体更改如下：其一，叠层元件 MSub1 中的电导率 "Cond" 原来是默认的 "1.0×10^{50}S/m"（一个非常大的值，相当于忽略传输线的电阻，前已述），现在更改为铜箔的电导率 "5.8×10^{7}S/m"；其二，叠层元件 MSub1 中的介质损耗因数 "TanD" 原来默认是 0，现在更改为 "0.02"；其三，阶跃信号源的上升时间由原来的 "1ns" 降至 "100ps"，传输线长度由原来的 "6438mil" 延长至 "63680mil"（传输线的传播延时约为 10ns，由表 24.1 中的单位长度传播延时 157.024ps/in 计算而来，此处不再赘述），这样信号高频成分更大，更长的传输线能够损耗更多的能量，也就更容易观察有损传输线对信号的影响；其四，传输线宽度由原来的 "6.07mil" 修改为 "6.2mil"；其五，负载 R2 由原来的 "1MΩ" 改为 "50Ω"（也就是端接匹配状态）。

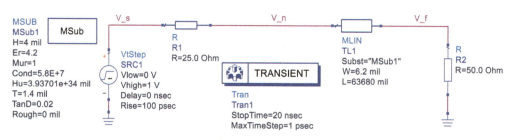

图 24.18 有损传输线仿真电路

图 24.18 对应的传输线远端与近端仿真波形如图 24.19 所示（标记 m1、m2、m3、m4 分别为信号幅值 666mV 的 10%、20%、80%、90% 对应的数据）。很明显，与传输线近端的信号相比，"经过有损传输线传播到达"传输线远端的信号上升时间增加（变差）了，而且幅度也有所下降。值得一提的是，ADS 软件平台中信号源 SRC1 的上升时间就是"最低电平与最高电平之间的"过渡时间，而不是信号电平"在幅值的 10% 与 90% 之间"变化所需时间。

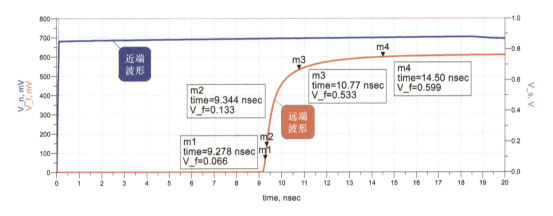

图 24.19　有损传输线仿真波形

有损传输线带来的主要影响是使信号的转换时间上升了，这也就意味着，如果传输速率不变（码元宽度不变），信号转换时间一旦过大，就有可能影响相邻码元（就如同图 3.11 所示那样），我们也称这种现象为码间干扰（Inter Symbol Interference，ISI）。图 24.20a 与 b 分别为经过无损与有损传输线的数字信号，很明显，后者的高低电平界限已经很模糊了，接收方不可避免会出现逻辑的误判，这在高速数字传输系统中是不允许的。

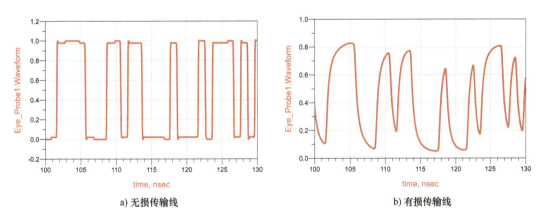

a) 无损传输线　　　　　　　　　　　　　b) 有损传输线

图 24.20　码间干扰

总的来说，有损传输线对高速信号的主要影响就是**使信号转换时间更长了**，而导致此结果的原因就是：**有损传输线对数字信号中的高频分量会产生更大的损耗**。更确切地说，是由于传输线对高低频分量的损耗不均衡导致的。如果高低频分量的损耗是均衡的，最终的结果只是信号幅度下降了，但信号转换时间（信号速度）却是不变的，这对于数字信号来说问题并不大（相对容易解决）。

第 25 章　优化信号的衰减：
损有余而补不足

既然有损传输线会给信号带来一定的衰减，我们肯定需要对其进行相应的优化。从前一章的描述可知，有损传输线的能量损耗来源是非理想的导体与介质材料，虽然它们对高低频信号都有所衰减，但是根本问题在于，"有损传输线对高频分量的过度衰减"使得信号转换时间上升了（信号速度慢了），继而使得数据传输可能不再稳定。也就是说，最直观的传输线衰减优化手段还是应该从交流损耗入手。

先来看看导体损耗的优化。前面已经提过，导体相关高频损耗的主要原因便是趋肤效应（它使得电荷集中在导体表面，继而使得有效横截面面积下降），因此理论上，只要增加导体的横截面面积，在趋肤深度相同（即信号完全相同）的前提下就能够降低导体损耗。很明显，对于 PCB 走线来说，增加其宽度就能够有效降低损耗（理论上，增加铜厚也可以，但其仅提升了走线两侧的横截面，效果很有限，而且可控性也不如线宽，因此一般不作为主要手段），如图 25.1 所示。

a) 较窄的线宽　　　　　　　　　　　　　　　　　b) 较宽的线宽

图 25.1　趋肤深度相同时对应的有效横截面面积不同

现在的问题是，多宽的走线才是相对较好的呢？线宽越大，有效横截面面积自然也越大，但是对损耗的优化程度有多大呢？因为布线空间也是重要资源，我们需要多方面折中以获得相对较优解，但是具体应该怎么做呢？

从前面的描述可以知道，走线损耗其实就体现在 RLGC 模型中的单位电阻 "R"，我们可以使用 CILD 工具同时对线宽与频率进行扫描，并观察 RLGC 模型中 "R" 的变化趋势，再从中找出相对较优值（或范围）即可。以 PCB 微带线为例，首先进入 CILD 工具加载前一章中 "已考虑铜箔电导率与介质损耗因子的" 叠层（名称为 "subst_4layer_lossy"）并设置微带线结构类型，然后选择 "Sweep" 单选框进入扫描分析模式，在 "Variables" 表格中同时勾选 "Sweep" 列中的 "freq" 与 "Width"，表示同时对频率与线宽进行扫描（前者的线性扫描范围为 0.1～40GHz，后者的线性扫描范围为 1～28mil，两者均各自扫描 10 个点），相应的配置如图 25.2 所示。

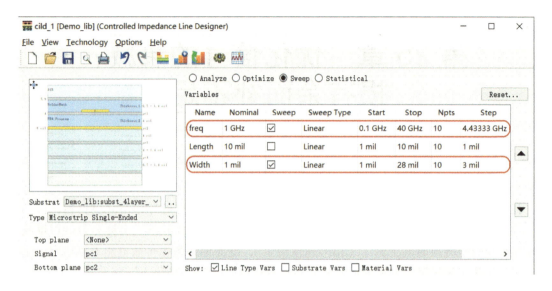

图 25.2　CILD 工具扫描微带线的频率与线宽

　　参数扫描分析完毕后会自动弹出如图 25.3 所示的结果，其中包含了 16 个图形（全部保留以方便读者观察其他电气参数的变化情况）。我们只需要观察频率与单位电阻 "R" 之间的变化关系（对应图 25.3 中第三行第一列图形），其中包含 10 条扫描曲线（最上侧对应线宽 1mil）。可以看到，在整个频率扫描过程中，**仅当线宽相对很窄时，线宽对单位电阻的优化效果比较明显**（曲线之间距离最大的线宽为 1 ~ 4mil，其次为 4 ~ 7mil），但是当线宽越接近 28mil 时（更确切地说，线宽在不小于 10mil 之后），线宽对单位电阻的优化效果就很有限了。也就是说，如果想从 PCB 线宽的角度降低走线损耗，可以适当提升线宽（一般来说，5 ~ 10mil 是较优的线宽范围，过大的线宽并没有必要，因为其占用的空间也越多，得不偿失。当然，如果 PCB 布线空间允许，也可以更进一步提升线宽，单位电阻也会进一步有所下降）。

　　值得一提的是，从频率与衰减量的变化关系（对应图 25.3 中第一行第二列的图形）可以看到，线宽越大，单位长度信号衰减（dB/mil）反而是上升的，与单位电阻的变化趋势并不相同，为什么呢？因为信号衰减同时考虑了单位电阻与单位电导，而当前叠层对应的介质损耗因数太大了，其单位电导也是随线宽上升而上升（对应图 25.3 中第三行第三列的图形），掩盖了线宽提升带来的好处（如果将介质损耗因数由 "0.02" 更改为 "0"，衰减量与单位电阻的变化趋势就会相似）。换句话说，只要当介质材料的损耗足够小时，线宽的适当提升才能够有效降低信号衰减量。

　　另外，PCB 走线越宽，相应的特性阻抗肯定会越低，如果衰减量与阻抗不能兼顾，可以考虑将 "**与信号路径相邻的返回平面挖空**"，这样可以将距离更远的平面作为返回路径，也就能够间接提升介质厚度并提升阻抗。以 PCB 微带线为例，默认的顶层（L1）与次表层（L2）分别为信号层与平面层，将次表层（L2）挖空后，信号层会将第 3 层（L3）作为返回平面，如图 25.4 所示。

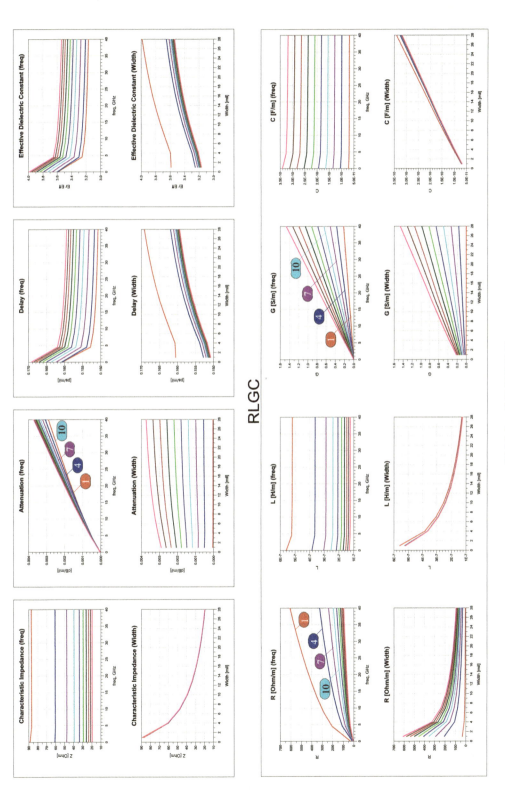

图 25.3　参数扫描结果

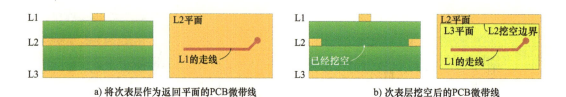

图 25.4　挖空次表层调整 PCB 走线阻抗

优化走线损耗的另一个手段便是降低铜箔的粗糙程度，这在信号频率大于 10GHz 且对损耗要求严格的应用场合很有效。铜箔按粗糙度可分好几种，标准电解铜箔的粗糙度大小约为 7 ～ 8μm，反转铜箔（Reverse Treated Foil，RTF）的光面粗糙度大于毛面（与标准电解铜箔恰好相反，因而得名），相应的粗糙度大小约为 4 ～ 6μm，还有粗糙度小于 1μm 的超低粗糙度铜箔，只需要了解一下即可。图 25.5 展示了相同信号频率下，不同粗糙度的铜箔对有效信号传播路径的影响。很明显，铜箔粗糙度越小，相应带来的交流损耗也更小。

图 25.5　铜箔粗糙度对信号传播有效路径的影响

我们可以使用 ADS 软件平台验证一下铜箔粗糙度对信号传输的影响，相应的仿真电路如图 25.6 所示，其中大部分参数与图 24.18 相同，只不过添加了参数扫描控件对元件 MSub1 的参数"Rough"进行线性扫描（扫描范围为 0.02 ～ 0.47mil，即 0.5 ～ 12μm），相应的仿真结果如图 25.7 所示。

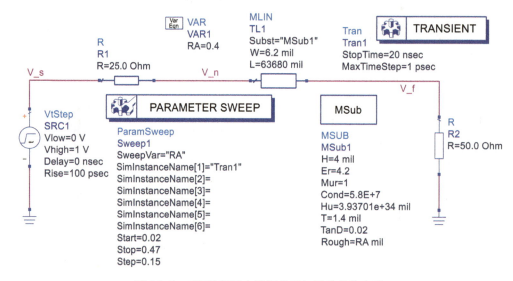

图 25.6　对铜箔粗糙度进行参数扫描的仿真电路

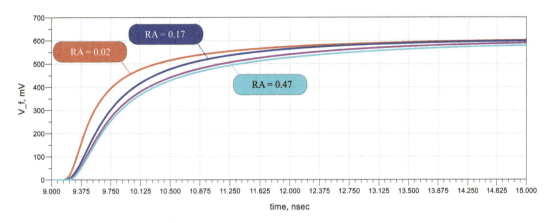

图 25.7　对铜箔粗糙度进行参数扫描后的仿真结果

需要特别注意的是，毛面粗糙度越小，对高速信号的衰减也更小，但是也同时意味着与基材的结合度相对更弱一些，对 PCB 制造其实也有些影响，需要折中考虑。

再来看看介质损耗的优化方案。前面已经提过，介质损耗的主要来源就是损耗因数过大，那么一个再简单不过的优化方案就是选择损耗因数更小的基材。PCB 基材按损耗因数大体可分为 5 个等级，即标准损耗（Standard Loss）、中等损耗（Middle Loss）、低损耗（Low Loss）、甚低损耗（Very Low Loss）、超低损耗（Ultra Low Loss），相应的 D_f 值范围见表 25.1（仅供参考）。

表 25.1　基材损耗因数等级

损耗等级	标准	中等	低	甚低	超低
D_f	>0.02	0.015 ~ 0.02	0.008 ~ 0.01	0.003 ~ 0.008	<0.003

也就是说，如果需要更低的介质损耗，可以选择 D_f 值更小的基材（也就是所谓的"高速板材"），相应的制造厂商与型号也很多。以东莞生益科技为例，常规 FR-4 板材的 D_f 值大约为 0.02 左右（见表 12.1），而高速板材的 D_f 值可小于 0.01。表 25.2 为生益科技部分芯板（型号 SML02G）对应的基材数据，其中的 D_f 值最低仅约为 0.005。

表 25.2　部分芯板基材数据（型号 SML02G）

厚度		压层方案（ply-up）	树脂含量 RC（%）	介电常数（D_t）					损耗因数（D_k）				
mm	mil			1GHz	3GHz	5GHz	10GHz	15GHz	1GHz	3GHz	5GHz	10GHz	15GHz
0.051	2.0	1*106	75	3.87	3.90	3.88	3.87	3.86	0.0064	0.0074	0.0076	0.0076	0.0076
0.064	2.5	1*106	80	3.77	3.81	3.77	3.76	3.76	0.0072	0.0076	0.0077	0.0077	0.0077
0.076	3.0	1*1080	68	3.95	4.10	4.07	4.07	4.07	0.0062	0.0073	0.0072	0.0072	0.0072
0.076	3.0	2*1027	73	3.89	3.95	3.93	3.92	3.92	0.0063	0.0073	0.0075	0.0075	0.0075
0.089	3.5	2*1027	77	3.83	3.85	3.83	3.82	3.81	0.0066	0.0075	0.0076	0.0076	0.0076
0.102	4.0	1*3313	60	4.15	4.26	4.25	4.24	4.23	0.0053	0.0065	0.0068	0.0069	0.0069
0.102	4.0	2*106	75	3.87	3.90	3.88	3.87	3.86	0.0064	0.0074	0.0076	0.0076	0.0076

（续）

| 厚度 | | 压层方案（ply-up） | 树脂含量 RC（%） | 介电常数（D_f） | | | | | 损耗因数（D_k） | | | | |
mm	mil			1GHz	3GHz	5GHz	10GHz	15GHz	1GHz	3GHz	5GHz	10GHz	15GHz
0.114	4.5	1*3313	64	3.98	4.22	4.19	4.18	4.18	0.0057	0.0068	0.0070	0.0070	0.0070
0.114	4.5	1*2116	56	4.17	4.40	4.37	4.36	4.36	0.0053	0.0065	0.0068	0.0069	0.0069
0.127	5.0	1*2116	60	4.15	4.26	4.25	4.24	4.23	0.0053	0.0065	0.0068	0.0069	0.0069
0.127	5.0	2*106	80	3.77	3.81	3.77	3.76	3.76	0.0072	0.0076	0.0077	0.0077	0.0077
0.152	6.0	2*1080	68	3.95	4.10	4.07	4.07	4.07	0.0062	0.0073	0.0072	0.0072	0.0072
0.152	6.0	1*1506	49	4.34	4.60	4.56	4.55	4.55	0.0051	0.0064	0.0068	0.0068	0.0068
0.178	7.0	2*1080	72	3.90	3.98	3.96	3.95	3.95	0.0063	0.0073	0.0074	0.0074	0.0074
0.203	8.0	2*3313	60	4.15	4.26	4.25	4.24	4.23	0.0053	0.0065	0.0068	0.0069	0.0069
0.203	8.0	1*7628	52	4.22	4.51	4.48	4.48	4.48	0.0051	0.0065	0.0068	0.0069	0.0069
0.254	10.0	2*2116	60	4.15	4.26	4.25	4.24	4.23	0.0053	0.0065	0.0068	0.0069	0.0069
0.305	12.0	2*1506	49	4.34	4.60	4.56	4.55	4.55	0.0051	0.0064	0.0068	0.0068	0.0068
0.305	12.0	3*3313	60	4.15	4.26	4.25	4.24	4.23	0.0053	0.0065	0.0068	0.0069	0.0069

我们将图 24.18 所示仿真电路中 MSub1 的参数"TanD"由原来的"0.02"修改为"0.005"，相应的仿真波形如图 25.8 所示。通过对比图 24.19 可以看到，信号的上升时间有了一定的改善。

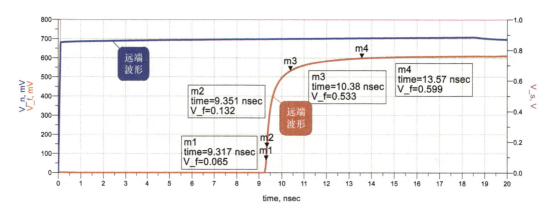

图 25.8　低损耗因数板材对应的仿真波形

以上都是从降低传输线本身损耗的角度优化信号的衰减，但是另一种广泛应用于高速数字传输系统中的信道均衡（Channel Equalization）技术却完全不一样。前面已经提过，有损传输线对高低频分量的损耗是不均衡的（对高频成分损耗更大）。换句话说，**有损传输线带来的主要问题并不是信号衰减本身，而是衰减量随频率的非线性变化**（如果衰减量是均衡的，那么信号转换时间不会受到影响，只是幅度有所下降而已）。因此，只要能够让高低频信号成分的衰减量相对更均衡，也就能够达到优化信号传输的目标（保证信号转换时间不会变得太差），这就是信道均衡的基本原理。

那么，具体应该如何进行信道均衡呢？举个例子，我们可以在发送数字信号时采用信号处理方式将高频成分加强（默认一部分高频能量会被传输线损耗掉），并将低频成分削弱一些，这样接收方就能够获得"高低频分量衰减更均衡的"信号，也就能够满足系统对信号转换时间的需求。以加强信号的高频成分为例，可以将靠近边沿的电平提升一些（上升沿附近进一步提升电平幅度，下降沿附近进一步减小幅度，以便在信号边沿传输更多高频能量），我们也称其为预加重（Pre-Emphasis），如图 25.9 所示。

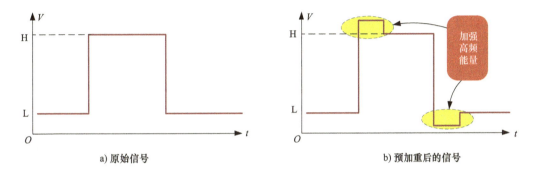

图 25.9　预加重

与预加重相对的方案便是去加重（De-Emphasis），它保持边沿附近的电平不变（不改变高频成分），只是降低后续稳定电平的幅度，相应的波形示意如图 25.10 所示。

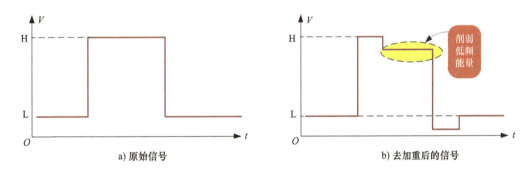

图 25.10　去加重

需要注意的是，以上只是从时域角度描述预加重与去加重，具体实现可以是模拟或数字方式，相应可用于发送方或接收方，而相应的均衡技术也称为前向反馈均衡（Feed Forward Equalization，FFE），其也是最常用的均衡技术。除此之外，常用的还有连续时间线性均衡（Continuous Time Linear Equalizer，CTLE）、判决反馈均衡（Decision Feedback Equalizer，DFE），它们属于数字均衡（常用于接收方），CTLE 主要用于补偿高频信号衰减，DFE 主要用于优化码间干扰。图 25.11 为常见串行通信传输均衡架构，现阶段只需要了解"信道均衡"的概念即可。

我们可以通过眼图观察"信道均衡为差分传输信号带来的性能改善"，相应的仿真电路如图 25.12 所示。其中，元件 Eye_Probe1 用来观察信道均衡前后的眼图。

图 25.11　常见的串行收发架构信道均衡框图

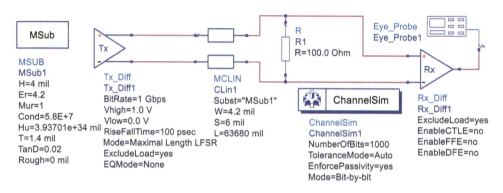

图 25.12　差分传输线信道均衡仿真电路

　　差分接收方元件 Rx_Diff1 的 3 个参数"EnableFFE""EnableDFE""EnableCTLE"均为"no"，表示默认没有进行信道均衡处理。我们决定在接收方施加 FFE 信道均衡，为此先进入元件 Rx_Diff1 的属性对话框，然后在"EQ"标签页中勾选"Feed-forward equalizer（FFE）"组合框中的"Enable"复选框即可，如图 25.13 所示（其他保持默认，现阶段无需理会）。

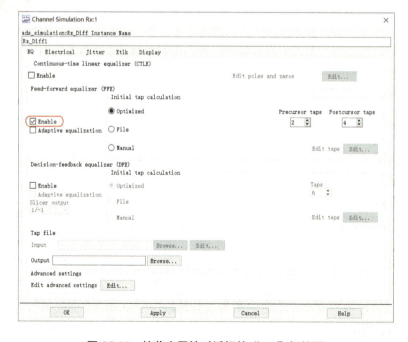

图 25.13　接收方属性对话框的"EQ"标签页

　　图 25.14 分别展示了添加 FFE 信道均衡前后的接收方眼图，很明显，经过信道均衡后眼图的开合度更大了。你也可以自行尝试其他信道均衡对应的效果，此处不再赘述。

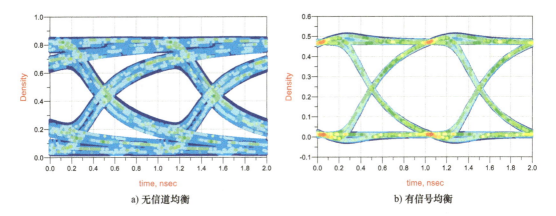

a) 无信道均衡　　　　　　　　　　　　　　　b) 有信号均衡

图 25.14　FFE 信道均衡前后的眼图

参 考 文 献

[1] 龙虎. 电容应用分析精粹：从充放电到高速 PCB 设计 [M]. 北京：电子工业出版社，2019.

[2] 龙虎. 三极管应用分析精粹：从单管放大到模拟集成电路设计（基础篇）[M]. 北京：电子工业出版社，2021.

[3] 龙虎. 显示器件应用分析精粹：从芯片架构到驱动程序设计 [M]. 北京：机械工业出版社，2021.

[4] 龙虎. USB 应用分析精粹：从设备硬件、固件到主机端程序设计 [M]. 北京：电子工业出版社，2022.

[5] 龙虎. PADS PCB 设计指南 [M]. 北京：机械工业出版社，2023.

[6] 龙虎. 电感应用分析精粹：从磁能管理到开关电源设计（基础篇）[M]. 北京：机械工业出版社，2024.